新时代首都发展战略研究丛书

总主编　张东刚

城市生活垃圾分类减量治理研究

北京分类实践与计量收费探索

马　本　张晨涛　杜倩倩 ◉ 著

中国人民大学出版社
·北京·

总　序

党的十八大以来，习近平总书记先后 11 次视察北京、21 次对北京发表重要讲话（截至 2024 年 1 月），提纲挈领式地回答了"建设一个什么样的首都、怎样建设首都"这一重大时代课题，为更好地推进首都北京各项工作，有效聚焦首都北京的深入研究，梳理总结以"中国之治"构筑"世界之鉴"之路指明了方向，提供了根本遵循。习近平总书记指出："建设和管理好首都，是国家治理体系和治理能力现代化的重要内容。北京要立足优势、深化改革、勇于开拓，以创新的思维、扎实的举措、深入的作风，进一步做好城市发展和管理工作，在建设首善之区上不断取得新的成绩。"北京作为大国之都、首善之区，在全国乃至全球范围内发挥着引领示范效应，她因"都"而立、因"都"而兴、因"都"而盛，向全世界展示着超大城市治理和人民城市建设的"首都样板"。

沿循习近平总书记系列指示精神，首都北京的治理体系和治理能力现代化步伐迈得愈加坚定与沉稳。新发展理念得到完整、准确、全面贯彻，"四个中心"功能建设大力加强，"四个服务"水平稳步提高，"三件大事"和三大攻坚战落地有痕，"五子"联动服务和融入新发展格局成效显著，党建引领"接诉即办"改革有力推进，率先全面建成小康社会，城市综合实力和国际影响力跃上新台阶，向着国际一流的和谐宜居之都迈出坚实步伐，新时代首都发展呈现蓬勃生机，首都北京发生新的历史性变化。我们认为，从"北京发展"

城市生活垃圾分类减量治理研究：北京分类实践与计量收费探索

Classification and Reduction Governance of Municipal Domestic Waste in China: Focusing on Classification Practice and Unit Pricing Exploration of Beijing

至"首都发展"，体现出北京在历史性跨越与变革中生动践行着服务党和国家发展战略大局的"首都使命"，北京发展的深刻转型体现出超大城市治理体系和治理能力现代化的高质量提升，凸显了首都全面建设社会主义现代化的新航程已正式开启。我们也相信，在"踔厉奋发、勇毅前行"的精神鼓舞和信仰感召下，首善标准、首都样板势必会被赋予更加科学的切实含义，其可参考性、可借鉴性与可推广性将愈加凸显。

行之力则知愈进，知之深则行愈达。从理论的维度、实践的维度、功能的维度、世界的维度出发，通过抓住关键小事、捕捉重要元素、厘定核心概念、抽取典型案例，以历史的眼光回眸过去，梳理总结首都发展的漫长来路，以现实的眼光审视当下，提取凝练首都发展的典型经验，以前瞻的眼光畅望未来，谱写勾画首都发展的光明前景，充分理解新时代新征程首都发展的目标定位与多维内涵。针对首都北京的历史传统、发展特色、愿景目标进行深入研究，并以研究与实践为切入口，不断挖掘"北京资源"，更好满足人民群众日益增长的美好生活需要，推广"北京做法"，引领城市建设的时代风尚，深入讲好"北京故事"，展现大国之都的特色风采。

中国人民大学首都发展与战略研究院（以下简称"首发院"）是首都高端智库首批试点建设单位之一，一直把"服务首都、引领发展"作为研究院的重大使命，立足"两个大局"、胸怀"国之大者"、心系"民之所向"，紧紧围绕"建设一个什么样的首都、怎样建设首都"这一重大时代课题，聚焦"强化首都功能研究"与"首都城市治理研究"两大特色研究，始终坚持奋进理念，致力于打造北京市委市政府信得过、用得上的高端智库，在推动学校智库研究与北京社会经济发展需求相结合方面，取得了可喜成绩。策划与出版"新时代首都发展战略研究丛书"（以下简称"丛书"），是首发院主动为党和人民述学立论、主动融入首都北京经济社会发展、主动服务首都新发展格局勇当研究排头兵的重要举措。

组织撰写这套丛书，旨在围绕习近平新时代中国特色社会主义思想在京华大地落地生根、开花结果和形成的生动实践进行研究，强化与人民的对话、与世界的对话，深化"首都样板"的可见性与可感性，增强"中国故事"的广域性与纵深性，在推动首都发展"理论突破"与"实践创新"中实现双重使命共前进，为打造集国家要事与群众关切、融中国特色与国际视野于一体的"北京名片"贡献新的力量，在首都北京全面建设社会主义现代化的新航程中留下浓墨重彩的一笔。丛书已被列入首发院五年发展规划，首发院将汇聚中国人民大学"独树一帜"的人文社会科学学科优势，全力打造好这套丛书，切实以研究服务好首都北京经济社会发展。

首先，作为思想引领的"践行者"，首发院始终坚持旗帜鲜明讲政治，坚定不移地贯彻落实习近平总书记关于北京工作的重要论述及北京市委市政府重大战略决策。策划这套丛书，旨在提交一份全面反映首都北京经济社会发展客观实际、全面跟踪首都北京率先基本实现现代化历程、全面推进"党建引领接诉即办改革"赋能超大城市治理经验的"行动答卷"。其次，作为咨政服务的"供给者"，首发院的研究以兼具现实性与前瞻性、针对性与普适性、宏观性与微观性的眼光，科学探究首都发展战略走向，在新时代、新征程、新伟业中，对于首都发展新变化、新态势进行全面描摹与深度刻写。丛书是首发院系列成果之一，是绘就首都高质量发展的可资参考、可供借鉴的"研究答卷"。再次，作为推动"智库建设 & 学科发展"协同并进的"探索者"，首发院以首都北京为场景，通过学科交叉、创新融合、孵化培育等方式，倡导"共商共建、共治共享"的新型研究范式，充分激发学术理论认知与社会实践经验的双向互动效应，助力"打造我国人文社会科学研究和教学领域的重要人才中心和创新高地"。丛书是在学校"独树一帜、勇走新路"的理念指引下，紧跟"加快构建中国特色哲学社会科学""建构中国自主的知识体系"

城市生活垃圾分类减量治理研究：北京分类实践与计量收费探索

Classification and Reduction Governance of Municipal Domestic Waste in China: Focusing on Classification Practice and Unit Pricing Exploration of Beijing

的使命召唤，致力于打造集结理论前沿与实践范例、唱响首都经验与中国故事的高端"学术答卷"。

积跬步，以至千里；积小流，以成江海。面向新时代、新征程、新伟业，丛书既是对首都发展特定领域的局部深描，亦是对首都发展战略全景的整体刻写，既着眼于国家"五位一体"总体布局、北京"四个中心"功能定位"大范畴"，又聚焦于"财税北京""慈善北京""乡愁北京""风俗北京""康养北京""科创北京"等"小议题"，全方位、多角度、深层次展现了首都治理体系和治理能力现代化图卷。"北京精神""北京经验""北京样本""北京方案"等一系列原本模糊、抽象的概念在其中被赋予了具象而微、切实可感的含义，"建设一个什么样的首都、怎样建设首都"的答案亦由此变得更加明晰化、透彻化。我们希望这套丛书能够成为厚积薄发的沉淀之作。多年来，首发院细化领域、细分问题，先后打造首都发展高端论坛、北京经济论坛、首都治理论坛、首都文化论坛等品牌活动，产出成果丰硕，赋能首都北京高质量发展，这为丛书的主题新颖性、内容充实性奠定了坚实基础。我们希望这套丛书能够成为跨学科研究的引领之作。首发院现有 10 个核心研究团队、75 名兼职研究人员，涉及理论经济、应用经济、公共管理、法学、政治学、社会学、新闻传播学、农林经济管理、统计学等 9 个一级学科，有着天然的多学科对话、多领域交流、多学者共事的氛围，为丛书脱离单一局限视角、研究触角广涉多面奠定了坚实基础。我们希望这套丛书能够成为鉴往知来的创新之作。首发院始终与首都发展同频共振，主动承担为时代画像、为时代立传、为时代明德的时代使命，主动承担把握思想脉搏、满足发展需求、增进社会共识的时代任务，在这个平台上围绕首都发展现代化涌现出一系列新声音、新思想，为丛书践行习近平总书记特别强调的"知识创新、理论创新、方法创新"奠定了坚实基础。

服务于首都全面建设社会主义现代化的新航程，希望丛书能够成为谱写首都发展的时代宣言书、首都发展的咨政参考集、首都发展的研究典范集。以中国为观照、以时代为观照，立足中国实际，解决中国问题，彰显好北京形象、讲好北京故事、说好北京话语，无负时代、无负历史、无负人民。

　　是为序。

中国人民大学党委书记
首都发展与战略研究院院长　　张东刚

2024 年 1 月

前　言

生活垃圾分类是习近平总书记十分关心的"关键小事"。普遍推行垃圾分类制度，关系居民生活环境改善，关系生活垃圾能否实现减量化、资源化、无害化处理，是社会文明水平的一个重要体现。在中国，要实现垃圾分类减量工作行稳致远，需要以合适的管理制度为基础，通过引入有效的政策工具组合，促进居民源头分类减量习惯的普遍养成。在这个过程中，实现中国城市生活垃圾分类减量治理的现代化，对于缓解垃圾无害化处理压力、降低垃圾处理总成本、引领全社会绿色低碳消费转型具有重要现实意义。当前，中国城市生活垃圾的末端处理面临较大经济压力，分类减量诉求日益迫切，基于垃圾处理社会总成本最小化原则，聚焦面向垃圾产生源头的分类减量治理能力和治理效能提升，既因具有较强的现实紧迫性而至关重要，同时也由于存在较大难度而任重道远。

本书从经济学和公共政策视角，围绕建立促进生活垃圾分类减量治理长效机制展开了深入的理论和经验分析，结合生活垃圾管理新政策和新动态系统性地提出了完善中国城市生活垃圾分类减量治理的改革思路，旨在为城市生活垃圾分类减量治理的升级提供理论和经验支撑。本书基于计划行为理论、环境经济政策工具理论和生活垃圾减量化经济学，提出引入有效的经济激励手段是构建生活垃圾分类减量治理长效机制的核心内容。在此基础上，本书基于中国地级以上城市的文本分析和面板数据分析，探讨了中国垃圾收费政策的动态演变、改革趋势以及不同收费方式的征收效率及其决定因素。而后，本书以北京市为案例，基于丰富的实地调研座谈和实地政策实验数据，采用离散选择模型等定量方法，从居民生活垃圾分类意愿与行为的偏差及其决定因素、支付意愿、计量收费接受度等多维视角较深入地探讨了生活垃圾收费从传统定额收费模式向计量收费模式升级的政策基础和潜在挑战。接着，介绍了北京市居民社区生活垃圾计量收费试点方案，对试点取得的成效进行了总结，并基于试点设计了北京市生活垃圾计量收费管理体制。最后，本书对生活垃圾分类减量治理长效机制建设提出了全局性、分层次、具有实践参考价值的系列改进建议。

本书共分为十一章，第一章为"导论"，介绍研究背景与意义、研究框架、主要内容、学术贡献及政策影响。第二章介绍生活垃圾分类减量治理理论。第三章介绍中国城市生活垃圾分类减量治理实践。第四至七章以北京市为案例进行实践分析与探讨，分别为第四章"北京市生活垃圾分类管理实践及其成效"，第五章"北京市居民生活垃圾分类意愿与行为的偏差及其决定因素"，第六章"北京市居民生活垃圾收费现状与支付意愿分析"，第七章"北京市居民生活垃圾计量收费接受度及其影响因素"。第八至十章介绍北京市计量收费政策探索与设计，分别为第八章"北京市居民生活垃圾计量收费试点流程与方案"，第九章"北京市居民生活垃圾计量收费试点的主要发现"，第十章"基于试点的北京市生活垃圾计量收费管理制度设计"。第十一章分析提出了北京市生活垃圾分类与计量收费改革推进策略。

本书的出版和相关咨政报告得到中国人民大学首都发展与战略研究院的资助，感谢"首都高端智库"平台对本书的出版和在咨政建言方面给予的大力支持！本书的部分研究内容得到国家自然科学基金项目"基于社区实验的城市生活垃圾按量计费意愿调查、行为评价与模式优选研究"（编号：72103194）的资助，在此深表感谢！在实地调研和政策试点中，衷心感谢北京市城管部门在选择试点小区、协调相关部门、整合各方资源等方面给予的重视和宝贵支持，感谢积极参与或协助社区计量收费试点的其他相关市级职能部门、区和街道有关工作人员、社区居委会、物业企业、社区居民等的积极参与和热情投入。感谢中国人民大学2021年"环境治理创新人才成长支持计划"的同学们，他们不辞辛苦参与了部分调研和问卷调查，克服困难认真负责地完成了政策试点相关工作。感谢蒋艺璇、王军霞、魏夕凯、秦露、段树琪等通过相关论文的合作对本书有关章节做出的贡献。

本书成稿过程中，围绕生活垃圾分类意愿与行为偏差、垃圾减量化与计量收费经济学分析、计量收费定价思路与实施条件、计量收费接受度及其决定因素、垃圾收费管理制度设计等主题撰写了学术论文。已发表的论文包括：（1）《城市生活垃圾减量化与计量收费经济学探析》（2014年发表于《理论月刊》）；（2）《城市生活垃圾计量收费实施依据和定价思路》（2014年发表于《干旱区资源与环境》）；（3）《农村生活垃圾分类治理的奖惩激励机制——基于复杂网络演化博弈模型》（2022年发表于《中国环境科学》）；（4）"Domestic Waste Classification Behavior and Its Deviation from Willingness: Evidence from a Random Household Survey in Beijing"（2022年发表于 *International Journal of Environmental Research and Public Health*）；（5）《城市生活垃圾计量收费管理制度设计》（2023年发表于《科学发展》）；（6）《城市生活垃圾收费的全球模式与中国收费方式探析》（2023年发表于《环境保护科学》）；（7）"Public Acceptability and Its Determinants of Unit Pricing for Municipal Solid Waste Disposal: Evidence from a Household Survey in Beijing"（2023年发表于 *Journal of Environmental Management*）。

本书的政策建议基于8篇咨政报告整合而成，内容涵盖生活垃圾分类减量治理长效机制建设、社区生活垃圾计量收费、非居民厨余垃圾计量收费、垃圾分类政策工具的选择、垃圾处理费性质改革等主题。咨政报告报送有关领导和职能部门后，获得省部级以上领导肯定性批示7人次，其中2人次获得中央领导重要批示，多篇政策

城市生活垃圾分类减量治理研究：北京分类实践与计量收费探索

Classification and Reduction Governance of Municipal Domestic Waste in China: Focusing on Classification Practice and Unit Pricing Exploration of Beijing

建议得到北京市有关部门的重视和采纳，并产生了较大的政策影响。包括：推动非居民厨余垃圾计量收费、大件垃圾收费等政策的制定和落地实施；促进将"启动非居民其他垃圾计量收费管理、完善社区可回收物体系"列入2023年北京市政府工作报告和《北京市"十四五"时期环境卫生事业发展规划》，并作为主管部门2023年度重点工作；成功组织实施社区生活垃圾计量收费试点，探索形成了通过经济激励手段构建居民生活垃圾分类减量治理长效机制的实践经验。

本书从经济学和公共政策视角，对我国城市生活垃圾分类减量治理长效机制进行了理论和经验分析，并以北京市为案例围绕垃圾分类减量治理和计量收费实践进行了实地试验、理论探讨和定量研究，对从事或关注生活垃圾分类减量治理的科学技术人员、高校学生、政府管理人员、企业管理人员、社会公众等均具有一定参考价值。

尽管在撰写过程中，力求资料丰富、数据翔实、论证严谨，但由于本书中不少内容具有探索性质，限于作者能力，难免存在疏漏，不足之处恳请读者批评指正。

马 本

2024 年 2 月于中国人民大学

目 录

◀◀◀ 第一章 ▶▶▶

导论

随着生活垃圾分类管理制度的推行和减量化需求的持续增加，提高面向居民源头的生活垃圾分类减量治理能力，实现生活垃圾管理全过程的社会福利增加，是中国城市生活垃圾管理改革的必然趋势。本书认为生活垃圾分类减量治理应以社会总成本最小化为基本原则，政府生活垃圾管理重心应从注重末端无害化处理向更加注重居民源头分类减量转型。管理体制是政府生活垃圾分类减量治理的载体和基础，政策工具是政府推进生活垃圾分类减量工作的核心抓手。本书重点探讨计量收费等经济激励手段的相关理论及其在生活垃圾分类减量治理中的实践，围绕经济学依据、定价思路、收费方式、公众基础、管理体制等重要方面展开。本书在生活垃圾分类与收费理论分析与构建、生活垃圾收费政策多维度定量研究与设计、基于实地政策实验提出兼具理论性和现实性的对策建议等方面体现出创新性。

第一节　研究背景与意义

生活垃圾分类是习近平总书记十分关心的"关键小事"。普遍推行垃圾分类制度，关系到居民生活环境的改善，关系到生活垃圾的减量化、资源化、无害化处理，是社会文明水平的一个重要体现。伴随着经济的持续发展和城市化的快速推进，中国的生活垃圾产生量持续增加，生活垃圾呈现总量增多、结构复杂、降解困难的特点，城市生活垃圾分类减量治理需求与日俱增。本书针对城市生活垃圾分类减量治理进行研究，其中，治理指的是在实施生活垃圾分类制度的过程中，各利益相关方（如政府、居民、非居民单位、物业企业、垃圾清运单位、垃圾处理单位、非政府组织等）分工协作、有效互动，形成多元共治格局，促进实现生活垃圾减量化、资源化、无害化的目标。在这些主体中，政府和居民无疑处于核心位置，政府是生活垃圾分类减量的主导者和推动者，居民则是生活垃圾的直接产生者和排放者。

当前，中国生活垃圾的末端处理消耗大量社会资源、面临较大经济压力，还伴随着垃圾填埋焚烧带来的环境污染以及对土地资源的挤占等一系列问题。垃圾处理设施的建设通常具有较高的机会成本（例如土地利用成本、开发建设成本等），处理过程会产生人工、药剂、能源等方面的运行成本。随着生活垃圾处理排放标准的日趋严格，生活垃圾处理的社会总成本显著增加。譬如，2022 年生态环境部发布《生活垃圾填埋场污染控制标准（征求意见稿）》，其中水污染物排放控制项目拟从 2008 年的 14 种增加到 20 种，在处理技术未显著变化时，生活垃圾末端处理成本将进一步增加。由于生活垃圾产生量是居民消费的副产品，出于效用最大化的目的，消费者倾向于大量消费、大量废弃，因此城市生活垃圾产生量持续增加，整个社会将为生活垃圾末端无害化处理支付超过"最优"水平的巨额成本。基于此，为实现社会资源的优化配置，有必要对居民生活垃圾分类减量行为进行前端干预，通过合适的政策工具引导生活垃圾产生者进行源头分类、减量，降低垃圾末端处理的分拣和处理压力，最终实现生活垃圾处理的社会总成本最小化。相较于末端处理，前端管理面向数量巨大的家庭和非居民单位，管理难度更大，对精细化管理和政策工具选择的要求更高。由此观之，基于垃圾处理社会总成本最小化原则开展面向前端的生活垃圾分类减量治理在中国仍任重道远。

2016 年 12 月，习近平总书记主持召开中央财经领导小组会议研究普遍推行垃圾分类制度，强调要加快建立分类投放、分类收集、分类运输、分类处理的垃圾处理系统，形成以法治为基础、政府推动、全民参与、城乡统筹、因地制宜的垃圾分类制度。2017 年国家启动第二轮垃圾分类试点工作，选取 46 个重点城市试点实施分类政策，明确了垃圾分类、收集、运输、处理全链条各利益相关方的责任。2018 年住房和城乡建设部印发了对 46 个试点城市的垃圾分类综合考核办法，考核指标包括设施建设、分类收集处理、教育宣传、信息报告、公共管理水平等。同年，国家发展和改革委员会发布的《关于创新和完善促进绿色发展价格机制的意见》指出"对具备条件的居民用户，实行计量收费和差别化收费，加快推进垃圾分类"。2019 年 6 月习近平总书记作出重要指示，"推行垃圾分类，关键是要加强科学管理、形成长效机制、推动习惯养成"。2020 年 9 月实施的《中华人民共和国固体废物污染环境防治法》第四十三条明确提出，"县级以上地方人民政府应当加快建立分类投放、分类收集、分类运输、分类处理的生活垃圾管理系统，实现生活垃圾分类制度有效覆盖"，"建立生活垃圾分类工作协调机制，加强和统筹生活垃圾分类管理能力建设"。2023年5月，习近平总书记回信上海市虹口区嘉兴路街道垃圾分类志愿者，强调"垃圾分类和资源化利用是个系统工程，需要各方协同发力、精准施策、久久为功，需要广大城乡居民积极参与、主动作为"，应积极做好宣传引导工作，带动更多居民养成分类投放的好习惯，推动垃圾分类成为低碳生活新时尚，为推进生态文明建设、提高全社会文明水平积极贡献力量。

在垃圾分类减量治理研究中，政策工具的选择标准是重要关注点（Blackman et al.，2018）。对于以居民为主要对象的生活垃圾分类政策而言，命令控制类手段可能面临极大的监管和政策遵从成本，而包括按量计费在内的经济激励类手段则有潜力发挥更大作用（Wu et al.，2015；马本 等，2011）。生活垃圾计量收费在美国、日本、韩国、欧洲等国家或地区得到广泛应用，在促进垃圾源头分类、减量和资源化方面总体上取得了明显效果。计量收费方式包括称重收费、随袋收费、按清运频率收费、按垃圾桶容积收费等。欧洲是计量收费应用较多的地区，在德国、荷兰、瑞典、爱尔兰等国，计量收费已成为主要收费方式，在垃圾分类减量治理中发挥着重要作用。东亚计量收费的典型区域包括韩国、日本和中国台湾省台北市。韩国自1995年起在全国范围实施了生活垃圾计量收费，中国台湾省台北市在2000年开始采用按专用垃圾袋对生活垃圾计量收费。Bueno 等（2019）基于月度生活垃圾产生量数据，采用合成控制法评估了意大利城市特兰托的随袋收费政策对混合垃圾减量化的效果。他们发现，未分类垃圾减量37.5%，该政策诱导了居民源头减量8.6%，回收利用量增加仅为6.1%。Dijkgraaf 等（2004）对荷兰按重量计费的政策的研究表明，政策实施后混合垃圾减少了50%，焚烧垃圾减少了60%，可回收物增加了21%。在降低垃圾处理成本方面，随袋收费或按清运频率收费可能具有成本有效性（Alzamora et al.，2020；Dijkgraaf et al.，2015；Kinnaman，2009）。Dijkgraaf 等以荷兰为案例，分析了按量计费对垃圾处理成本的节约效应，结果表明在多元的按量计费中，由于管理成本低、减量效果明显，随袋收费或按清运频率收费在节约成本方面表现更佳。现有研究表明，计量收费政策具有显著的减量化、资源化效应，从长期来看能降低居民垃圾处理经济负担，在世界范围内形成了一种趋势。

自20世纪80年代以来，中国城市生活垃圾管理政策逐渐从"末端处理"

向"源头防治"过渡（万筠 等，2020）。计量收费以经济激励方式发挥行为调节功能，促进居民减少垃圾产生量和进行垃圾分类，从而实现减量化、资源化、无害化的管理目标，是城市生活垃圾管理现代化的重要方向。然而，中国大陆城市尚未开展针对居民的生活垃圾计量收费政策实践。包括中国、印度在内的发展中国家通常不对居民生活垃圾收费或采用定额收费的方式，定额收费包括按财产税征收、通过一般税征收、随电费单征收、直接按户征收等（Welivita et al.，2015）。中国的少数城市，如深圳、合肥等，采用按家庭用水量捆绑收费的"准按量计费"，而大多数中国城市采用定额收费的方式（Wu et al.，2015；马本 等，2011）。

北京作为首都和超大城市，其垃圾分类管理工作在全国具有引领示范作用，承载着习近平总书记提出的"为全国作出表率"的特殊历史使命。2020年9月25日，新修订的《北京市生活垃圾管理条例》实施，明确提出按照"多排放多付费、少排放少付费，混合垃圾多付费、分类垃圾少付费"的原则，逐步建立计量收费、分类计价、易于收缴的生活垃圾处理收费制度，促进生活垃圾减量、分类和资源化利用。《北京市生活垃圾管理条例》实施以来，北京市生活垃圾分类减量治理长效机制在法律法规、领导机制、管理责任人制度、目标考核、检查处罚、宣传动员等六方面取得重要进展。譬如，建立了以物业企业为主体的生活垃圾分类管理责任人制度，通过目标责任考核、监督检查处罚、宣传教育动员等政策手段，在厨余垃圾分出率、其他垃圾末端处理减量等方面取得了明显成效。但居民源头分类制度还存在薄弱环节，表现为：源头分类不彻底、分类习惯尚未普遍养成，现有政策机制对居民源头分类和减量的作用有待提升，经济激励明显不足；物业企业作为垃圾分类管理责任人，面临较大成本压力，其资金流尚未完全理顺，长期来看不具有经济可持续性，不利于持续履行面向广大居民的基层垃圾分类管理职能。特别地，北京垃圾分类依赖行政力量推动，该模式容易因行政资源配置重心的转移而产生效果难以持久的问题，因此引入持久性、常态化、具有持续改进功能的经济激励手段尤为必要。已有的对中国城市垃圾分类的相关研究主要针对南方城市，对北京垃圾分类的相关研究明显不足（Xiao et al.，2017；Zhang et al.，2012）。既有的几项研究涉及电子垃圾回收支付意愿（Tian et al.，2016）、社区融合视角的垃圾分类影响因素（廖茂林，2020）以及收费的方式选择（Chu et al.，2019）等。因此，有必要进一步检视和完善北京市生活垃圾分类减量治理长效机制，尤其是应对引入有效的经济激励手段进行深入考察。

随着垃圾分类管理制度的普遍推行和垃圾减量化压力的持续增大,《关于创新和完善促进绿色发展价格机制的意见》《中华人民共和国固体废物污染环境防治法》《北京市生活垃圾管理条例》等法律法规中对源头分类、计量收费、差别化垃圾分类管理提出了明确要求。在此背景下,深入分析中国居民生活垃圾减量与分类行为,厘清现行垃圾分类管理体制的薄弱环节,实施与中国城市发展阶段匹配的垃圾收费政策,基于政策优化提升居民源头分类减量的激励效果,对于进一步健全中国生活垃圾分类减量治理长效机制、促进垃圾分类和资源化利用、引导绿色消费的社会风尚、建设高水平生态文明具有重要的理论和现实意义。

第二节 研究框架

生活垃圾分类减量治理的目标是实现生活垃圾的减量化、资源化、无害化,从而最小化全社会的处理成本(宋国君 等,2017)。生活垃圾分类减量治理主体包括政府、居民、非居民单位、物业企业、垃圾清运单位、垃圾处理单位、非政府组织等。其中,本书重点关注在治理体系中起主导作用的政府部门,以及生活垃圾的主要产生者——居民,同时兼顾非居民单位的生活垃圾分类减量治理情况。垃圾源头分类可以更好地支撑末端分类处理,降低混合垃圾末端处理压力,可以在一定程度上实现末端处理的减量;源头减量则可以直接降低末端处理垃圾的总量。本书针对垃圾源头分类和减量治理进行研究。

首先,本书认为生活垃圾分类减量治理应以社会总成本最小化为基本原则,政府生活垃圾管理的重心应从注重末端无害化处理向更加注重居民源头分类减量转型。生活垃圾处理作为一项公共服务,其最优水平的决定本质上是在不处理导致的资源环境成本与处理的社会成本之间的权衡取舍。其中,生活垃圾处理的社会成本由三部分构成:一是生活垃圾收集、清运、处理设施的建设成本,包括垃圾分类驿站、垃圾处理厂、垃圾填埋厂占用土地资源的机会成本以及垃圾清运、处理设施的固定成本等;在生活垃圾处理设施运行负荷内,固定成本不随垃圾处理量的变化而变化。二是生活垃圾收集、清运、处理过程中产生的可变成本,包括人工投入、药剂投入、能源投入等成本以及政府分类减量治理的行政成本,该成本随着垃圾处理量的增加而增加。随着收入水平的提高,居民消费水平随之提升,通常意味着更大的生活垃圾产生量和日益增加的清运、末端处理设施运行负荷,从而导致生活垃圾处理的可变成本增加,处理设施饱和后固定成本也将大幅增加。三是生活垃圾处理后的资源环境成本，包括垃圾清运、转运、焚烧、填埋、生化处理等过程中发生的环境污染、资源耗减成本等。一般而言，垃圾处理的前两项成本与资源环境成本之间存在此消彼长的关系。在给定的无害化处理技术条件下，随着国家关于垃圾处理污染物的排放标准趋严，外部环境污染成本降低，生活垃圾无害化处理的成本则呈增加趋势。本书假定垃圾无害化处理的排放标准是外生给定的，即排放标准已经将生活垃圾处理的环境污染成本控制在了可以接受的范围之内。这个假定使本书将对成本最小化原则的讨论限定在与生活垃圾处理直接相关的固定成本和可变成本的范围之内。

根据理性人假定，在没有外部干预时，由于对居民生活垃圾排放行为的约束不足，生活垃圾处理服务存在激励不相容的问题。换句话说，追求效用最大化的个人大量消费、大量废弃，导致整个城市生活垃圾产生量和处理的社会成本超过社会最优水平。因此，从社会总成本最小化原则出发，政府对生活垃圾分类减量进行有效治理对于增加社会福利是必不可少的。政府对生活垃圾分类减量治理的干预主要体现在两个环节：对所有产生的生活垃圾进行末端无害化处理和对垃圾排放者进行源头分类减量的前端管理。为实现垃圾处理社会总成本最小化，有必要探索将政府的人力、资金、政策等资源投入向居民源头分类减量倾斜，通过在源头引入有效的激励约束机制，实现居民在源头对生活垃圾分类减量，从而降低末端处理成本，约束个人垃圾排放行为至社会最优水平。有鉴于此，政府管理重心有必要从以生活垃圾末端无害化处理为主向以源头分类减量为主转型，采取有效措施进行前端干预，将更多的管理资源从垃圾处理单位转向垃圾产生者，引导居民、非居民单位等生活垃圾产生者实现垃圾源头分类、减量和资源化，最终实现生活垃圾处理的社会总成本最小化。

其次，政府生活垃圾分类减量治理的主要载体是管理体制和管理政策工具。从管理体制上看，垃圾分类减量治理由政府主导，且主要属于城市事权，相关管理责任在中央、省级、市级、县（区）级、乡镇（街道）多级政府间配置，进而延伸涉及基层物业企业、居委会等治理主体间的管理权分配，还包括同一政府层级内多个职能部门间管理权责的划分，需要从纵向分权和横向协作两个维度实现垃圾源头分类减量治理职能的优化配置（刘鹏，2020）。从政策工具上看，不同类型的政策工具在生活垃圾源头分类、减量治理中发挥着不同作用。第一，命令控制工具，通过法律法规、行政命令等手段规范管理对象的行为，例如主管部门对社区的垃圾分类投放正确率等目标的责任考核，政府对企业或社区居民违规分类的执法检查，政府对垃圾处理厂制定的污染物排放标准等。该类政策工具能够快速整合相关资源，实现政策目标的确定性较强，通常具有立竿见影的效果，但有赖于强有力的监管力量，且可能面临较高的政策遵从成本，引导生活垃圾源头分类减量的长效作用相对有限（宋国君，2020）。第二，经济激励工具，通过调整经济预期、改变政策对象的成本收益引起行为改变，例如生活垃圾收费、可再生资源回收补贴等。该类政策具有较强的灵活性，为政策对象提供基于成本收益的自主行为空间，政策执行的总成本通常较低、经济效率较高，同时能够提供持续改进的激励，对垃圾分类减量主体具有长期的激励效应。第三，信息提供工具，通过提供相关信息，促进行为主体自主地转变行为，例如在生活垃圾分类管理中应用广泛的宣传教育等。该类政策工具制定和执行成本低，主要通过潜移默化的方式增强行为人的分类减量意识而产生预期的治理效果。因此，信息提供工具的效果通常需要较长的时间才能显现，且其持续性、稳定性也无法通过持续有效的激励机制得到有效保障（Wu et al.，2015；马本 等，2011；宋国君，2020）。

因此，要建立执行有力、激励有效的生活垃圾治理体系，构建生活垃圾分类减量治理长效机制、实现社会总成本最小化，生活垃圾治理政策工具必然需要转型。具体而言，第一，从临时性、运动式手段向统筹性、常态化的管理工具转型（马本 等，2020）。在抽查式监管、运动式罚款等临时性手段的基础上，应注重生活垃圾常态化治理机制建设，例如提升精细化管理水平，提升对各级各类生活垃圾产生、处理数据的常态化监测水平，为生活垃圾管理提供全面准确的依据。第二，从主要依靠末端处理向覆盖源头分类减量治理、清运环节管理、末端处理的全过程治理转型。改变过度依赖末端无害化处理的局面，将生活垃圾管理重点前移，降低生活垃圾治理社会成本，助推生活垃圾治理行为由以政府监管为驱动力的"他治"转变为以成本内部化为驱动力的"自治"。第三，从以行政命令手段为主向行政命令手段和经济手段并重转型。构建激励有效的生活垃圾治理体系，重要的一环就是采用经济手段激励居民、非居民单位等垃圾产生者普遍采取分类减量行为。通过为相关主体提供经济激励，将生活垃圾分类减量通过成本收益的权衡内化为相关主体的自觉行动。不同的经济手段在适用范围和管理对象上存在差异。例如，生产者责任延伸机制下的押金返还制度，其适用范围相对有限，主要对象为产品生产者与消费者，针对回收价值大、专业性强的特定种类生活垃圾有效（张越 等，2015）；生活垃圾收费主要是针对居民和餐饮店、高校等非居民单位，它们是生活垃圾的直接排放者，可以针对不同生活垃圾类型设置差异化费率。

本书关注的重点是在生活垃圾分类减量治理过程中，能够促进源头分类减量且能够为垃圾产生者提供有效激励的经济激励工具，即按照生活垃圾排放量多少和排放种类进行分类计价、计量收费的政策工具。就其功能而言，生活垃圾收费等经济激励工具具有行为调节和筹集收入两大功能，但是二者不完全兼容——不论是行政事业性收费，还是经营服务性收费，垃圾收费费率调整都受到诸多约束，短期内通常是难以改变的；在这种情况下，政策所引致的垃圾分类减量行为将直接导致作为计费依据的生活垃圾排放量减少，征得的收入也将随之下降。因此，对于城市生活垃圾管理，应首先明确生活垃圾收费政策的首要目标。如果其首要目标是促进垃圾源头分类减量，那么就需要采用计量收费的方式，使垃圾排放量与缴费额挂钩，为源头分类减量提供有效的经济激励，与此同时弱化计量收费政策的收入功能，即不把收费额作为主要关注点。如果城市垃圾收费的首要目标是筹集资金，那么定额收费更为可取，其征收简单、管理成本相对较低，缺陷是收费额与生活垃圾产生量不直接相关，通常不具有垃圾分类减量的行为调节效应。因此，对于生活垃圾分类减量需求迫切的城市，应积极探索实行生活垃圾分类计价、计量收费政策，使收费额与生活垃圾排放量、分类行为紧密相关，即按照"多排放多付费、少排放少付费，混合垃圾多付费、分类垃圾少付费"的原则实施计量收费，从而通过经济激励引导相关主体在源头持续开展生活垃圾分类和减量行为，促进实现垃圾处理的社会总成本最小化。

综上，本书聚焦城市生活垃圾分类减量中的管理体制和政策工具等关键的政府治理要素进行分析，研究框架见图1-1。考虑到农村在地域形态、人口密度、收入水平、生活垃圾清运处理现状等众多方面与城市市辖区不同，本书主要聚焦城市市辖区的生活垃圾分类减量治理，亦不涵盖工业固废、医疗垃圾等。本书聚焦中国城市垃圾分类减量的政策演变动态、政府管理体制机制及各类政策工具的应用情况，重点关注生活垃圾收费政策，对国内外生活垃圾收费模式进行了全面总结。其中，管理体制是政府生活垃圾分类减量治理的载体和基础，政策工具是政府推进生活垃圾分类减量工作的核心抓手。在管理体制方面，基于自上而下的五级政府体制，形成了具有中国特色的生活垃圾分类减量的政府间纵向治理结构，中央政府负责相关的顶层设计，省级政府负责上传下达；由于生活垃圾处理服务属于典型的地方性公共产品，生活垃圾管理跨市的外部性较小，因此将城市生活垃圾管理的主体责任界定给城市政府符合成本与

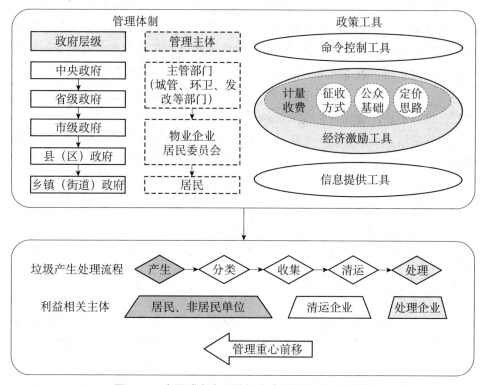

图1-1 中国城市生活垃圾分类减量治理研究框架

收益对等这一经济学的基本原理。城市政府通过区县级、乡镇（街道）级政府、基层居民委员会，以及物业企业和相关的非居民单位法人，将生活垃圾分类减量治理延伸到城市的每个居民和每个相关单位。

在政策工具方面，政府综合运用命令控制工具、经济激励工具、信息提供工具等分类减量治理工具，通过政策组合的方式引导生活垃圾产生者进行源头分类减量。其中，命令控制工具依赖政府强有力的监管和高强度的资源投入，虽然可以起到立竿见影的效果，但可能由于缺少行为转变的内生动力，其作用的持久性较弱，且缺乏持续改进效应；经济激励工具旨在通过改变政策对象的成本收益，诱导行为人改变其行为，对监管资源的投入相对较低，且具有持续改进效应，是构建生活垃圾分类减量治理长效机制的核心内容；而信息提供工具的干预力度最为温和，但其效果的产生需要长期累积，适宜作为其他政策工具的辅助。有鉴于此，在政策工具部分，本书重点探讨经济激励相关理论及其在中国的实践。

需要强调的是，计量收费政策与垃圾产生量关系密切，能够提供有效的源头分类减量激励，而目前中国大陆城市尚未实施这一政策。本书重点研究了生活垃圾计量收费这一对居民具有有效激励的收费政策的相关理论，并基于北京市的实地政策实验开展经验研究。本书对计量收费政策的研究主要围绕经济学依据、定价思路、收费方式、公众基础、管理体制等重要维度展开。

第一，本书探讨了城市生活垃圾减量化的经济学基础与计量收费实施主体的经济学分析。计量收费的政策目的是通过刺激居民和非居民单位的减量化努力而实现生活垃圾减量化，生活垃圾排放量对费率富有弹性是实施计量收费的重要基础，其政策收益大于政策成本是计量收费介入的必要条件。

第二，本书结合计量收费的特殊性，探讨了其定价思路。与污水处理收费随用水量征收不同的是，生活垃圾来源复杂，缺少现成的计费依据，生活垃圾处理费不宜包含在某项特定的费用（例如水价、物业费）中捆绑征收，其政策的执行成本明显较高；且计量收费的实施需要公众的广泛配合，政策遵从成本也相对较高。在传统公共服务定价理论下，全成本定价法、成本加成定价法、边际成本定价法等是较为常见的定价方法（Hotelling，1927；陶小马 等，2002），但是这些方法均未将政策的执行成本和遵从成本考虑在内。计量收费并不是在垃圾处理服务成本核算基础上的定价问题，而是以全社会垃圾处理成本最小化为目标，寻找最优费率使得计量收费政策净收益最大。本书提出，应结合计量收费的特殊性，将政策收益与政策成本纳入定价框架，当政策净收益大于零时计量收费政策有介入的必要，且计量收费政策净收益最大化时的费率即为最优费率。换句话说，确定生活垃圾计量收费费率不仅要考虑生活垃圾处理各环节的成本，更需要将计量收费政策的执行成本与遵从成本纳入定价机制。

第三，本书从宏观和微观两个层面探讨了不同垃圾收费方式的适用性。一方面，本书对国内外生活垃圾计量收费的实践进行了梳理。一是描述了中国城市生活垃圾分类治理的现状，包括生活垃圾治理政策、生活垃圾收费政策等，总结了国外社区生活垃圾计量收费政策的实施经验，并对比了不同收费模式的优劣势和适用性。二是在中国城市的宏观层面检验了现行收费政策的效率及其影响因素，创新性地探讨了定额收费、随水量征收等收费模式对城市生活垃圾处理费收缴效率的影响。另一方面，由于中国大陆尚未实施针对居民的计量收费政策，本项目团队在北京市开展了实地政策实验，并在家庭微观层面以北京市为案例探讨了现行收费政策存在的问题。与定额收费、随水量征收等收费方式相比，计量收费能够为生活垃圾产生者提供显著的经济激励，但其实施面临着较高的政策执行成本和政策遵从成本，需要比其他收费方式具备更为广泛和坚实的公众基础。

第四，本书以北京市为案例分析了计量收费政策在中国城市实施所需的公众基础。具体而言，一是检验了北京市居民的垃圾分类意愿与行为的偏差及其影响因素；二是针对计量收费政策实施的必要条件，即居民对生活垃圾处理的支付意愿及其影响因素进行了定量分析；三是测度了北京市计量收费政策的公众接受度，量化分析了计量收费政策在中国城市实施的社会基础，较低的公众接受度意味着更高的政策执行成本和政策遵从成本。

第五，基于公共政策视角和成本收益分析，本书对生活垃圾计量收费管理体制优化和模式选择进行了较为深入的理论探讨。本书认为基于现阶段垃圾分类治理目标，计量收费适宜采用分级管理、以基层为主的分权管理体制。综合考虑不同计量收费方式的减量效果、政策实施的新增成本、与现行管理体制的衔接，以及居民垃圾投放习惯、生活垃圾管理能力等因素，采用随袋收费的方式更具优势。显著的垃圾源头分类减量效应将会促进末端无害化处理成本的下降，有助于实现全社会生活垃圾分类减量治理成本最小化的总体目标。

第三节　主要内容

习近平总书记强调，"普遍推行垃圾分类制度，关系 13 亿多人生活环境改善，关系垃圾能不能减量化、资源化、无害化处理"。推行垃圾分类制度，关键是加强科学管理、形成长效机制、推动习惯养成。本书针对建立促进生活垃圾分类减量治理长效机制展开了深入的理论和经验分析，结合生活垃圾管理新政策和新动态提出了完善生活垃圾分类减量治理的改革思路。在中国，要实现垃圾分类工作行稳致远，引入有效的政策工具组合，促进居民源头分类减量习惯的普遍养成至关重要；生活垃圾管理的现代化对于缓解垃圾无害化处理压力、降低垃圾处理总成本、引领全社会绿色低碳消费具有重要现实意义。本书基于计划行为理论、环境经济政策工具理论和生活垃圾减量化经济学，提出引入有效的经济激励手段是构建生活垃圾分类减量治理长效机制的核心内容。在此基础上，本书基于城市层面的文本分析和面板数据分析，探讨了中国垃圾收费政策的动态演变、改革趋势、不同收费方式的征收效率及其决定因素。而后，本书以北京市为案例，基于丰富的调研座谈和实地政策实验数据，采用离散选择模型等定量方法，从居民生活垃圾分类意愿与行为的偏差及其决定因素、支付意愿、计量收费接受度等多维视角较深入地探讨了生活垃圾收费从传统定额收费模式向计量收费模式升级的政策基础和潜在挑战。最后，本书对生活垃圾分类减量治理的长效机制建设提出了全局性、分层次、具有实践参考价值的系列完善建议。

本书共分为十一章，第一章是导论，介绍研究背景与意义、研究框架、主要内容、学术贡献及政策影响。

第二章介绍了生活垃圾分类减量治理的相关理论。分类意愿可以引导分类行为发生，二者表现出一定的一致性，同时也存在一定的落差和错位。个体垃圾分类行为并不完全由其分类意愿决定，分类意愿可能无法完全转化为分类行为。中国垃圾分类减量治理的重要一环是政策工具选择，因地制宜地选用合适的生活垃圾管理政策工具，对于最终形成生活垃圾分类减量治理长效机制具有重要意义。

第二章还探讨了生活垃圾减量化的经济学基础、计量收费的实施依据与介入条件。中国城镇居民商品消费量随着快速的城镇化与收入增长而持续提高，生活垃圾产生量和排放量也随之增加，垃圾末端处理方面的污染物排放标准也逐渐提高，生活垃圾单位处理成本呈上升趋势，边际私人成本较大程度偏离了边际社会成本，生活垃圾减量化势在必行。计量收费是众多减量化政策中的一种，适用于减量化努力的效果比较显著的生活垃圾，其政策目的是通过推动居民和企业的行为改变实现生活垃圾减量化，即根据生活垃圾排放量缴纳处理费，以实现生活垃圾处理服务的合理使用，促进减量化目标的实现。政策收益大于政策执行成本与政策遵从成本之和是计量收费介入的前提条件。

边际成本定价等传统公共服务定价理论和方法未将计量收费政策较大的、难以忽略的政策执行成本、政策遵从成本考虑在内，在指导政策实践方面表现出明显的缺陷。基于此，本书认为对计量收费政策的设计应以成本收益分析为框架，通过合适的收费模式、费率实现政策净收益的最大化。

第三章梳理了中国城市生活垃圾分类减量治理实践。我国自 20 世纪 90 年代起开始探索实施生活垃圾分类政策，形成了较为完整的分类管理政策体系。2020 年新修订的《中华人民共和国固体废物污染环境防治法》首次将建立生活垃圾收费制度写入法律，截至 2022 年，已有 227 个地级市制定了收费政策，且大多采用定额收费模式，即对居民户每月或每年按固定额度收费，部分城市采用按用水量计量收费的模式，北京、深圳、广州等城市开始探索计量收费模式。

第三章还对国内外生活垃圾收费模式进行了全面梳理和对比。全球生活垃圾收费主要有三种模式:一是英国、巴西、墨西哥等地实行不收费政策,由财政全额负担垃圾处理支出;二是按固定额度收费,这种模式在包括中国、印度在内的发展中国家较为常见;三是通过称重收费、随袋收费、按清运频率收费、按垃圾桶容积收费等方式进行的计量收费,缴费额与垃圾产生量直接挂钩,对垃圾减量、资源化具有刺激效应。计量收费是一种先进的生活垃圾收费模式,需要以一定的经济发展水平、公共治理能力为基础,其成功实践绝大部分来源于经济较发达的国家或地区。

在上述分析的基础上,该章通过构建城市层面面板数据模型,定量分析了城市垃圾处理费征收额的决定因素。结果显示,物业代收、随水费征收或按用水量计量收费等方式对实际征收额具有正向促进效应,平均边际效应分别为0.752、0.969、1.086,与水费关联更有助于提高收缴率,而政府直接征收存在较明显的效率损失。鉴于中国地域辽阔,不同城市在发展阶段和管理能力上存在差异,全国层面统筹推进垃圾收费改革应允许城市间存在差异,鼓励其采用符合当地实际的多元化收费模式。

第四章介绍了北京市生活垃圾分类管理实践,梳理了北京市生活垃圾分类管理体制与政策脉络,着重介绍了北京市生活垃圾分类管理政策工具选择与分类管理取得的显著成效。北京市是较早开展垃圾分类管理实践的城市,2020年9月25日修订版《北京市垃圾分类管理条例》实施以来,通过执法监管处罚等命令控制工具、宣传教育等信息提供工具、垃圾处理收费与可回收物市场收益等经济激励工具以及党建引领等政策,生活垃圾分类减量长效机制建设取得积极进展,生活垃圾中的其他垃圾减量明显,厨余垃圾分出率显著提升,可回收物基本实现应分尽分,完备的垃圾分类处理设施体系基本建成,居民垃圾分类知晓率、参与率逐步提升。北京市生活垃圾分类管理的阶段性成果显现,但居民垃圾分类的较高参与率并不等同于源头分类的高准确率,社区整体分类效果仍有赖于保洁员和分类指导员在垃圾分类驿站的二次分拣,社区垃圾分类长期宣传、指导、监管的行政成本较高,居民垃圾分类意识的根本性转变、垃圾分类行为规范性和长期性存在诸多不稳定因素。因此,探究北京市居民生活垃圾分类影响因素,对于不断优化垃圾分类管理措施具有重要现实意义。

第五章基于北京市社区家庭问卷调查数据,研究了居民生活垃圾分类意愿和行为及二者偏差的决定因素。研究发现:首先,北京市居民的垃圾分类意愿与行为存在偏差(8.7%),且男性偏差大于女性,更强的分类意愿并不意味着更规范的分类行为，但这一偏差较北京垃圾分类政策普遍实施前的水平（12.0%）有所降低。其次，分类意愿与分类行为的决定因素存在差异。环境意识等因素更多地作用于分类意愿，对垃圾分类知识的了解情况和对垃圾分类运输和处理的信任等因素更多地作用于分类行为。分类管理措施的落实有助于增加垃圾分类行为，但对分类意愿无显著影响。垃圾分类意愿与行为的偏差与居民个人、周围居民、物业、政府等主体的行为均呈现出相关性。居民对物业日常管理服务的满意度越高，分类意愿与行为的偏差越大；他人积极和消极的分类行为均会增大居民垃圾分类意愿与行为的偏差；而政府政策措施的落实能够有效减小居民垃圾分类意愿与行为的偏差。从这个角度看，需要理顺和处理好居民与物业企业的关系，通过多种垃圾分类政策组合约束和激励居民行为达到"四分类"的标准。基于此，本章提出减小居民分类意愿与行为的偏差的政策建议：注重垃圾定额收费政策的执行，以政策落实效果减小意愿行为偏差；加强执法监管和处罚，将其与计量收费政策相配合，为分类和减量提供经济激励，消除居民"搭便车"心理；进一步拓展宣传教育路径，丰富宣传教育内容，提升居民对垃圾分类意义的理解和分类操作的熟悉度；对计量收费等政策进行专项宣传，提高居民对垃圾分类、环境卫生的关注度，促进居民将宣传教育知识内化为意识并体现到日常行为中。

第六章聚焦北京市居民生活垃圾收费政策以及执行情况，基于问卷调查数据分析了居民对垃圾收费政策的了解程度。北京市自1999年开始实施居民生活垃圾定额收费，费率至今未调整。现行收费政策分类减量收费性质不统一，收费标准偏低，收费机制对居民主体作用重视不足。调研发现，居民对垃圾处理相关费用感知不足，关于分类计价、计量收费的新模式，支持者尚不足五成。

向计量收费的升级有赖于居民支付意愿的增强。基于"产生者付费，多产生多付费"的理念，分类计价、宣传教育、信息公开等因素会对支付意愿产生积极影响。特别是，当被告知垃圾处理成本信息后，有支付意愿的居民增加了57.3%，这表明成本信息公开对于提升居民意愿具有显著作用。此外，税收负担、对政府和物业的评价、他人的不良示范、收入、居住时长、政治面貌、教育水平均是重要影响因素。为提升居民支付意愿，减少收费模式转型阻力，可从成本信息公开、计量收费模式宣传教育、降低公众非必要费用和改善民生、提升政府公信力、引导物业提升生活垃圾分类管理水平等方面优化政策措施。

第七章以北京市为例分析了居民对生活垃圾计量收费政策的接受度及其影

响因素，量化了居民对计量收费政策的接受度，定量分析了其决定因素，并对垃圾计量收费与污水处理费的接受度进行了对比分析。研究发现：一是人口特征影响政策接受度。年龄越大、家庭受教育水平越低，对计量收费政策的接受度反而越高。二是环境态度、政策认知、社会感受等内部因素具有显著影响。具有下列特征的居民，其政策接受度更高：分类意识高、公民责任感强、了解收费政策、认为垃圾处理成本高、认可政策有效性和公平性、对政府信任。三是社会规范和外界干预等外界因素也会显著影响计量收费接受度。其中，容易受到他人规范付费行为影响的居民对政策接受度更高，较好的物业服务质量、对违规行为的惩罚措施、宣传教育措施、公开透明的资金机制等外部干预措施，能够显著提升居民对计量收费的接受度。因此提出如下建议：第一，通过实施系列外部政策措施，为诱导内在因素转变提供充分的外部条件，着力提升影响居民接受度的内在因素，借此提升计量收费的公众接受度。例如通过宣传教育着重提升居民的垃圾分类意识和公民减量责任意识；通过成本公开和公众参与引导居民客观认识垃圾处理的实际成本。第二，关注并提升重点群体对计量收费政策的接受度。应针对群体分类施策，可通过有针对性的宣传教育促进年轻人、高教育水平者、男性、非环保行业从业人员、中共党员等群体对计量收费的了解，推动重点群体的态度转变。

第八章主要介绍了北京市居民生活垃圾计量收费试点。2020年12月至2021年12月，在北京市城管部门的指导与协调下，研究团队开展了北京市居民生活垃圾计量收费试点工作，旨在分析北京市居民生活垃圾处理收费现状，探索提出适用于北京的垃圾清运及处理费收缴机制，形成激励生活垃圾分类的可推广的经验模式。在充分调研居民意愿基础上，结合国内外先进经验提出面向居民的计量收费实施方案；试点工作包括选择试点小区、社区垃圾分类管理现状调研、试点方案设计、配套政策意愿调查、数据收集整理、试点效果评估、试点总结与政策建议等多个环节。试点主要措施包括确定生活垃圾清运单位、生活垃圾分类管理责任人等收缴费主体，明确计量收费模式为采用专用垃圾袋或按垃圾重量收费，制定其他垃圾与厨余垃圾差异化的收费标准，提出分类效果认定要求，签订与管理清运合同，划分收集运输责任，明确支付与结算方式，实现排放登记管理与可回收物体系管理等。

第九章分析研究了北京市居民生活垃圾计量收费试点效果，总结了试点的主要发现和存在的问题，结合北京市管理实际对几种主要的面向居民的计量收费模式进行优劣分析。试点在以下两方面取得明显效果：第一，探索了社区生活垃圾计量收费机制，明确清运单位面向物业企业收费、物业企业面向居民收费的收缴机制适用于北京市的实际情况；第二，试点促进了社区内部垃圾分类管理能力的提升。然而，现行垃圾收费政策对居民源头分类、减量和资源化缺少经济激励和约束性。从政策实施角度看，推行面向居民的计量收费政策是一项系统性强的工程，在全市范围实施有一定难度，面临的制约因素较多。从可回收物体系建设上看，其体系化建设有助于推动物业企业和居民良性互动、促进资源再利用、提升居民垃圾分类质量，但低价值可回收物资源化仍面临收益较低的资金流瓶颈。北京市当前垃圾收费存在如下问题：现行定额收费对相关主体不具有经济激励效应，精细化管理还存在数据基础薄弱、监管能力不强等短板，居民分类减量意识与缴费意识有待进一步提升。

第十章基于理论框架和试点实践，对北京市生活垃圾计量收费管理体制和模式的选择进行了较为深入的探讨，提出了适用于北京的计量收费管理制度。北京以其首都区位、较高的收入水平和居民环保意识，在垃圾分类管理上具有较强的政治优势和示范作用，具备一定的启动计量收费实践的制度和条件基础。基于北京市生活垃圾管理现状，计量收费适宜采用分级管理、以基层为主的分权管理体制。综合考虑随袋收费、称重收费、定额收费后按分类效果返补奖励三种模式的减量效果，政策实施后的新增成本，与现行管理体制的衔接，以及北京的人口特征、居民垃圾投放习惯、生活垃圾管理能力等因素，随袋收费相比其他两种收费模式更具优势。实施随袋收费时，厨余垃圾和其他垃圾是收费的主要对象，其他垃圾应采用高于厨余垃圾的费率，可回收物和有害垃圾可不收费。参照北京市污水处理费的收缴标准，初步核算出一个典型居民家庭垃圾处理费的范围为 100~608 元/年。未来北京市可分步、分区域开展计量收费试点，而后总结经验在全市推广实施；费率的研究与确定是计量收费的关键，需要在更多实践中跟踪评估减量效果，分析政策的成本收益，为中国城市计量收费政策落地和推广应用提供理论支持和实践经验。

第十一章提出了北京市生活垃圾分类与计量收费改革推进策略。持续优化考核与监督、信息宣传、资金机制，将社区、非居民单位等主体纳入治理框架。在政策工具选择上，继续重视命令控制手段"压舱石"的核心作用，建立服务于分类管理的计量信息制度大幅提升经济激励手段在分类减量治理中的作用。

第十一章第二节给出了北京市社区生活垃圾分类减量治理长效机制完善建议，如：引入经济激励手段，促进居民源头分类和减量；更好发挥政府在资源回收体系建设中的作用；理顺资金流，提升物业企业分类管理的可持续性。长效机制建设包括核算生活垃圾成本，探索建立科学分担机制，分步探索实行社区计量收费，建设规范化可回收物体系，实现物业企业垃圾管理的资金平衡，强化生活垃圾分类精细化管理能力建设。

第十一章第三节提出了北京市社区生活垃圾计量收费改革的建议，包括理顺生活垃圾资金流、物质流和信息流，将计量收费接受度、公众获得感建设视为重中之重，探索低值可回收支持政策与计量收费政策的有效衔接，部门联动逐步破解推行计量收费政策的制约因素，选择适宜的计量收费模式。北京市垃圾处理费收费性质被定位为经营服务性收费，要进一步优化征收过程，为收费政策的顺利过渡创造条件。

第十一章第四节提出了北京市非居民单位计量收费改革建议。例如：促减量是非居民单位垃圾计量收费的首要功能，非居民单位计量收费淡化全成本概念，简化费率并引入费率调整机制；开展专业化政策解读和宣传工作；动态监测垃圾量，建立数据质量交叉核验机制；构建垃圾量数据库，适时开展定额分档计费的量化研究；注重对非预期减量行为的检查处罚；专项评估非居民厨余垃圾计量收费效果；积极稳妥推进非居民其他垃圾计量收费政策落地。

第四节　学术贡献及政策影响

一、学术贡献

本书围绕中国城市生活垃圾分类减量治理，注重分类行为与计量收费的相关理论构建，对计划行为理论加以拓展，分析了分类意愿与行为的偏差及其决定因素，对"熟人社会"在个体生活垃圾分类决策中的作用机制进行了理论分析，从公共政策视角采用成本收益分析框架重点构建了符合行业特点、更具现实指导意义的计量收费理论；而后，采用多种定量分析工具从城市宏观层面和居民微观层面开展了系列经验研究，既定量探究了分类意愿与行为的偏差的决定因素，也识别了当前城市垃圾收费执行效率的影响因素，还以北京市为案例探讨了垃圾处理支付意愿、计量收费接受度的现状及其影响因素，从公众视角分析向计量收费升级面临的现实挑战；基于定量研究与实地政策实验等方法，提出了具有全局性、层次性和实践指导意义的北京市生活垃圾分类减量治理思路和推进建议。本书许多内容具有明显的理论性、探索性、前瞻性，在理论构建、经验研究和研究发现等多个方面均体现出创新性。

第一，生活垃圾分类与收费理论的创新。其一，基于计划行为理论系统分析了生活垃圾分类意愿与行为的偏差的产生原因以及转化关系。大量研究表明，垃圾分类意愿可以诱发垃圾分类行为的发生，二者存在显著的正相关关系，从而表现出一定的一致性（Fan et al.，2019；Miafodzyeva et al.，2013；Tonglet et al.，2004）。不过，居民垃圾分类意愿和行为也在一定程度上存在偏差。个体垃圾分类行为并不完全由其分类意愿决定，意愿可能无法完全转化为行为（Czajkowski et al.，2014；Kuang et al.，2021；陈绍军 等，2015；王晓楠，2020）。现有研究较少关注二者间的偏差及其背后的原因。本书构建了分类意愿和行为在"四分类"下的全情景模式，采用可回收物、厨余垃圾、有害垃圾和其他垃圾四类生活垃圾进行分类变量的构建，且构建了刻画偏差大小的专门变量，相较以往研究0-1变量的二元分类更加细致全面，能更直接、更准确地分析偏差产生的诱导机制。此外，现有研究在分析居民垃圾分类行为时大多将居民作为独立个体，忽略了从众行为、熟人影响等社会关系对居民公共事务态度与行为的影响，社区居民通常会通过采取与其他居民一致的行为获得集体认同感与归属感（曾鹏 等，2006；冯川，2020；殷融 等，2015）。因此，本书在传统计划行为理论框架的基础上，加入政策措施和居民个人社会经济特征等因素，同时还将他人行为对个体态度和行为的影响作为重要因素纳入分析，充分考虑既有政策、个人特征、社会规范对意愿行为偏差、计量收费接受度等带来的影响，为解释垃圾分类和收费行为提供了更全面和更符合现实的分析框架。

其二，从经济学角度探讨了生活垃圾减量化经济学，辨析了计量收费政策的实施依据。由于生活垃圾处理具有典型的必需品特征，属于公共服务范畴（马慧强 等，2011；谭灵芝 等，2008b），城市政府对提供生活垃圾处理服务负主要责任。与污染者付费原则要求工业企业将所有的环境外部成本内部化不同（Reichenbach，2008；褚祝杰 等，2012；李大勇 等，2005；吕军 等，2007；谭灵芝 等，2008a；杨凌 等，2010），虽然生活垃圾处理存在环境外部成本，但通过有效的生活垃圾管理可以大幅降低其环境外部成本；生活垃圾处理收费是提升生活垃圾管理效率的重要手段，其收费依据及费率不是由环境外部成本决定的，作为一项公共政策，其实施条件应由政策收益与成本共同决定。本书认为污染者付费原则不适用于生活垃圾计量收费。使用者付费是对特定公共服务的直接接受者征收使用费，其主要经济原因是增进政府公共资源的使用效率，其经济学理论基础不是筹集收入，而是提高经济效率（Bird，2001）。因此，使用者付费原则为计量收费政策的实施提供了依据。使用者付费原则要求生活垃圾处理服务的使用者按照服务数量，即生活垃圾排放量缴纳处理费，为生活垃圾排放行为提供经济约束，从而实现生活垃圾处理服务的合理使用，促进减量化目标的实现。

其三，以成本收益分析为框架，从公共政策视角对生活垃圾计量收费理论进行深化，提出以政策净收益为正值且最大化为目标、符合中国行业和公众特征的计量收费定价理论。传统的城市公共产品定价思路是边际成本定价、平均成本定价或全成本定价（Hotelling，1927；陶小马 等，2002），未充分考虑城市生活垃圾处理服务的特殊性，特别是对生活垃圾计量收费政策实施的高成本考虑不足。在现实中，由于生活垃圾服务具有自然垄断属性，边际成本定价将带来长期亏损，因此政府通常采用平均成本定价或全成本定价的策略进行价格管制。然而，生活垃圾计量收费政策制定和实施过程中的宏观和微观环境更具复杂性，突出表现为计量收费的减量收益对居民而言不是即显的，不容易被感知，生活垃圾排放量缺少现成的计量手段，其精准计量较为困难、成本高，且计量收费的实施依赖社会公众的广泛认可和参与，随着公众权利意识觉醒，收费政策更可能面临公众的抵触，致使计量收费通常具有较高的政策执行成本和政策遵从成本。对于减量化迫切的城市，其促减量的行为调节功能是首要功能。本书超越了公共产品平均成本定价或全成本定价的思路，从公共政策成本收益分析视角，提出了适应中国生活垃圾处理行业和社会经济特点的生活垃圾处理定价新思路，主张收费模式和费率的确定应尽可能使政策的净收益最大化。其中，收费模式和费率是政策成本的函数，政策成本包括政策制定和执行成本、政策遵从成本、非预期成本等；同时，收费模式和费率也是政策收益的函数，政策收益包括减量带来的节约费用、净化环境和提升社会文明水平等效应。政策收益大于政策执行成本与政策遵从成本之和是计量收费介入的前提条件。对居民而言，生活垃圾减量化水平由边际减量成本和边际减量收益决定；居民的减量化效果可以分为生活垃圾产生量的减少和采取减量化行动带来的排放量减少，计量收费对产废率的作用过程相对缓慢，因此其减量化效果需要生产环节减量（如生产者责任延伸制）以及生活垃圾分类等政策的支持。

城市生活垃圾分类减量治理研究：北京分类实践与计量收费探索

Classification and Reduction Governance of Municipal Domestic Waste in China: Focusing on Classification Practice and Unit Pricing Exploration of Beijing

第二，生活垃圾收费政策定量研究的创新。基于宏观与微观结合的研究层次，既定量探究了当前城市垃圾收费征收额的影响因素，又以北京市为案例城市探讨了居民分类意愿与行为的偏差、垃圾处理支付意愿、计量收费接受度的现状与决定因素，从公众视角分析了向计量收费升级面临的挑战。基于公共政策视角和成本收益分析框架，对北京市生活垃圾计量收费管理体制和模式选择进行了较为深入的探讨，基于分权理论提出了北京市计量收费管理制度的设计框架。

其一，全面梳理了国内外生活垃圾收费政策类型与社区生活垃圾计量收费的成功经验，对比了不同收费模式的优劣与适用性。首次分析了中国城市生活垃圾收费的动态演变特征，对中国城市生活垃圾收费政策进行了多维度、全方面的分析，通过构建城市层面的实证模型，定量分析了城市垃圾处理费征收额的影响因素，创新性地探索了定额收费、随水费征收、按水费计量征收等收费方式对城市垃圾处理费收缴效率的影响。此外，刻画了中国城市生活垃圾收费的全貌和演变特征，定量分析了提升收缴效率的决定因素，为城市探索高效的征管方式，推动垃圾处理收费政策转型升级提供了重要参考。

其二，基于北京市随机抽样入户调研数据，不同于已有研究分别分析分类意愿与分类行为的影响因素，本书专门构建了刻画分类意愿与行为的偏差的变量，定量研究了偏差的大小及其决定因素。由于正值支付意愿是实施计量收费的必要条件，本书定量分析了北京市居民垃圾处理支付意愿和成本信息干预的影响，创新性地发现了信息提供对于提升居民垃圾处理支付意愿的显著作用，从关键信息提供角度为垃圾收费从传统定额收费向计量收费升级提供了经验支撑。本书还分析了居民生活垃圾计量收费接受度及其影响因素。现有研究仅关注垃圾处理量而未能将其与具体的收费模式联系起来，忽略了公众接受度对计量收费政策实施的关键作用（Bonafede et al.，2016；Dreyer et al.，2015；Li et al.，2018）。与之不同，本书重点研究了案例城市居民对计量收费的接受度，揭示了该政策实施时的公众态度，为理解计量收费在中国特别是在北京市落地的社会基础及其影响因素提供了一手信息。本书首次揭示了居民对计量收费政策和具体定价方式的态度，进一步分析了居民对不同收费模式的偏好及原因，对计量收费接受度较低、减量压力较大的地区及时引入计量收费政策具有重要的参考价值。

其三，结合实地调研和问卷调查，面向计量收费实践，对北京市生活垃圾计量收费管理体制构建、收费模式选择、费率确定等进行了系统化的设计。由全市统一负责的垃圾分类管理体制更具规模效益、便于规范化管理、政策协调成本较低，但统一的模式难以充分兼顾各区的差异性、不利于政策落地，且需要较强的市级管理能力。理论上，由各区分别负责的分权化管理体制具有信息优势和更强的政策执行力（Adler，2005；刘鹏，2020），能够激发基层政策创新（Ulph，2000），提高垃圾分类管理效率。基于北京市生活垃圾管理现状，计量收费适宜采用分级管理、以基层为主的分权管理体制。综合考虑随袋收费、称重收费、定额收费后按分类效果返补奖励三种模式的减量效果，政策实施后的新增成本，与现行管理体制的衔接，以及北京的人口特征、居民垃圾投放习惯、生活垃圾管理能力等因素，随袋收费相比其他两种收费模式更具优势，适合作为北京市实施生活垃圾计量收费的首选模式。实施随袋收费时，厨余垃圾和其他垃圾是收费的主要对象，其他垃圾应采用高于厨余垃圾的费率，可回收物和有害垃圾可考虑不收费。

第三，基于定量研究与实地政策实验，提出了具有全局性、层次性和实践指导意义的北京市生活垃圾分类减量治理思路和推进建议。其一，采用实地实验等科学方法初步分析了计量收费效果。由于政策普遍实施导致可比性好的对照组通常较少，因此基于观测数据对计量收费效果的评估面临内生性较强等影响评估结论科学性的难题。研究团队与北京市城管部门深度合作，首次开展了北京市居民生活垃圾处理费收缴机制试点，进行实地对照政策实验，确保了研究结论的得出建立在科学方法的基础之上。

其二，强调经济激励手段在垃圾分类减量治理长效机制建设中的作用。生活垃圾分类由政府自上而下推动，在初期依赖行政力量的强势介入和资源的高强度投入，可以取得立竿见影的效果，这是具有中国特色的制度优势。但随着社会关注度降低，高强度的行政性资源投入难以持续，引入有效的经济激励机制对于巩固和持续提升垃圾分类成效具有十分重要的意义。本书重点关注分类计价、计量收费、低价值可回收物补贴、理顺物业企业资金流等经济激励机制，对于完善案例城市及中国生活垃圾分类减量治理长效机制具有重要的现实意义。

其三，基于北京市生活垃圾分类管理实践，结合理论分析、经验研究与实地政策试验、调研座谈的重要发现，提出了创新北京市生活垃圾分类减量治理的总体思路、完善社区垃圾分类管理长效机制的建议，以及稳妥推进北京市社区和非居民单位计量收费改革的总体策略。首先，应以科学的政策组合保障生活垃圾分类减量长效机制发挥作用。继续重视命令控制工具"压舱石"的核心作用，重视通过信息提供工具提高宣传教育的针对性，重视使用经济激励工具推动垃圾分类物质流持续优化。其次，应稳步推进分类计价、计量收费手段在垃圾分类减量中发挥重要作用。一是从非居民单位向居民社区、从厨余垃圾向其他垃圾逐步推行生活垃圾计量收费改革。待非居民单位计量收费政策实施趋于成熟稳定后，再启动居民社区生活垃圾计量收费政策。二是进一步强化生活垃圾计量收费政策储备研究和公众舆论引导。核算生活垃圾清运处理成本；推进不同计量收费模式、收费费率的减量化效果研究；分领域设计有效的收费模式和费率；通过成本核算、信息公开等方式，引导公众舆论、凝聚社会共识，提高计量收费政策的公众接受度；从数据基础、计量体系、监督执法等方面进一步提升生活垃圾收费的精细化管理水平。

二、政策影响

研究团队针对社区生活垃圾计量收费、非居民厨余垃圾计量收费、垃圾分类政策工具的选择、垃圾处理费性质改革等，分析了北京市生活垃圾分类减量治理长效机制建设的着力方向，撰写了有针对性的调研报告 8 篇，报送有关领导和管理部门参阅。目前，政策建议共获得省部级以上领导肯定性批示 7 人次，其中 2 人次获得中央领导重要批示，多篇政策建议得到北京市有关部门的重视和采纳，并产生了较大的政策影响。一是推动非居民厨余垃圾计量收费、大件垃圾收费等政策的制定，对政策的制定和实施提供了专业意见，促进了政策的落地实施。二是促进将"启动非居民其他垃圾计量收费管理、完善社区可回收物体系"列入 2023 年北京市政府工作报告和《北京市"十四五"时期环境卫生事业发展规划》，并作为主管部门 2023 年度重点工作。三是编制了《北京市居民生活垃圾处理费收缴机制试点工作实施方案》，成功组织实施了社区生活垃圾计量收费试点，探索形成了通过经济激励手段构建居民生活垃圾分类减量治理长效机制的实践经验。

第二章

生活垃圾分类减量治理理论

本书针对生活垃圾源头分类和垃圾减量治理进行研究。面向居民的生活垃圾分类减量治理理论主要涵盖居民垃圾分类行为与政策选择分析、垃圾减量化与计量收费经济学探讨以及计量收费定价思路分析。本书基于计划行为理论系统分析了生活垃圾分类意愿与行为的偏差的产生原因以及转化关系；从经济学角度探讨了生活垃圾减量化经济学和计量收费政策的实施依据，提出了适用于中国的计量收费定价理论；以成本收益分析为框架，从公共政策视角对生活垃圾计量收费理论进行深化，构建了符合行业特点、更具现实指导意义的计量收费理论。

第一节　生活垃圾分类减量行为与政策选择

深入研究居民生活垃圾分类意愿与分类行为及二者的偏差、其他居民的社会监督在其中发挥的作用，以及分类减量治理的政策选择是生活垃圾分类减量治理的重要理论基础。分类意愿可以引导分类行为发生，二者亦存在偏差，虽然居民分类意愿无法完全转化为分类行为，但其影响因素具有较高的一致性。其中，居民之间的监督和从众行为对个体分类决策具有重要影响。生活垃圾分类减量治理的重要一环是政策工具选择，本书对命令控制工具、经济激励工具、信息提供工具三类政策工具的特点进行了梳理和对比分析，对于因地制宜地选用合适的生活垃圾管理政策工具、形成优势互补的政策组合，最终形成生活垃圾分类减量治理长效机制具有重要意义。

一、居民生活垃圾分类意愿与分类行为[①]

发达国家生活垃圾分类工作开展较早，国外学者关于垃圾分类的研究自 20 世纪 70 年代起，逐渐从技术视角向社会学、心理学、经济学等社会视角延伸，从关注生活垃圾处理问题过渡到分析居民生活垃圾分类行为及其内在机制。我国关于垃圾分类的研究始于 20 世纪 80 年代末，其关注点最初也以垃圾处理技术为主，后来逐渐从生活垃圾管理向居民垃圾分类减量行为扩展（曲英 等，2008）。

生活垃圾分类意愿指的是居民对生活垃圾进行分类的主观意愿，分类行为即居民产生的实际的生活垃圾分类行为。国内外学者对分类意愿和分类行为的分析主要关注分类意愿对分类行为的影响、分类意愿与行为之间的偏差两方面。

一方面，分类意愿可以诱发分类行为的实际发生，二者具有一定的一致性。计划行为理论因其对个体行为有良好的解释力和预测力而被大量应用于生活垃圾分类和资源循环利用领域，为居民垃圾分类行为分析提供了较为有效的理论框架。该理论认为人的行为是其意愿的反映，意愿或称行为意向，人的行为受到态度、主观规范、知觉行为控制的影响，且知觉行为控制可不通过意愿直接作用于行为（Ajzen，1991），因此垃圾分类意愿可作为分类行为的直接预测变量。大量研究证实居民垃圾分类意愿是垃圾分类行为的最有效预测因素（Fan et al.，2019；Miafodzyeva et al.，2013；Tonglet et al.，2004），二者存在显著的正相关关系，即居民生活垃圾分类意愿越强，越可能产生实际的垃圾分类行为。

另一方面，居民垃圾分类意愿与行为存在偏差。个体垃圾分类行为并不完全受其分类意愿影响，分类意愿可能无法完全转化为分类行为。Czajkowski 等（2014）研究发现居民经常表示出很强的分类意愿，但其实际垃圾分类率相对较低。而基础设施、政府宣传、激励措施等外部条件能对居民垃圾分类意愿与行为之间的关系产生调节作用（Zhang et al.，2021），有助于将意愿转化为行为（Zhang et al.，2019）。王晓楠（2020）将行为意愿分为目标意愿和执行意愿，发现两者只能解释居民垃圾分类行为 15% 的方差，说明居民意愿与实际行为之间存在较大鸿沟；她分析发现垃圾分类政策的有效性可以调节垃圾分类目

[①] 本小节内容发表于 *International Journal of Environmental Research and Public Health*，并基于本书框架做了相应调整。

标意愿对行为的影响，这也是分类意愿与行为存在偏差的原因之一。针对中国垃圾分类管理实践的调查研究发现，居民较强的分类意愿并不一定产生较普遍的分类行为。陈绍军等（2015）基于对宁波市 6 区 2 036 户社区居民进行的实地调查数据研究发现，居民的垃圾分类意愿和行为存在明显的背离现象，城市居民愿意参与垃圾分类的比例（82.5%）大大高于实际实施垃圾分类行为的比例（13%）。Kuang 和 Lin（2021）在 2019 年针对北京、上海、广州、深圳 4 个城市开展的公众参与垃圾分类情况调查发现，北京有 99% 的受访者愿意对垃圾进行分类，而只有 82% 的受访者在日常生活中进行分类。

二、"熟人社会"对个体生活垃圾分类决策的影响[①]

费孝通（1998）认为，中国社会是一个"熟人社会"，这一现象无论在城市社区还是在乡镇农村都不同程度地存在。"熟人社会"中居民的行为具有较强的互相影响的网络特性（韩洪云 等，2016），地方性社会规范对个人行为的约束作用不可忽视。因此，垃圾分类政策的制定须与"熟人社会"等特点紧密结合，通过合理的激励机制将具有外部性的垃圾分类行为内部化，从源头实现生活垃圾的分类和减量。

现有研究在分析居民垃圾分类行为时大多将居民作为独立个体，忽略了中国社会固有的"熟人社会"特点及其影响。中国社会是一个以亲情、友情为纽带，由面子、关系网络和乡规民约连接而成的"熟人社会"（费孝通，1998）。在传统文化的影响下，乡规民约、地缘意识等令农村或居民社区具有一定的封闭性、集体性，具有较强的集体行动特征，比较注重人情关系、面子观念，"熟人社会"观念根植于居民的行为逻辑，对其行动影响较大（唐林 等，2019）。在"熟人社会"中，社会环境相对封闭，乡规民约、邻里规范、熟人关系网、面子观念的影响更明显，个体追求长期利益的动机更强（李爱喜，2014）。声誉损失可有效增强个体行为的可预见性（韩洪云 等，2016），从而抑制污染物废弃行为，促进垃圾分类（何可 等，2020）。目前，少数社区成功引入声誉损失机制，成效显著。如浙江陆家村通过党员、妇女代表等熟人劝导、帮助不分类居民，对每户分类情况进行公开评比，通过声誉损失机制使不分类居民感受到社会关系压力，促进其行为转变（蒋培，2019，2020）。

---

① 本小节内容发表于《中国环境科学》，基于本书框架做了相应调整。

在影响机制方面，"熟人社会"通过家族、友情、邻里等相互联系，同区域个体行为呈现较强的网络特性（韩洪云 等，2016）。在对待公共问题的行为、态度上，社区居民常会通过采取与其他居民一致的行为获得集体认同感与归属感（曾鹏 等，2006；冯川，2020；殷融 等，2015），表现为"熟人社会"中个体决策会相互影响。同时，垃圾分类政策的实施使个体决策过程具有重复博弈性质，使奖惩机制的激励效果与一次博弈差异较大（张宏娟 等，2014）。因此，个体垃圾分类的总收益既包含与其他相似主体博弈的直接累积收益，又包含由网络中选择相同策略的主体带来的网络外部性收益。综上，"熟人社会"是一个大量居民不断地博弈、模仿、学习，在寻找收益最大化策略过程中形成的复杂网络。有必要重视"熟人社会"在个体生活垃圾分类行为决策中扮演的重要角色，在垃圾分类管理政策研究中纳入对社会规范的考虑。

三、生活垃圾分类减量治理的政策选择

在政府绿色低碳治理中，政策工具的选择标准是重要关注点（Blackman et al.，2018）。在理论上分析政策工具的类型、特点、优劣势，对于因地制宜地选用合适的政策工具、形成优势互补的政策组合具有重要价值。

按照直接管制程度，环境保护政策工具可分为三大类：

（1）命令控制工具。该类政策工具采用行政命令的形式，一般由上级政府对下级下达目标并进行责任考核，政府以标准、禁令、淘汰落后等形式对企业或居民行为进行直接管制，通过监管保障实施，比如上级对下级的目标责任考核、政府对企业或居民的执法检查等。该类政策工具的特点是：政策目标实现的确定性强；政策见效时间快，立竿见影；政策实施有赖于有效的监管；由于强力约束对象的行为，因此政策遵从成本可能偏高（宋国君，2020）。

（2）经济激励工具。以居民为对象的生活垃圾分类政策，依靠行政强制执行会受到监管成本等因素制约，因此包括按量计费在内的经济激励手段应发挥更大作用（Wu et al.，2015；马本 等，2011）。此类政策工具通过改变价格信号、改变政策对象的成本收益诱导其行为发生改变。常见的经济激励工具包括税费、补贴等。它的特点是：强制性弱、灵活性强，为政策对象留有选择空间；政策总成本较低，经济效率高；可能有收入效应（比如税费）；对行为主体产生环境友好行为具有持续的激励效应。

税费等经济激励工具的功能通常有两个：行为调节功能、收入筹集功能。

当污染排放减少而税（费）率不变时，筹集到的收入必然减少，两个功能在一定程度上具有不兼容性。因此，对于税费政策，需要首先界定其首要功能。若行为调节是首要功能，就要求税费征收额与行为挂钩，激励行为人减少污染排放、产生环境友好行为；若收入筹集是首要功能，就要求探索低成本的征收方式，则提高征收率、获得足够收入的政策设计更为可取。

（3）信息提供工具。此类工具通过提供相关信息促进行为主体自主地产生环境友好行为，比如在生活垃圾分类管理中得到广泛应用的宣传、教育等。它的特点是：政策制定和执行成本低；行为转变完全靠自主，通过促进意识转变改变行为；政策作用较慢，但具有较好的长期效果。

第二节　城市生活垃圾减量化与计量收费经济学分析①

本节基于经济学视角，从生活垃圾减量化的经济学基础、计量收费的介入条件、计量收费实施主体的经济学分析三方面展开讨论。居民商品消费量随着快速的城镇化与收入的增长而持续提高，城市生活垃圾产生量和排放量随之增加，垃圾末端处理污染物排放标准也逐渐提高，生活垃圾单位处理成本呈上升趋势。制定科学合理的环境经济政策是实现生活垃圾减量化的关键之一，计量收费是重要的减量化政策工具，适用于减量化努力的效果比较显著的生活垃圾，其政策目的是通过刺激居民和相关企业的行为改变实现生活垃圾源头减量。本书认为，计量收费应以使用者付费为基本原则，政策收益大于政策执行成本与政策遵从成本之和是政策实施的前提条件，其模式选择和定价策略需要使政策净收益实现最大化。由于计量收费对产废率的作用过程较为缓慢，因此其减量化效果通常需要生产环节减量以及生活垃圾分类等相关政策的支持。

一、生活垃圾减量化的经济学基础

（一）生活垃圾减量化原因分析

近年来，城市生活垃圾问题备受关注，国内外政策实践均表明生活垃圾减

---

① 本节内容发表于《理论月刊》，基于本书框架做了相应调整。

量化已成为必然趋势（Chen et al.，2010；Chung et al.，2008；Zhang et al.，2010；邓俊 等，2013）。生活垃圾是商品消费的副产品，其产生量与商品消费量呈一定的比例关系。生活垃圾产生量 A 与商品消费量 W 之比为产废率 γ，即 $A=\gamma W$。其中，γ 由商品消费结构、商品包装设计等因素决定；W 由边际效用（MU）和边际私人成本（MPC）决定，MPC 等于消费品的价格与垃圾处理服务价格之和。不收费或实施生活垃圾定额收费时，对居民而言，生活垃圾边际排放成本为零，MPC 等于消费品价格。一般而言，在生活垃圾处理初始阶段，处理服务由公共部门提供，边际社会成本（MSC）与 MPC 之差包含两部分：环境污染的外部成本和生活垃圾收集—运输—处理的公共成本，且这两部分成本随垃圾处理服务水平的变化而发生转移（曹娜，2010）。在消费需求、产品结构等条件既定时，无减量化政策介入是导致商品消费量 W 超出最优消费量 W^* 的一个原因。假定无减量化收费政策干预时，产废率为 γ_0，则生活垃圾初始产生量为 $\gamma_0 W$，同样超出生活垃圾最优产生量 $\gamma_0 W^*$，如图 2-1 所示。

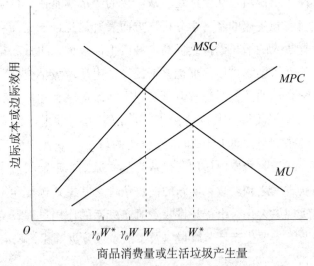

图 2-1　城市居民商品消费量与生活垃圾产生量

生活垃圾产生后，记回收再使用量占生活垃圾产生量的比例为 η，η 由居民生活垃圾回收再利用的努力程度决定，如堆肥、重复使用、进入回收渠道前的分类投送等。即使无政策干预，理性的消费者仍然会将经济价值较高的一部分生活垃圾回收再利用。假定无政策干预时，居民回收再利用程度为 η_0，那么，生活垃圾初始排放量为 $Q=(1-\eta_0)\gamma_0 W$。此时，商品过度消费、不利于回收再使用的产品设计、不充分的减量化激励使得生活垃圾排放量随着收入水平的提高迅速增加。

中国城镇居民商品消费量随着快速的城镇化与收入水平的持续提高而持续增加，生活垃圾产生量和排放量也随之增加。2004 年，中国生活垃圾产生量超过美国，成为生活垃圾产生量最多的国家（Bank，2005）。根据国家统计局数据，截至 2022 年，中国收集和运输城市固体废物 2.45 亿吨，过去 10 年平均每年增长 4.2%。与此同时，随着污染物排放标准的提高，生活垃圾单位处理成本增加。以生活垃圾填埋场为例，2008 年新实施的生活垃圾填埋场水污染物排放标准的控制项目由 1997 年的 4 种扩展为 14 种，其中 COD 的排放限值和特别排放限值分别为 100 mg/L、60 mg/L[①]，比 1997 年一级标准 100 mg/L、二级标准 300 mg/L、三级标准 1 000 mg/L[②] 有明显提高。由原国家二级标准提高到 2008 年的排放限值，垃圾填埋场建设成本增量为每吨生活垃圾 3 元，处理渗滤液的运营成本增量为每吨生活垃圾 7.6 元。2022 年，生态环境部发布《生活垃圾填埋场污染控制标准（征求意见稿）》，水污染物排放标准的控制项目拟进一步扩展为 20 种，生活垃圾末端处理成本进一步增加。伴随着生活垃圾产生量和处理成本的增加，中国生活垃圾减量化成为必然选择。

（二）减量化政策手段的选择

本书中生活垃圾处理的外部性主要是针对居民而言的，也兼顾了非居民单位的情况。外部性大小由 MSC 与 MPC 之差决定。由于通过界定环境产权的方式解决外部性问题并非易事，科斯交易手段的应用在很多情况下不具有现实操作性。在生活垃圾管理领域，创建市场的适用性非常有限（Choe et al.，1998）。庇古理论为解决外部性问题提供了另一个选择，政府可以通过征税（费）的方式实现生活垃圾处理的社会最优。国际经验表明，制定科学合理的环境经济政策被认为是实现生活垃圾减量化的关键之一（谭灵芝 等，2008b）。按照生活垃圾产生的物质流过程，生活垃圾减量化的税费手段通常包括原材料税、产品税、生活垃圾处理税（费）三类，以及在此基础上的政策组合，如押金返还。

计量收费仅是众多减量化政策中的一种，相关学者对生活垃圾减量化政策选择进行了理论研究。Dinan（1993）建立模型证明了单一的原料税政策对于生活垃圾减量是低效的，而对产品征收生活垃圾处理税、对消费者回收再利用行为进行

---

① 国家环境保护局，国家技术监督局. 生活垃圾填埋污染控制标准（GB16889‐1997），1997.
② 环境保护部，国家质量监督检疫总局. 生活垃圾填埋场污染控制标准（GB16889‐2008），2008.

补贴的组合，即押金返还是有效率的。Palmer 等（1997）证明了押金返还政策相对于垃圾处理费、回收补贴等政策具有成本有效性。然而，押金返还适用领域较为有限，仅适用于回收、再利用较便捷的生活垃圾，如纸、玻璃、塑料、铝等，这限制了其广泛应用。Dobbs（1991）将生活垃圾非法处理纳入分析框架，证明了征收产品税和对合适的处理行为给予补贴的政策组合可以增加社会福利，应当对居民对生活垃圾的合适的处理行为给予补贴，从而将押金返还的应用领域扩展到所有类型的生活垃圾。进一步地，Fullerton 等（1995）通过建立更综合的一般均衡模型，假定对非法处理生活垃圾无法直接征税（费），证明了押金返还是最优选择，即在对所有产品征税的基础上根据回收再利用量进行补贴。以上研究大多认为押金返还在生活垃圾减量化政策选择中具有优势，但这些结论都是在没有考虑生活垃圾减量化努力程度的情况下得出的。为弥补上述研究的不足，Choe 等（1999）将企业和居民生活垃圾减量化努力纳入分析模型，证明了当生活垃圾减量化努力的效果不显著时，社会最优可以通过征收产品税和补贴回收再利用行为的组合实现，无须对非法处理生活垃圾进行监管；当生活垃圾减量化努力的效果显著时，社会最优无法实现，通过垃圾处理收费、非法处理监管和产品税的某种组合可以实现次优。可见，采取何种生活垃圾减量化政策取决于生活垃圾的种类以及企业和居民可能的减量化努力程度（Choe et al.，1998）。计量收费适用于减量化努力的效果比较显著的生活垃圾，即容易直接减量或被回收再利用的生活垃圾。从另一个角度说，计量收费的政策目的是通过刺激居民和企业的减量化努力实现生活垃圾减量化，生活垃圾排放量对费率富有弹性是计量收费实施的基础。

二、生活垃圾计量收费的实施依据与介入条件

（一）计量收费的实施依据

计量收费被认为是实现减量化的有效手段（Linderhof et al.，2001；褚祝杰 等，2012；连玉君，2006；马本 等，2011；张宏艳 等，2011）。生活垃圾计量收费的实施依据是定位计量收费的目的、确定合理费率的基础。从公共政策视角来看，结合已有研究，污染者付费原则和使用者付费原则能否作为计量收费的实施依据是分析的重点。国内外学者对生活垃圾计量收费实施依据的研究尚不够重视，且说法不一。一些学者将污染者付费原则作为生活垃圾计量收费的实施依据（Reichenbach，2008；褚祝杰 等，2012；李大勇 等，2005；吕军 等，2007；谭灵芝 等，2008a；杨凌 等，2010），认为污染者付费原则是计量收费

的充分条件。另一些学者则将生活垃圾计量收费看作使用者付费原则的具体应用，认为居民和企事业单位等享受由政府提供的垃圾收集、运输和最终无害化处理等服务，需根据垃圾数量和种类对垃圾处理支付费用，但对使用者付费原则作为计量收费实施依据的内在机理未做深入分析（Jenkins，1991；陈敏霞，2008；张越 等，2005）。

污染者付费原则由经济合作与发展组织（OECD）在1972年首次提出，是旨在鼓励稀缺环境资源的合理利用、避免国际贸易和投资的扭曲、合理分配污染防治成本的原则（OECD，1972）。污染者付费原则最初主要针对进入国际贸易的工商企业，要求其直接承担为达到环境标准而需支付的污染防治成本，直接途径是取消补贴以实现贸易公平。随着污染者付费原则的演变，污染者不仅要承担污染防治成本，还要承担包含相关行政管理成本、环境污染损失、污染事故损失等在内的所有污染相关成本，形成了将污染外部成本完全内部化的广义污染者付费原则（OECD，1992）。一方面，生活垃圾处理具有典型的必需品特征，属于公共服务范畴（马慧强 等，2011；谭灵芝 等，2008），政府对提供生活垃圾处理服务负主要责任。针对工商企业的狭义污染者付费原则不适用于具有公共属性的领域，不能作为计量收费的实施依据。另一方面，广义的污染者付费原则要求将所有的环境外部成本内部化，虽然生活垃圾处理存在环境外部成本[①]，但生活垃圾处理收费并非由环境外部成本决定[②]，广义的污染者付费原则不适用于生活垃圾计量收费。

使用者付费原则是对特定公共服务的直接接受者征收使用费，其主要经济原因是提高政府公共资源的使用效率。使用者付费原则的经济学理论基础不是筹集收入，而是提高经济效率（Bird，2001）。使用者付费原则在供电、供气、供排水服务，以及垃圾的收集与处理等领域得到了较为广泛的应用。在生活垃圾管理领域，如果政府通过一般税收或定额收费方式提供生活垃圾处理服务，那么理性消费者消费产品时，不会将生活垃圾处理的社会成本考虑在内，生活垃圾处理服务将会被过度使用，从而超过社会最有效率的供给水平。因此，使用者付费原则要求生活垃圾处理服务的使用者按照服务数量，即生活垃圾排放量缴纳处理费，以实现生活垃圾处理服务的合理使用，促进减量化。不难发现，计量收费与使用者付费内涵是一致的。

---

① 以垃圾填埋为例，环境成本包括甲烷等引起的温室效应、污染物对地表水的污染等。

② 生活垃圾计量收费费率实际上应当由政策收益和政策成本共同决定，详见第二章第三节。

（二）生活垃圾计量收费介入的条件

计量收费通过影响商品消费量 W、产费率 γ 和生活垃圾回收再利用努力程度 η 实现生活垃圾减量化。假定单位生活垃圾收集、运输、处理成本为 c，生活垃圾排放量的费率弹性为 $-e$，初始费率为 t_0（设 $t_0 \neq 0$），费率提高到 t，那么，计量收费节约的社会成本为 $cQe(t-t_0)/t_0$。并且，计量收费实施后会带来一定的环境收益，即因生活垃圾处理量的减少而避免的生态环境损害，如空气污染物和水污染物的减少等。

实施计量收费前，生活垃圾收集、运输、处理等成本不计入计量收费政策成本。随着生活垃圾计量收费费率的提高，居民生活垃圾减量化的激励增大，居民非法处理的激励也增大。如果缺少监管和处罚，垃圾非法处理将产生更大的外部成本，使 MSC 曲线上移，从而进一步拉大 MPC 与 MSC 之间的距离（Hong，1999）。因此，计量收费的实施需要管理部门对非法处理进行监督，从而产生监督成本（SC）。除此之外，计量收费政策的增量成本还包括征收成本（CC）、宣传教育成本（PEC）等。计量收费的政策收益大于政策执行成本与政策遵从成本之和是计量收费介入的前提条件。

三、计量收费实施主体的经济学分析

（一）城市居民减量行为分析

城市居民生活垃圾减量化成本包括与分拣、分类投送等相关的时间、努力和机会成本等。随着减量化的深入推进，边际减量成本（MRC）增加。生活垃圾减量化收益包括生活垃圾处理费的减少、废品再利用和可回收物出售的收益等（Hong，1999）。本小节以未实施计量收费时，废品再利用和可回收物出售的收益为起始条件，实施计量收费后的减量化净收益主要是所缴纳的生活垃圾处理费的减少，减量化的边际收益等于费率 t。$MRC=t$ 时的排放量即实施计量收费后的排放量。

图 2-2 中，MRC_1 和 MRC_2 代表不同类型的居民或不同类型的生活垃圾的边际减量成本。其中，MRC_1 代表减量化努力较不显著的居民或减量化效果不显著的生活垃圾的边际减量成本，MRC_2 则相反。当费率为 t 时，生活垃圾的排放量由 q_1、q_2 分别减少为 q_1^* 和 q_2^*；随着费率的提高，有相应力度的监管

和处罚制度作为保障时，生活垃圾排放量持续减少，边际减排量递减。

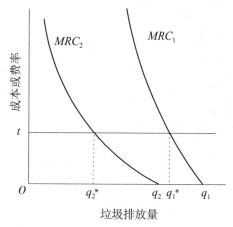

图 2 - 2　城市居民减量化行为分析

　　居民生活垃圾减量化行为受到生产者的产品设计、产品消费结构、回收体系、相关宣传教育等因素影响。居民生活垃圾减量效果分为生活垃圾产生量的减少和采取减量化行动带来的排放量的减少。首先，生活垃圾产生量减少的诱因包括企业采用简易包装、产品集约化设计、居民消费结构的转变[①]等，这些因素通过降低产废率 γ 减少生活垃圾产生量。生活垃圾产生量的减少使边际减量成本向左平移，如图 2 - 3 中箭头 Ⅰ 所示。其次，居民生活垃圾排放行为模式转变的诱因包括有利于回收的产品设计、生活垃圾分类教育宣传、完善的回收体系等。这些因素通过提高 η 实现生活垃圾减量化。居民生活垃圾排放行为模式的转变改变边际减量成本曲线的形状，如图 2 - 3 中箭头 Ⅱ 所示。居民消费习惯的转变需要一个较长的过程，由此带来的生产模式的转变需要较长时间，因此，计量收费对产废率的作用过程较为缓慢（李大勇 等，2005）。计量收费的减量化效果需要生产环节减量以及生活垃圾分类等其他政策的支持。

（二）公共部门管理成本分析

　　生活垃圾处理具有典型的必需品特征，属于公共服务范畴（陈科 等，2002）。考虑到公共部门对生活垃圾处理负主要责任，不论是公共部门自身还是委托企业提供生活垃圾处理服务，进而负责生活垃圾计量收费，本节都将相关成本记为公共部门管理成本。计量收费实施过程中，公共部门管理成本包括

---

　　① 居民消费结构的转变包括购买简易包装产品、减少一次性消费品的使用、自带购物袋等。

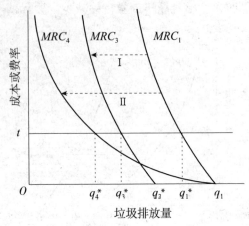

图 2-3　城市居民减量化行为的影响因素

征收成本、监督成本[①]和宣传教育成本。计量收费过程中，随着居民缴费意识提高、生活垃圾排放量减少，边际征收成本（MCC）下降，边际宣传教育成本（MPEC）下降。与此同时，随着生活垃圾处理收费费率提高，边际监督成本（MSC）不断上升。计量收费实施初期政府的政策执行成本比较高（李大勇 等，2005），且宣传教育成本也较高，例如，台北市"按袋征收垃圾费"在试点地区分为倡导期、劝导期、执行期三个阶段进行宣传，历时 2~3 个月进入执行期，投入了大量人力、物力[②]。

　　由于公共部门管理成本是费率 t 的函数，因此，计量收费并不是在成本核算基础上的定价问题，而是寻找最优费率 t^* 使得计量收费政策净收益最大。其中，计量收费收益需要核算单位生活垃圾收集、处理成本和生活垃圾排放量的费率弹性、垃圾减量的边际环境收益等；计量收费成本需要核算公共部门新增征收成本、监督成本和费率的函数关系，针对居民的宣传教育成本和遵从成本等。随着社会经济条件及人们环境意识的提高，最优费率随时间而变化。计量收费的直接效果是实现生活垃圾减量化，除此之外，计量收费的收入可作为生活垃圾收集、处理财政性资金的补充，以减轻公共财政负担，或者作为计量收费新增管理成本的资金来源，以较低的社会成本实现生活垃圾分类减量治理目标。

---

① 假定计量收费的征收主体和监督主体为政府管理部门。
② 资料来自台湾"中华经济研究院"。

第三节　城市生活垃圾计量收费定价思路解析[①]

与供水、供电、教育等其他公共服务相比，生活垃圾计量收费具有特殊性，突出表现为减量收益对居民而言不是即显的，精准计量较为困难，成本高，政策实施依赖社会公众的广泛认可和参与，通常具有较高的政策执行成本和政策遵从成本。全成本定价、边际成本定价等传统公共服务定价方法不足以有效应对生活垃圾计量收费政策制定和实施过程中的宏观和微观环境的复杂性。因此本书提出应以成本收益分析为框架，选择合适的收费模式、征收机制，尽可能扩大政策在促分类、促减量、资源化方面的政策收益，降低政策制定、执行、遵从成本和非法倾倒等非预期成本，最终使政策净收益为正值且达到最大。同时，应积极通过垃圾收费与其他税费项目的综合平衡，保持总体税费水平的稳定，不增加居民的税费负担。

一、公共服务定价理论与方法综述

公共产品具有消费的非竞争性和受益的非排他性特征，经济主体往往选择"搭便车"行为，外部性的存在将使社会脱离最有效的生产状态，影响市场对资源的有效配置。针对市场失灵现象，公共产品理论和外部性理论均主张政府运用"看得见的手"进行干预，对公共产品进行合理定价就是干预的一种常见手段。公共产品定价理论最早可追溯到19世纪70年代的英国，一般指公共部门为实现和维护公共利益，对公共产品或服务、准公共产品或服务直接定价或干预其定价（陈科 等，2002）。公共产品定价的主要依据是存在"市场失灵"，政府通过干预价格对市场纠偏，以实现资源的优化配置。政府对价格进行干预的典型领域有天然气、电力、公共交通、教育医疗等。国内学者中，杨君昌（2002）从自然垄断、收入分配、正外部性、财政收入和市场稳定等角度出发，对公共产品定价理论进行了较系统的梳理。温桂芳（2007）深入地研究了公用事业定价问题的公平性，并就如何深化公共产品价格改革提出了政策建议。刘戒骄（2006）认为我国已基本解决公用事业产品和服务价格偏低问题，在规模扩张和制度变革并举的新阶段应重点关注在开放竞争和健全监管的基础上推进

[①]　本节内容发表于《干旱区资源与环境》，基于本书框架做了相应调整。

城市生活垃圾分类减量治理研究：北京分类实践与计量收费探索

Classification and Reduction Governance of Municipal Domestic Waste in China: Focusing on Classification Practice and Unit-Pricing Exploration of Beijing

民营改革。张小明等（2007）则关注民营化进程中公用事业定价的制度基础，指出公用事业定价需要按照多元治理的新理念，建立政府、企业、公民参与的多元定价机制。

公共领域常用的定价方法有以下九种。第一，边际成本定价法。也叫边际贡献定价法，当公共产品或服务的价格与提供公共产品或服务的边际成本相等时，社会福利达到最大化，此时将实现帕累托最优配置（Hotelling，1927）。第二，全成本—平均成本定价法。保持收支平衡的前提下，以提供公共产品或服务的平均成本（包括固定成本）为定价基础。与边际成本定价法相比，平均成本定价法得出的不是最优价格，高于边际成本的定价会带来一定效率损失，但可操作性较强（陶小马 等，2002）。第三，两部定价法。基本思路是将初期投入的部分或全部固定成本回收，可变成本则以边际成本结合平均成本的方式回收，从而将城市公共产品或服务价格分为与使用量无关的固定费用，以及按照使用量和单位定价计算的从量费用。该方法具有较强的可操作性，但对公共产品或服务使用量较少的消费者具有不公平性，可能导致低收入人群对高收入人群的补贴，长期来看将造成社会福利的减少（陈敏霞，2008）。第四，负荷定价法。即针对不同时间段或时期制定不同的价格，例如，在电力、电信、天然气、煤气等行业，按照需求高峰期和非高峰期，制定不同价格，通过价格调节平衡供需状况。第五，成本加成定价法。即基于成本和利润的考虑，根据实际投资水平、运营成本及预测的消费量，为公共产品或服务核定价格，在单位平均成本基础之上加上一定的利润率（李青，2010），又可分为完全成本加成（固定成本＋变动成本）、变动成本加成和目标成本加成（将事先确定的成本目标嵌入公共服务各流程中，并将其作为约束条件）。第六，最高限价模式。政府通过发放经营许可证、制定准入条款等对相关企业进行管理，并实行限价管理，控制相关公共产品或服务的价格，而不直接控制相关企业的利润率（Jacoby et al.，2004）。第七，投资回报率模式。政府基于公共产品或服务成本效益，确定相应的投资回报率，作为特定时期的定价依据（陶小马 等，2002）。第八，交叉补贴定价模式。一种情形是政府给予相关企业在参与城市开发和经营等方面一定的便利或优惠条件，以弥补公用事业低价格带来的亏损；另一种情形是区域间的横向补贴。第九，竞争定价法。即通过完全的市场竞争定价，如采用特许经营权招标等方式来实现市场竞争和优胜劣汰。这种定价方法目前在电厂竞价上网及燃气前端供应和销售等少数领域得到了使用。

在公共经济学的视域下，边际成本定价法是理想经济环境下公共部门定价的最优解，而在现实情境下，最优定价面临预算约束、市场环境约束、动态需求约束、信息约束等现实问题，通常无法实现（杨全社 等，2012）。鉴于生活垃圾处理领域并非完全市场化领域，公共部门至少在短期内不能免于责任，并且生活垃圾无害化处理具有明显的自然垄断特征和城市公共服务属性，其定价模式应充分考虑生活垃圾处理收费的特殊性和社会总成本最小化的最终目标。从这个角度看，边际成本定价、全成本—平均成本定价等传统公共服务定价理论和方法不足以指导生活垃圾计量收费实践，需要探索更符合现实情况和中国情境的生活垃圾定价模式。

二、生活垃圾处理服务定价研究进展

针对城市生活垃圾处理服务定价，国内外学者普遍关注成本核算，如将边际成本或平均成本作为生活垃圾计量收费的定价依据（Hong，1999；Stavins，1993；陈科 等，2002；龙丽娟 等，2004；吕军 等，2007；彭晓明 等，2006），本质上采用的是将生活垃圾处理服务视为私人物品的定价思路。为实现上述定价，褚祝杰等（2012）将垃圾处理成本分为固定成本和变动成本，从而延伸出两部定价法；张宏艳等（2011）按照组成成分将垃圾处理费划分为基本费用、外部费用和从量费用。

具体而言，褚祝杰等（2012）指出全成本核算方法将生活垃圾处理成本分为直接成本和间接成本两大部分。由于外部成本（环境污染和健康损害）的存在，全成本核算法计算的成本很难与实际支付额相等；当核算成本小于实际支付额时，差额部分须由政府税收来支付，这违背了产生者付费的原则，潜在地鼓励了生活垃圾的产生；当核算费用大于实际支付费用时，城市居民则认为其为基础设施服务多付了附加费，会影响城市居民的垃圾减量化积极性（Baetz et al.，1995）。边际成本核算方法则是将垃圾处理成本分为固定成本和变动成本两大部分，城市居民每多排放 1 单位生活垃圾，都体现为可变成本的增加（褚祝杰 等，2011）。固定成本是不随生活垃圾产生量变化而变化，仅与城市社区的大小、类型、基础设施情况、计量收费模式有关的成本，包括一般管理成本、人工成本、设施和技术投资成本、账单系统建设成本、监管成本、教育和信息成本、其他固定成本等；变动成本是随城市居民生活垃圾排放量增加而增加的成本，其对城市居民个人行为具有较强的信号作用，在计量收费政策中起决定性的作用。变动成本主要是生活垃圾分类成本、收集储存成本、运输成

本、处理设施运维成本、末端处理成本以及可回收垃圾销售收入对成本的冲抵
（见图2-4）。

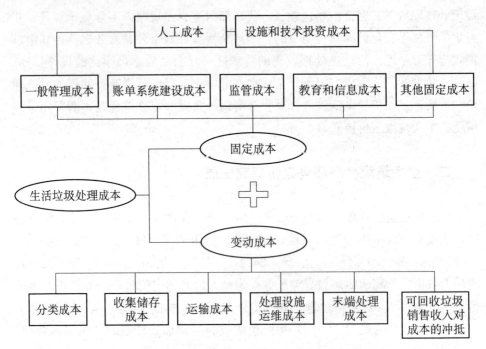

图 2-4　生活垃圾处理成本构成（边际成本核算法）

注：本图参考褚祝杰等（2011）的研究绘制。

曹娜（2010）探讨了两部收费方式，结合了固定成本和从量定价两种方式，
其中，固定成本是基于城市生活垃圾处理设施初始建设产生的固定投资支出确
定的，从量定价是基于日运营成本确定的。Chu 等（2019）基于成本补偿原则
和互补性原则，分别计算了垃圾填埋成本和焚烧成本，根据人均年可支配收
入、人均年消费支出和不同城市固体废物处理方式下的垃圾处理成本，建立了
一个捆绑定价模型。Chu 等（2017）基于对中国北京家庭的调查数据进行实证
分析后，发现对于低收入人群来说生活垃圾处理统一价格偏高，而垃圾费与家
庭可支配收入或家庭总支出的比率对于中高收入家庭来说垃圾处理统一价格则
过低。其基于城市居民人均可支配收入、家庭消费支出、垃圾处理行业生产
率、通货膨胀率等因素，设计了一个递增区块定价模型。该模型设置了三个价
格阶梯：第一阶梯用于满足低收入家庭的基本生活需求，第二阶梯用于满足城
市居民生活水平提高后的合理需求，第三阶梯用于规制过度排放行为。与累进

所得税制度类似，该模式被认为是一种体现社会公平的制度，它不仅可以减轻低收入家庭的负担，而且可以增加废弃物排放过多的家庭的支付额度。

总体来看，已有研究在讨论城市生活垃圾定价方法时，未充分考虑城市生活垃圾处理的公共服务属性和自然垄断特性，其出发点多是推动实现生活垃圾处理服务完全走向市场，使得政府能够免于承担管理责任和资金责任，这一思路本身就可能存在偏差；并且，在讨论定价方式和费率时，未充分尊重生活垃圾处理行业的现状及其特殊性，特别是在中国计量收费政策存在较大的政策执行成本和政策遵从成本，这些因素导致上述定价研究对中国城市生活垃圾计量收费政策制定和实施过程中出现的现实问题的理论回应存在不足。

三、生活垃圾处理服务定价的特殊性

生活垃圾处理属于典型的准公共产品，具有正外部性特征，其定价应由政府主导，且不同于一般商品的定价。作为一项基本公共服务，城市生活垃圾处理定价需要考虑诸多因素，要做到既实现公共资源的优化配置，又能够激励企业持续运营，还需要使支出在居民可承受范围内、体现公平性、注重保护公众的利益。

从经济可持续性来看，随着经济发展和城镇化水平提高，居民消费量稳步提升使得城市生活垃圾显著增加。在垃圾处理收费总体较低的背景下，生活垃圾处理设施建设和运行成本主要由政府财政负担，随着垃圾末端处理设施环保标准的提高，定额收费或不收费的定价模式由于缺少对居民排放的约束，导致全社会为高于社会最优水平的生活垃圾的处理支付了高额成本。在中国，以定额收费为主体的定价制度，似乎只是为了收回政治上"可接受"的部分成本（Hasan et al.，2021）；虽然这一制度可以直接减轻居民在生活垃圾处理上的经济负担，但代价却是更高的社会经济负担，而利用政府财政予以支付本质上仍然是由社会公众最终买单。从机会成本的角度看，生活垃圾处理上的超额支付必然以牺牲其他公共服务数量或质量为代价。因此，不合理的生活垃圾定价会对生活垃圾处理的经济可持续性带来挑战。

从政策目标和工具来看，应以生活垃圾处理社会总成本最小化为原则对生活垃圾管理流程进行优化，特别是要注重采用更合理的生活垃圾定价模式。具体而言，就是从不收费或定额收费向多排放多付费的定价模式升级。特别是对于减量化需求迫切的城市而言，应当积极探索计量收费的定价模式，在居民源

头形成减少垃圾排放的经济激励，促进生活垃圾源头分类和减量。

从公众利益和政策接受度来看，长期实施的定额收费使居民对垃圾收费感知有限，而随着居民学历和收入水平提高，居民权益意识不断增强，对垃圾处理定价方式和费率调整更为敏感。面对关于生活垃圾的不同收费选择，尽管调整征收方式、提高费率在提高公用服务效率和减少过度消费造成的效率损失方面富有成效，但政府往往因为担心公众舆论和社会对垃圾收费政策接受度反弹，在涉及民生事务上回避价格调整或模式升级（OECD，2010）。有鉴于此，在城市公共服务定价时，应将保持居民整体税费水平稳定作为重要原则，或通过垃圾收费与其他税费项目的调整，确保在追求社会最优的过程中不增加居民的税费负担。

特别地，与供水、供电、教育等其他公共服务收费相比，生活垃圾处理计量收费具有一些特殊性。一是生活垃圾减量化对于居民的收益不是即显的，不容易被感知，面临的政策遵从成本较高。由于计量收费不论是采用随袋收费还是称重收费，均需要公众在日常垃圾投放过程中予以认可和高频次配合，这就意味着计量收费的定价模式需要以较高的社会接受度为重要前提。二是生活垃圾计量收费的收费频次较高，而生活垃圾的来源复杂，缺少现成的精准计量基础设施，政策执行成本高。污水处理与垃圾处理均属于城市环境公共服务范畴，两者具有较强的可比性，但污水处理费可以家庭用水量作为计费依据，通过供水系统实现精准计量，在自来水水费中统一收取，大大降低了政策执行成本和政策遵从成本，而生活垃圾计量收费较难包含在现行的某项计量收费政策中，需要单独征收，且精准计量较为困难，具有较高的政策执行成本，且政府需要对非法投放行为进行监管，也将面临较高的实施监管成本。

因此，应综合考虑生活垃圾处理收费现状、公众认知、管理能力等一系列因素，在对中国城市生活垃圾处理定价进行研究时充分体现其行业特殊性。

四、生活垃圾计量收费的成本收益分析

生活垃圾处理属于地方性基本公共服务。按照财政对等原则，城市生活垃圾处理资金筹集应限于享受服务的区域（Olson，1969）。垃圾处理服务的竞争性影响收费模式的选择。生活垃圾的无害化处理占用城市土地资源，需要较大的固定资产投资，若处理能力充足，则垃圾处理服务的竞争性较小；反之，若处理设施接近饱和或超负荷运行，垃圾处理服务就具有明显的竞争性。消费中

的竞争性一定程度上决定排他性的重要程度，而排他性则通过不同计费模式得以体现。若不收费或定额收费，则缴费多少与处理服务不挂钩，垃圾处理服务有一定竞争性但不具有排他性。垃圾处理服务成为公共资源将导致公地悲剧，城市要承担超额垃圾处理成本。计量收费通过多排放多付费、分类垃圾少付费等方式，使垃圾处理服务具有排他性，可避免垃圾处理服务的过度使用，提高垃圾处理服务的使用效率。

如图2-5所示，生活垃圾处理收费政策作为环境经济政策，具有收入筹集功能和促分类、促减量、促资源回收等行为调节功能（马中，2019），不同功能定位与"减量化、资源化、无害化"的生活垃圾管理原则密切相关。在计划经济年代，资源化是应对物资匮乏的重要手段，通过押金返还实现资源回收再利用；随着城镇化快速发展，生活垃圾产生量迅速增加，无害化成为第一需求，通过垃圾收费（部分）补偿无害化处理设施建设和运行成本，垃圾收费的收入筹集功能占据主导地位；到了城镇化中后期，消费能力不断提升进一步加大城市垃圾处理压力，特别是大城市，土地稀缺性更高，会抑制生活垃圾处理能力的增长（谭灵芝 等，2019），减量化、资源化成为垃圾收费的首要目标，其促减量、促分类和资源化的行为调节功能成为主要功能。需要强调的是，收入筹集功能与行为调节功能在一定程度上具有不兼容性；当费率不变时，源头分类和减量行为将削弱收入筹集功能。因此，生活垃圾收费政策首要功能的确定对城市生活垃圾处理收费模式的选择至关重要。

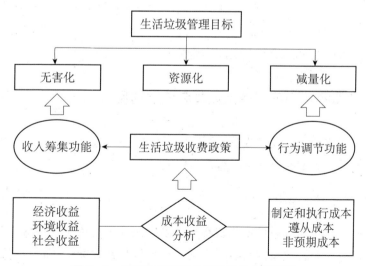

图2-5　生活垃圾处理收费政策的分析框架

计量收费政策的资源投入即为政策成本，包括：（1）政策制定和执行成本。计量收费需要以精确的计量和完善的收费体系为基础，例如建立在用水计量基础上的污水处理费。与污水处理费相比，居民生活垃圾计量收费目前没有基础载体，其政策制定和执行成本较高。（2）政策遵从成本。政策遵从成本主要受费率高低影响，高费率将提高政策遵从成本。因此，在产生显著减量化效果的前提下，费率应适当降低；同时，要讲究政策宣传和解读的策略，使政策对象接受政策，降低政策遵从成本。（3）政策非预期成本。高费率对垃圾减量更加有效（Watkins et al.，2012），但也可能诱致非预期行为，例如将部分厨余垃圾混入其他垃圾、排入下水道、随地投放等非法倾倒行为，这将导致成本转移效应或带来额外成本，比如导致其他垃圾和污水的处理成本增加。

计量收费政策的收益包括：（1）减量带来的费用节约，特别是末端处理设施的建设支出及运行维护支出的减少。扩大政策收益的关键是最大限度发挥收费对生活垃圾减量的作用。从这个角度看，较高的费率可能产生更大的减量效果，因此费率不宜过低。（2）净化环境的收益。（3）提高社会文明水平的社会效益。需要指出的是，政策收入是财富转移，从社会角度看并不是政策收益。

以成本收益分析为框架，最终的生活垃圾计量收费模式、费率选择等政策设计，要实现政策净收益为正值且使其最大化。一方面，尽可能扩大政策在促分类、促减量、资源化方面的收益，降低末端垃圾处理成本，产生节约末端处理成本的经济收益、减少环境污染的环境收益和提高社会文明水平的社会效益；另一方面，尽可能降低政策制定、执行、遵从成本和非法倾倒等非预期成本。在这个过程中，通过最优化过程，选择合适的收费模式、征收机制和合理的费率，实现政策净收益大于零且使其最大化。

五、计量收费费率对政策成本和收益的影响

计量收费政策的成本和收益共同决定最优费率的选择，同时，计量收费费率的高低也会对政策的成本和收益产生影响。

（一）费率对政策收益的影响

如上所述，生活垃圾计量收费政策收益包括节约的垃圾处理成本和环境收益，两者均随垃圾排放量的减少而增加。在计量收费政策中，垃圾排放量的降低与费率有关。费率的提高会进一步改变人们的行为意识，从而提高居民垃圾

减量化的努力程度。因此，费率的提高能够带来政策收益的增加。通常用垃圾排放量对费率的弹性反映费率的变化引起的垃圾排放量的变化。相关研究表明，费率的提高能够刺激垃圾排放量的减少。如：Usui（2003）对日本城市生活垃圾处理价格与排放量的关系的研究发现，当价格提高 1％时，垃圾排放量降低 0.082％；Dijkgraaf 和 Gradus（2004）对荷兰的研究发现垃圾排放量对费率的弹性是 0.10％～1.39％。

（二）费率对政策成本的影响

计量收费费率的提高在带来减量化激励增强的同时，也使公众的政策遵从成本随之提高，亦增强了非法处理垃圾的激励。与供水、供电等其他公共服务不同，在监管相对薄弱的情形下，居民可能将垃圾排放到相邻城市或采取其他非法处理措施，如路边倾倒（肖玲，2003）等，从而对政策成本产生较大影响。例如，王建明（2008）在杭州、武汉两市进行了城市居民问卷调查，对生活垃圾计量收费的政策效应进行了实证研究，结果表明，实施垃圾按量收费，可能非法倾倒的居民占比达 27.6％。

国外的相关研究表明非法倾倒是计量收费面临的一个重要问题（Dijkgraaf et al.，2004），对计量收费定价有着重要影响（Dijkgraaf et al.，2009；Hong，1999）。例如：Fullerton 等（2017）对 1991 年美国夏洛茨维尔市生活垃圾按袋计量收费的实证分析表明，减少的生活垃圾排放中有 28％～43％被非法倾倒[①]；Sakai 等（2008）对日本 533 个城市的调查显示，68％的城市在实施生活垃圾计量收费时遇到了非法倾倒问题；Kim 等（2008）对韩国 2001—2003 年的垃圾非法倾倒量与费率进行了回归分析，发现费率提高 1 个百分点导致非法倾倒量增加 3％。另外，Linderhof 等（2001）认为在荷兰的奥斯赞市不存在非法倾倒现象，原因是当地的监督系统非常有效，社会管理力度较大，非法倾倒会受到严重处罚。不难看出，非法处理垃圾使生活垃圾计量收费政策成本变得非常高（Kinnaman，2009）；为避免非法处理垃圾产生更大的外部成本，公共部门需增加监督管理成本（Choe et al.，1998），完善执法和监督体系（冯思静等，2006）。监督管理成本与费率密切相关，通常，费率越高非法倾倒越严重，也就意味着更高的监督管理成本。因而，费率通过影响政策遵从成本、监督成

[①] 夏洛茨维尔市实施 0.8 美元/32 加仑的按袋计量收费后，生活垃圾排放重量减少了 14％，容器数减少了 37％，回收量增加了 16％。

城市生活垃圾分类减量治理研究：北京分类实践与计量收费探索

Classification and Reduction Governance of Municipal Domestic Waste in China: Focusing on Classification Practice and Unit Pricing Exploration of Beijing

本和非预期成本，进而对政策成本产生影响。

六、生活垃圾计量收费费率确定思路

通过分析计量收费费率与政策收益和政策成本的关系发现，费率对政策收益和政策成本均会产生影响，政策收益和政策成本是费率的函数。具体而言，节约的垃圾处理成本和环境收益是费率的函数，两者随着费率的提高而增加；监督成本、政策遵从成本、非预期成本与费率存在函数关系，费率越高，这些成本可能随之越大。从公共政策角度看，计量收费的目的是以较小的社会成本实现减量化、资源化、无害化等生活垃圾处理目标。由此，本书提出计量收费费率确定的思路：当政策净收益大于零时，计量收费政策有介入的必要，且计量收费政策净收益最大化时的费率即为最优费率。计量收费并不是在成本核算（从垃圾收集到末端处理的全流程成本核算）基础上的定价问题，而是以全社会垃圾处理成本最小化、保持居民面临的总体税负水平基本不变为前提，寻找最优费率，使计量收费政策净收益为正值且达到最大。最优费率随着社会经济条件的变化而变化，对计量收费政策收益和政策成本构成影响的因素均会影响最优费率。在制定和调整计量收费费率时应将人们的环境意识、垃圾处理方式、垃圾无害化处理标准、计量收费模式等因素纳入考虑范围。在这个过程中需要重视计量收费政策的公众接受度，它不仅是政策成本的重要组成部分，而且是政策具有政治可行性的决定性因素。计量收费政策以促进生活垃圾减量为主要目标，减量效果会削弱收入筹集功能。若减量效果显著，则可能导致收费额不足以确保垃圾清运处理环节合理盈利。长期来看，由于收费额可能不足以完全补偿垃圾处理支出，因此在不增加居民总体税费负担的条件下，政府有必要对垃圾处理公共服务进行兜底，必要时一定水平的政府财政补贴可能成为常态。

七、小结

生活垃圾处理具有基本公共服务属性，污染者付费原则不能作为生活垃圾计量收费的实施依据；使用者付费原则要求生活垃圾处理服务的使用者按照服务数量缴纳处理费，目的是提高政府公共资源的使用效率，这是生活垃圾计量收费实施的经济学依据。计量收费政策收益和政策成本是费率的函数，具体而言，政策收益中节约的垃圾处理成本和环境收益是费率的函数，两者随费率的提高而增加；政策遵从成本、监督成本和非预期成本是费率的函数，费率提高时这些成本可能随之增加。当政策净收益大于零时，计量收费政策有介入的必要，政策净收益最大化时的费率为最优费率。计量收费并不是在成本核算基础上的定价问题，而是寻找最优费率，使计量收费政策净收益为正值且达到最大。单位垃圾处理成本、垃圾处理的环境收益、垃圾排放量的费率弹性、征收成本、监督成本及宣传教育成本等参数对于核算最优费率至关重要。以本书提出的定价思路为基础，针对中国特定城市，分析计量收费政策的可行性、模拟计算最优费率是未来的研究方向。

中国地域辽阔，各地在发展阶段、生活垃圾管理需求、管理能力等方面存在差异，中国不同城市的垃圾收费模式应当是差异化的。一个可行的策略是，先建立以定额收费为主的收费体系，具备条件的城市率先向计量收费升级，逐渐形成梯级搭配、向计量收费动态转型升级的格局。在认识到计量收费具有促分类、促减量功能的同时，也应清醒地认识到其管理成本总体较高。其中，公众对政策的遵从、精准计量每个家庭不同种类垃圾的排放量、对非法倾倒等行为的监管等均有赖于政府较强的管理能力和较集中的资源投入。因此，向计量收费的转型不宜操之过急，应注重积累有利于政策实施的必要条件。在尽量发挥计量收费促分类、促减量等行为调节功能的同时，应当不断提高生活垃圾精细化管理能力，凝聚全社会垃圾分类和减量的共识，降低计量收费政策实施和监督成本，最终使计量收费在中国城市垃圾分类和减量中发挥应有的经济激励作用，成为长效机制建设的重要内容。

◀◀◀ 第三章 ▶▶▶

中国城市生活垃圾分类减量治理实践

中国生活垃圾分类管理政策体系已初步形成，垃圾处理定额收费制度逐步落实，计量收费政策进入积极探索阶段。但与发达国家或地区相比，中国的垃圾分类管理起步较晚，在全国范围内存在居民垃圾分类意识不强、参与基础相对薄弱、源头分类准确率不高、面向居民的计量收费尚未落地等问题。本书对国内外生活垃圾分类管理与收费政策进行了梳理，对比分析了不同收费模式在中国的适用性，并定量分析了中国城市生活垃圾处理费征收效率的决定因素，重点探讨了现行的定额收费与准计量收费两种不同征收方式的征收效率，为提升城市垃圾处理收费政策的执行效率提供了经验和参考。

第一节　中国城市生活垃圾分类与收费政策现状及演变

中国自 20 世纪 90 年代起开始探索实施生活垃圾分类政策，形成了较为完整的分类管理政策体系。目前，46 个垃圾分类试点城市均以意见、管理办法、实施方案或行动计划等形式对生活垃圾分类工作进行了规划部署。垃圾处理费制度经历了起征推广阶段、优化改进阶段、升级探索阶段，2020 年被首次写入国家法律。截至 2022 年，已有 227 个地级以上城市制定了收费政策，且大多采用定额收费模式，部分城市采用按用水量计量收费的模式，北京、深圳、广州等城市开始探索计量收费模式。本书认为随着居民收入水平提高、垃圾处理负担加重，费率、收费方式和收费模式需要进行调整，将收费额度与垃圾产生量挂钩的计量收费成为中国垃圾收费的未来趋势。中国城市众多，其发展阶段、减量需求、管理能力等差异明显，难以统一实施计量收费政策，需要因地制宜选择合适的收费模式，分步有序推进计量收费政策落地。

一、城市生活垃圾分类管理的政策脉络

发达国家垃圾分类起步较早，目前管理已经比较成熟，在居民垃圾分类意识培养、垃圾分类回收体系构建、奖惩制度保障方面已取得诸多成功经验。我国在 20 世纪 90 年代开始了生活垃圾分类管理的政策探索。

1995 年颁布的《中华人民共和国固体废物污染环境防治法》指出城市生活垃圾应逐步分类收集、分类运输，为垃圾分类管理奠定了法律基础。2000 年建设部下发《关于公布生活垃圾分类收集试点城市的通知》，确定将北京、上海、广州、深圳、杭州、南京、厦门、桂林 8 个城市作为生活垃圾分类收集试点城市，正式拉开了我国垃圾分类收集试点工作的序幕。

2006 年 1 月建设部发布《中国城乡环境卫生体系建设》，明确城乡环境卫生体系建设目标包括完善生活垃圾处理设施以及生活垃圾处理收费制度；在论及建设基本原则时提到要积极开展生活垃圾分类收集和处理，着力推进生活垃圾减量化、资源化、无害化的处理模式；强调在生活垃圾管理中公众参与的重要性。该政策文件明确了生活垃圾处理收费制度和公众参与制度的重要性，它们分别属于经济激励工具和信息提供工具，凸显了两类工具对垃圾分类管理取得效果的重要性。

2011 年 4 月 1 日起施行的《广州市城市生活垃圾分类管理暂行规定》是国内首个城市生活垃圾分类管理规章，对垃圾分类适用范围、保障措施、收集容器的设置和维护、分类过程操作要求和管理要求、监督管理、举报和投诉等都做出了规定，为中国的垃圾分类处理提供了政策范例。2013 年广州市率先开展生活垃圾计量收费小区试点，采用了垃圾费随袋征收方式和垃圾袋实名制，但由于居民生活垃圾源头分类政策未普遍实施以及对随意丢弃监管不到位，6 个试点小区未能按照原计划进入实质的计量收费阶段，而是停留在垃圾专袋分类投放阶段，计量收费试点效果未达到预期（陈那波 等，2017）。

2017 年 3 月，国务院办公厅转发了国家发展改革委、住房和城乡建设部联合颁布的《生活垃圾分类制度实施方案》，确定先在 46 个直辖市、省会城市、计划单列市和住房和城乡建设部等部门确定的第一批生活垃圾分类示范城市中开展强制分类工作，其他城市根据当地实际情况有条件地开展强制垃圾分类工作。该政策标志着国家将垃圾分类从自愿性政策转变为更具强制性的政策。

2019 年 7 月 1 日，《上海市生活垃圾管理条例》正式实施，从垃圾产生的源头到末端处理实行全流程分类管理，个人违规投放且拒不改正的将被处以 50 元以上 200 元以下罚款，上海生活垃圾分类进入"强制时代"，标志着我国生活垃圾强制分类试点时代正式开始。

2020 年 9 月 25 日，修订后的《北京市生活垃圾管理条例》正式实施，明确了相关管理主体和垃圾产生者的责任，特别是提出建立垃圾分类管理责任人制度，按照"多排放多付费、少排放少付费，混合垃圾多付费、分类垃圾少付费"的原则，逐步建立计量收费、分类计价、易于收缴的生活垃圾处理收费制度。自此北京市生活垃圾分类进入全面强制实施阶段。

2020 年 9 月 1 日，修订后的《中华人民共和国固体废物污染环境防治法》正式实施，这是生活垃圾分类管理首次入法，该法以法律形式推行生活垃圾分类制度，确立了"政府推动、全民参与、城乡统筹、因地制宜、简便易行"的原则，明确了监管主体责任，规范了生活垃圾收集、转运和处理机制，突出了对违法行为的严惩重罚；提出县级以上地方人民政府制定生活垃圾处理收费标准，应当根据本地实际，结合生活垃圾分类情况，体现分类计价、计量收费等差别化管理，并充分征求公众意见。

虽然我国垃圾分类管理已形成了相对系统的政策体系，法律上有了保障，定额收费制度逐步落实，计量收费有了一定探索，公众参与被重视强调，环境信息公开取得一定进展，但与发达国家或地区相比，我国垃圾分类起步较晚，各政府部门、各行业有关垃圾分类的政策和标准仍处于不断完善的过程中，居民多年混合投放垃圾的习惯形成已久，更改并非易事，即使政府下大力气进行宣传教育，目前在全国范围内，居民垃圾分类意识不强、主动性不高、总体参与程度较低，生活垃圾源头分类准确率低的情况仍普遍存在。虽然 46 个垃圾分类试点城市均以意见、管理办法、实施方案或行动计划等形式对生活垃圾分类工作进行了规划部署，北京、上海、广州、深圳、宁波、厦门、苏州等 30 个城市已出台垃圾分类地方性法规或规章，但总体上，开始推广生活垃圾普遍分类的城市大多数尚处于起步探索阶段。生活垃圾分类涉及城市每个居民、每个家庭、众多非居民单位，且居民和非居民单位在分类意识、政策配合度等方面存在差异，生活垃圾管理涉及部门多、对象多，流程复杂，管理难度总体上较大。从这个意义上说，实现中国城市生活垃圾普遍分类、高质量分类，任重而道远。

二、中国城市生活垃圾收费政策演变动态分析

（一）生活垃圾收费政策的研究进展

生活垃圾是消费的副产品。随着中国全面建成小康社会，居民消费能力持续提升，城市生活垃圾产生量不断增加。城市生活垃圾管理的目标是实现减量化、资源化、无害化。源头减量是治本之策，源头分类有助于末端分流和减量，探索垃圾分类和减量政策工具是加强政府管理的必要内容。按照政府干预强弱，环境保护政策工具可分为命令控制工具、经济激励工具和信息提供工具，每种工具均有其特点，适用于特定情形（Goulder et al.，2008）。依托体制优势，中国环境保护政策工具多属于命令控制工具，包括制定污染物排放标准、淘汰落后产能等，均主要针对企业（Beeson，2010；Kostka et al.，2014）。而生活垃圾管理主要针对居民，囿于监管能力等因素，命令控制工具的使用受限，经济激励工具、信息提供工具在诱导居民行为改变上有更大的作用空间。其中，分类计价、计量收费在发达国家或地区生活垃圾管理中得到了较广泛的应用，在全球范围成为一种趋势。

计量收费在发达国家或地区得到较多使用，有很多成功实践，积累了很多可供借鉴的经验，但既有研究对中国城市垃圾收费政策的研究不足。譬如，Alzamora 等（2020）总结了很多国家和地区的生活垃圾收费模式，但未涉及中国城市的收费模式，Welivita 等（2015）虽考察了中国城市生活垃圾的定额收费模式，但未能捕捉到中国城市收费模式的差异性和动态演变趋势。中国地域广阔、城市众多，各城市在生活垃圾产生量、管理需求、管理能力等方面存在较大差异。与此同时，关于中国城市生活垃圾收费模式的研究，仅集中于对个别城市的案例分析和对定价模型的理论研究。如：Chu 等（2019）从不同角度提出了北京市生活垃圾计量收费定价模式；褚祝杰等（2011，2012）、彭晓明等（2006）基于经济学理论分析了计量收费核算模式。不难发现，国内外相关研究未对中国数以百计的城市的收费模式进行全面梳理，并且对中国城市收费模式的动态演变和向计量收费转型升级的模式选择的研究存在明显的不足。

（二）生活垃圾收费政策的阶段演变

中国生活垃圾收费政策的演变主要分为以下三个阶段：

城市生活垃圾分类减量治理研究：北京分类实践与计量收费探索

Classification and Reduction Governance of Municipal Domestic Waste in China: Focusing on Classification Practice and Unit-Pricing Exploration of Beijing

第一阶段（1999—2006 年）为垃圾处理费起征推广阶段。1999 年国家计委《关于发挥价格杠杆作用扩大内需促进经济增长的若干意见》首次提出"实行垃圾处理收费制度"。随后 2002 年国家计委等部门发布《关于实行城市生活垃圾处理收费制度促进垃圾处理产业化的通知》，对中国各城市开征垃圾处理费提出要求，且对收费的性质、标准制定做出具体规范，这一文件最早提出可以在具备条件的城市开展计量收费，成为大部分城市开展垃圾处理收费的依据。

第二阶段（2007—2019 年）为垃圾处理费制度优化改进阶段。2007 年建设部在《关于落实〈国务院关于印发节能减排综合性工作方案的通知〉的实施方案》中提出要"提高垃圾处理收费标准，改进征收方式"。由于生活垃圾收费制度实施初期各市出现了收费困难、成本高等问题，2011 年住房和城乡建设部等多部门在《关于进一步加强城市生活垃圾处理工作的意见》中完善了收费依据，并进一步提出改进收费方式、降低收费成本的要求。2017 年和 2018 年国务院相关部门多次发布相关政策，再次强调要健全垃圾处理收费机制、调整收费标准。例如，2018 年《国家发展改革委关于创新和完善促进绿色发展价格机制的意见》提出"对具备条件的居民用户，实行计量收费和差别化收费"，并将垃圾处理收费政策与垃圾分类相结合，"实行分类垃圾与混合垃圾差别化收费等政策，提高混合垃圾收费标准"。

第三阶段（2020 年至今）为垃圾处理费制度升级探索阶段。2020 年新修订的《中华人民共和国固体废物污染环境防治法》提出中国各城市及建制镇应在 2020 年底前建立生活垃圾处理收费制度，并首次将生活垃圾收费写入国家法律。2021 年国家发展改革委在《关于"十四五"时期深化价格机制改革行动方案的通知》中提出，要"推动县级以上地方政府建立生活垃圾处理收费制度"，"具备条件的地区探索建立农户生活垃圾处理付费制度"。

我们查阅地级及以上城市生活垃圾收费政策文件后[①]，汇总得到 1999 年以来各地开征生活垃圾处理费的情况，见图 3-1。1999 年，北京和东营最早开征生活垃圾处理费，自 2002 年国家提出收费要求后出现开征垃圾处理费的高峰期（2003—2010 年），收费城市从 2002 年的 18 个增长到 2010 年的 144 个，此后年份增长速度放缓。截至 2022 年，所考察的 296 个地级及以上城市中 227 个

---

① 此处的研究范围为中国大陆地级及以上城市，不包括港澳台地区。

已经出台收费政策，占比 76.69%[①]。鉴于中国城市现阶段的垃圾收费仍以筹集资金为主要功能，垃圾处理成本较高、财政负担较重的城市，更有动力推动垃圾处理费政策落地，而对于垃圾处理经济负担较小的城市，这一需求相对较小。随着居民收入水平提高、垃圾处理成本增加，费率、征收方式和收费模式均有待优化调整，以促进垃圾减量政策目标的实现。

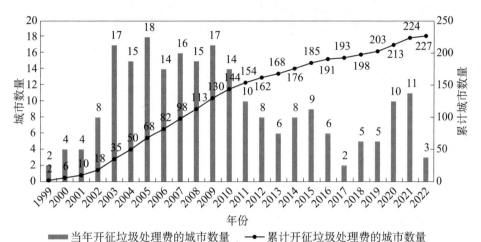

图 3-1　中国地级及以上城市生活垃圾收费起征年份

资料来源：根据各地级及以上城市政策文件整理得到。

（三）生活垃圾收费政策的关键特征

生活垃圾收费主要是行政事业性收费。根据各城市政策文件，目前中国开展垃圾收费的城市中 61.68% 为行政事业性收费，38.32% 为经营服务性收费，部分城市开征垃圾处理费后将其由经营服务性收费改为行政事业性收费。从属性来看，行政事业性收费属于政府行为，其目的是提高政府公共服务提供的效率，一般由行政部门征收，收费具有更大的强制性，但不必然要求收费总额补偿所有成本，费率通常较低。与此相对，经营服务性收费属于市场行为，具有一定的自愿性和竞争性，更注重资金筹集，其费率的确定要确保垃圾处理有一定的利润空间，以实现经营活动的可持续性。

---

① 数据源自手工整理的地级及以上城市生活垃圾处理费相关政策文件，部分城市未查询到相应文件。在没有实行生活垃圾收费的城市中，部分城市已经开展费率听证会、座谈会，或者正在积极探索垃圾收费模式。此外，也存在一些城市由于居民并不理解政策含义、征收方式不合理或成本较高而并未真正落实垃圾收费政策。

生活垃圾收费标准相对较低。如图3-2所示，全国各城市收费标准呈现右偏分布，少数城市费率较高，最高为207元/（户·年），大部分城市处于40～70元/（户·年）的范围内，均值为63元/（户·年）[①]。定额收费标准的分布与全部城市所有收费模式下的收费标准分布十分接近，也说明定额收费目前是中国城市的主要收费模式。相较按用水量计量收费的准计量收费，定额收费标准的确定一般需经过复杂的公众听证程序，灵活性较低，难以随时调整，与家庭污水处理收费标准相比，生活垃圾处理收费标准较低。

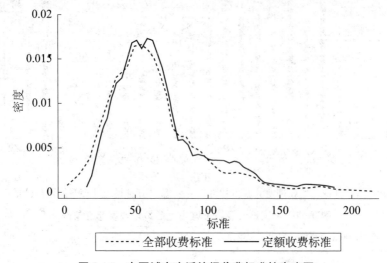

图3-2 中国城市生活垃圾收费标准核密度图

资料来源：根据各地级及以上城市政策文件整理得到。

生活垃圾处理费的征收模式近年来呈现多元化趋势。从时间趋势来看（见图3-3），自2002年起，采用随水费定额征收的城市数量整体上一直保持较高增速；2007—2019年垃圾处理费制度优化改进阶段中，按用水量计量收费的城市数量增加较快；2010年后，采用政府直接征收方式的城市数量保持稳定，采用物业代收方式的城市数量则整体上平稳增加。从结构来看（见图3-4），中国城市生活垃圾处理收费方式以定额收费为主，其占比达82.64％，而以按用水量计量收费为代表的准计量收费仅占17.36％。定额收费中，39.58％随水费征收，18.75％由政府部门征收，15.28％由物业代收，其他由燃气公司、居委会等政府授权主体代收的占9.03％。多数城市选择随水费征收的原因可能在于，

---

① 为便于横向对比，选取使用得最普遍的定额收费标准进行统计，将各市收费标准的单位统一为"元/（户·年）"。

政府部门征收成本较高，收缴率偏低，物业代收则在一些地区存在一定困难；而随水费征收或按用水量计量收费确保了对应征收家庭的覆盖率，在征收成本较低的同时也具有较强的强制性。

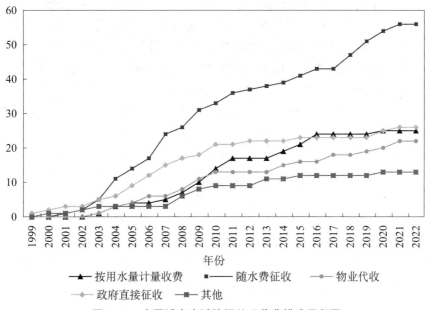

图3-3　中国城市生活垃圾处理收费模式累积图

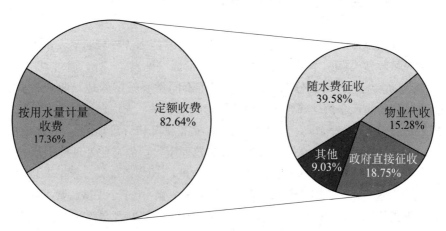

图3-4　中国城市生活垃圾处理收费模式

资料来源：根据各地级及以上城市政策文件整理得到。

整体看，中国城市垃圾收费尚未进入计量收费阶段，而不论是物业代收、随水费征收，还是按用水量计量收费的准计量收费，均不以垃圾产生量为计费依据，不具备垃圾分类减量激励效果，其政策目的主要是降低征收成本、提高征收效率。随着城市生活垃圾减量化压力加大，积极向计量收费转型，强化收费的行为调节功能应成为中国城市垃圾收费的重要探索方向。

另外，本书基于财政部汇总的各省（区、市）行政事业性收费情况[1]，补充查阅各省（区、市）的生活垃圾收费政策文件 80 多份，对全国 31 个省（区、市）现行生活垃圾收费情况进行了梳理。作为计量收费的先导，非居民单位厨余垃圾和其他垃圾处理费采用了定额收费、按重量或按容积收费、按用水量计量收费、阶梯定价收费等多种模式，其中 12 个省（区、市）同时存在两种及以上收费模式。采用定额收费的省（区、市）共 22 个，占 71.0%，通常按经营场所类型计费（如按面积、床位、摊位、座位等），如内蒙古对个体经营者的征收标准为 2～2.5 元/（摊位·天）。按重量或容积收费的省（区、市）有 15 个，占 48.4%。如北京非居民厨余垃圾处理费收费标准为 300 元/吨或 33 元/桶（120L），由垃圾运输单位收取。采用按用水量计量收费的有安徽、福建、湖南、广东、广西、海南、新疆等 7 个省（区），占 22.6%。调查发现，仅上海市对非居民生活垃圾实施了阶梯定价收费：餐厨垃圾基数内 60 元/桶，基数外 120 元/桶；高级宾馆、歌厅、舞厅、足浴室等企业的生活垃圾（不含餐厨）基数内 80 元/桶，基数外 160 元/桶；其他生活垃圾基数内 40 元/桶，基数外 80 元/桶。

三、城市生活垃圾收费模式选择的聚类分析[2]

中国城市众多，其发展阶段、减量需求、管理能力等差异明显，难以适用一种生活垃圾收费模式。本小节基于 5 个典型指标（见表 3-1），通过对中国 296 个地级及以上城市的聚类分析，识别适用于不同类型城市的垃圾收费模式。其中，人均地区生产总值反映经济发展阶段和收入水平，人均财政收入表征城市对垃圾处理费收入的依赖度，人口规模揭示城市规模和管理能力（Benito et al., 2021），生活垃圾清运量反映生活垃圾末端处理压力，无害化处理能力反映垃圾无害化处理产业化现状。基于统计软件对城市进行 K 均值聚类。数据来自《中国城市统计年鉴 2020》《中国城市建设统计年鉴 2020》。由于个别城市数据缺失，最终参与聚类的城市共 289 个，根据聚类后的类中心数值特征最终选择聚为三类[3]：

---

[1] 参见全国政府性基金和行政事业性收费目录清单，http://szs.mof.gov.cn/zt/mlqd_8464/mlqd/ssxzsysfqd。

[2] 本小节内容发表于《环境保护科学》，并基于本书框架做了相应调整。

[3] 其中邢台、通化、岳阳、永州、宜宾、广安、普洱等 7 个城市由于部分数据缺失，未参与聚类。

第一类城市 46 个，第二类 106 个，第三类 137 个（见表 3-2）。三类城市类中心的变量均具有显著差异（见表 3-3），确保了类内城市接近，类间城市差异较大。

表 3-1　城市生活垃圾管理相关指标描述性统计

指标名称	最小值	最大值	均值
人均地区生产总值（市辖区）（元）	12 776	203 489	77 102.4
人均财政收入（市辖区）（元）	327	39 402	6 184.5
生活垃圾清运量（万吨）	3.6	1 011.2	69.5
无害化处理能力（吨/日）	100	36 600	2 474.9
市区常住人口（万人）	6.0	3 044.6	219.7

注："无害化处理能力"的观测数为 289，其他指标的观测数均为 296。

第一类城市具有经济发达、财政充裕、城市规模大、政府管理能力强、垃圾末端处理压力大并处于垃圾处理产业化后期的特征。比如，此类城市人均地区生产总值均值约 14.7 万元，人均财政收入均值逾 1.3 万元。该类城市各项指标均显著高于第二类和第三类城市，且多为直辖市、省会城市、计划单列市、东部沿海城市，包括北京、上海、广州、武汉、深圳等。如北京厨余垃圾处理能力几近饱和，末端处理压力较大，垃圾收费政策的促减量功能成为关注的重点。考虑到中国大城市体量大、人口密度高，该类城市可优先考虑向计量收费的征收模式升级。

表 3-2　地级及以上城市生活垃圾管理聚类结果

城市类别	城市名称
第一类	北京、沧州、鄂尔多斯、大连、长春、大庆、上海、南京、无锡、常州、苏州、南通、扬州、镇江、泰州、杭州、宁波、绍兴、合肥、芜湖、马鞍山、滁州、福州、厦门、三明、泉州、漳州、宁德、青岛、东营、烟台、郑州、开封、武汉、宜昌、长沙、广州、深圳、珠海、佛山、北海、成都、玉溪、林芝、榆林、克拉玛依
第二类	天津、石家庄、唐山、廊坊、太原、晋城、朔州、呼和浩特、包头、乌海、呼伦贝尔、沈阳、营口、盘锦、哈尔滨、徐州、连云港、淮安、盐城、温州、嘉兴、湖州、金华、衢州、舟山、台州、丽水、蚌埠、铜陵、安庆、黄山、池州、莆田、南平、龙岩、南昌、景德镇、九江、新余、鹰潭、赣州、济南、淄博、潍坊、济宁、威海、日照、临沂、德州、滨州、洛阳、平顶山、鹤壁、新乡、焦作、濮阳、三门峡、黄石、十堰、襄阳、鄂州、荆门、荆州、咸宁、随州、株洲、湘潭、衡阳、常德、郴州、娄底、江门、湛江、肇庆、惠州、河源、东莞、中山、南宁、柳州、防城港、百色、海口、三亚、重庆、攀枝花、泸州、德阳、绵阳、乐山、贵阳、昆明、曲靖、丽江、拉萨、日喀则、西安、宝鸡、咸阳、延安、兰州、嘉峪关、金昌、西宁、银川、哈密

城市生活垃圾分类减量治理研究：北京分类实践与计量收费探索

Classification and Reduction Governance of Municipal Domestic Waste in China: Focusing on Classification Practice and Unit Pricing Exploration of Beijing

续表

城市类别	城市名称
第三类	秦皇岛、邯郸、保定、张家口、承德、衡水、大同、阳泉、长治、晋中、运城、忻州、临汾、吕梁、赤峰、通辽、巴彦淖尔、乌兰察布、鞍山、抚顺、本溪、丹东、锦州、阜新、辽阳、铁岭、朝阳、葫芦岛、吉林、四平、辽源、白山、松原、白城、齐齐哈尔、鸡西、鹤岗、双鸭山、伊春、佳木斯、七台河、牡丹江、黑河、绥化、宿迁、淮南、淮北、阜阳、宿州、六安、亳州、宣城、萍乡、吉安、宜春、抚州、上饶、枣庄、泰安、聊城、菏泽、安阳、许昌、漯河、南阳、商丘、信阳、周口、驻马店、孝感、黄冈、邵阳、张家界、益阳、怀化、韶关、汕头、茂名、梅州、汕尾、阳江、清远、潮州、揭阳、云浮、桂林、梧州、钦州、贵港、玉林、贺州、河池、来宾、崇左、儋州、自贡、广元、遂宁、内江、南充、眉山、达州、雅安、巴中、资阳、六盘水、遵义、安顺、毕节、铜仁、保山、昭通、临沧、昌都、山南、那曲、铜川、渭南、汉中、安康、商洛、白银、天水、武威、张掖、平凉、酒泉、庆阳、定西、陇南、海东、石嘴山、吴忠、固原、中卫、乌鲁木齐、吐鲁番

第二类城市表现出经济发展水平、财政能力、城市规模、垃圾清运量、无害化处理设施水平处于中等的特征。其各项指标平均水平明显低于第一类城市，如人均地区生产总值均值约 8.9 万元，人均财政收入均值约 0.7 万元。第二类城市包括天津、石家庄、哈尔滨、重庆、兰州、西安、昆明等。该类城市面临一定的垃圾减量压力，有相对强的财政能力和治理能力，在实现垃圾无害化处理的同时，可积极探索计量收费，为实施减量化做好政策储备。

表 3-3　地级及以上城市生活垃圾管理最终聚类中心

指标名称	第一类	第二类	第三类
人均地区生产总值（市辖区）（元）	147 172	88 503	45 588
人均财政收入（市辖区）（元）	13 262	6 828	3 416
生活垃圾清运量（万吨）	187.1	72.8	30.0
无害化处理能力（吨/日）	6 479	2 434	1 162
市区常住人口（万人）	490.7	237.7	120.1

第三类城市总体上属于经济欠发达、财政资源相对匮乏的中小城市，其人口规模较小，垃圾总量不大，且无害化处理能力相对落后。如此类城市人均地区生产总值均值只有约 4.6 万元，市区常住人口均值仅 120.1 万，生活垃圾年清运量均值也只有 30.0 万吨。该类城市包括保定、大同、本溪、菏泽、酒泉、汕

头等。对于这些城市而言，垃圾收费的收入筹集功能是首要功能，现阶段应优先保证垃圾全部无害化处理，用所征垃圾处理费部分补偿垃圾处理成本，减轻财政负担。在提高垃圾无害化处理能力、实现无害化处理后，随着城市管理能力提升，循序渐进地探索实施计量收费等先进收费模式。

第二节　基于全球经验的中国城市生活垃圾收费模式选择

全球生活垃圾收费政策主要分为不收费（财政全额负担）、以家庭或个人为单位定额收费、（准）计量收费三种模式。其中，计量收费是先进的生活垃圾收费模式，其成功实践绝大部分来源于经济较发达的国家或地区，具有显著的减量化、资源化效果，长期来看，可降低居民垃圾处理经济负担。本书分析了不同收费模式在中国的适用性：定额收费适用于经济较落后、财政不足、垃圾无害化处理迫切的中小城市，征管相对容易，但不具备促分类、促减量的效果；随袋收费与称重收费是真正意义上的计量收费，具有促分类、促减量的效果，适合在减量压力大、财政相对充裕、经济发达的大城市实施，但其管理成本较高，可能导致偷排等违法行为；按垃圾桶容积与清运频率收费对管理能力的要求有所降低，适合在垃圾收集服务完善、人口密度较低、独门独院的别墅区实施。

一、全球生活垃圾收费模式及其优缺点

经济快速发展和城市化进程日益加快的背景下，迅速增加的城市生活垃圾排放量和垃圾处理成本成为全球环境可持续发展面临的重要挑战。对此，全球许多国家先后实行了生活垃圾收费制度，积累了较为丰富的实践经验，对科学合理地设计建立和补充完善符合我国国情的生活垃圾处理收费模式具有重要的参考意义。本书基于广泛深入的资料收集，通过对收费类型和标准的划分，将全球生活垃圾收费归纳为七种模式，并对每种模式的特点、应用情况以及优势与不足进行了梳理（见表3-4）。

不收费。该模式主要在包括英国、巴西、墨西哥等地应用，由财政全额负担垃圾处理支出。该模式直接省去了执行和管理成本，简单易操作，但劣势也很明显：一是无财政收入，可能造成财政压力；二是无减量和分类激励效应。

城市生活垃圾分类减量治理研究：北京分类实践与计量收费探索

Classification and Reduction Governance of Municipal Domestic Waste in China: Focusing on Classification Practice and Unit Pricing Exploration of Beijing

表3-4　全球社区生活垃圾收费模式总结

收费模式	优点	缺点	应用地区
◆ 不收费	√简单 √无执行成本	√无收入 √无减量激励效应 √无分类激励效应	➤ 英国、巴西、墨西哥等
◆ 定额收费（按户、人、房屋面积、财产税等）	√简单 √有收入 √易管理	√收入与产生量无关 √无减量激励效应 √无分类激励效应	➤ 中国绝大多数城市、美国大部分城市、哥伦比亚、阿根廷、葡萄牙、希腊等
◆ 按用水量计量收费	√简单 √有收入 √易管理	√收入与产生量不直接相关 √无减量和分类激励效应 √改变用水行为	➤ 中国合肥、中国深圳、葡萄牙等
◆ 随袋收费或贴签收费	√有收入 √刺激减量 √刺激分类 √排放程序简单 √易理解	√装袋过度 √收入不稳定 √与自动化收集不兼容 √可能伪造 √管理要求高	➤ 韩国、日本等
◆ 按清运频率收费	√相对复杂 √收入稳定 √适用于按桶或袋收集	√减量刺激小 √对垃圾量不敏感	➤ 葡萄牙、捷克、美国部分城市等
◆ 按垃圾桶容积收费	√相对复杂 √收入稳定 √适用于按桶收集	√装桶过度 √对垃圾量不敏感 √不适用于按袋收集	➤ 日本、瑞典、爱尔兰、荷兰等
◆ 称重收费	√刺激减量 √非常精确 √对垃圾量变化敏感	√很复杂 √管理要求高 √成本高 √收入不稳定	➤ 瑞典、爱尔兰、荷兰等

　　注：本表部分参考了 Alzamora 等（2020）的研究。

　　定额收费。定额收费主要指以家庭住户或者个人作为收费对象，按照当地政府确定的标准收取固定额度的费用，采取按户、人、房屋面积、财产税收费等征收形式，而不以垃圾排放量为征收基础，对居民的垃圾减量化行为无明显影响。包括中国、印度在内的发展中国家的生活垃圾收费制度主要采用定额收费（Welivita et al.，2015；Wu et al.，2015；马本 等，2011）。该收费模式应用广泛，覆盖中国绝大多数城市、美国大部分城市、哥伦比亚、阿根廷、葡萄牙、希腊等地。定额收费具有便于实施的优势，在易于管理的同时能够获得一定的财政收入，但无减量和分类激励效应，且收费总额与垃圾量无关，是一种初级的收费方式。

按用水量计量收费。该模式属于准计量收费，是定额收费向计量收费过渡的一种模式。在葡萄牙、中国深圳、中国合肥等地广泛应用。其主要功能是筹集垃圾处理资金，征收成本低；不足是无减量和分类激励效应，且扭曲了用水价格，免洗品的使用可能增加垃圾量，一定程度上会改变居民用水行为。

相较于定额征收，计量收费通过随袋收费或贴签收费、按清运频率收费、按垃圾桶容积收费、称重收费等模式，直接与垃圾产生量直接挂钩，对垃圾减量、资源化的激励效果更佳（Alzamora et al.，2020；Bel et al.，2016；Dahlen et al.，2010）。计量收费作为一种先进的垃圾收费模式，在欧美、日韩等国家或地区成功实施，在全球范围内的应用也愈加广泛（Alzamora et al.，2020）。并且计量收费在一个国家、一个城市内通常具有多元性、地域性特点。譬如，拥有1 740万人口、4.2万平方公里本土面积的荷兰，在538个市镇中有13个实行称重收费，20个实行随袋收费或贴签收费，54个采用按清运频率收费，29个采用按垃圾桶容积收费，412个市镇未采用计量收费模式（Dijkgraaf et al.，2004）。

随袋收费或贴签收费。该模式属于预付费，在东亚的韩国、日本等地有较为广泛的应用。在这种模式下，人们通过购买专用垃圾袋或标签，缩减了垃圾投放的缴费环节，在成本节约方面效果较好，同时具有筹集资金、刺激减量和分类等功能，是真正意义上的计量收费，但也可能出现超重装袋、非法丢弃、伪造垃圾袋或标签、监管难度大等问题。该模式适用于人口密度大、管理能力强的地区，对垃圾桶智能化的要求低。

计量收费还有其他三种计量收费模式，包括按清运频率收费、按垃圾桶容积收费、称重收费，在欧洲和北美等地有一定应用。其中称重收费最为精确，对生活垃圾减量作用较大。这些计量收费模式相对更加复杂，适用于人口密度小、垃圾桶所有权清晰且信息化程度高、管理能力强的地区，在人口密集地区需要用户识别系统、缴费系统等技术支撑。

此外，随着全球多元收费模式的交流、融合，作为由定额收费向计量收费的过渡的准计量收费模式以及结合定额收费与计量收费的混合模式也开始出现。

二、国内外社区垃圾计量收费的成功经验

计量收费在全球范围的应用主要是在发达国家或地区。欧洲是计量收费应用较多的地区，在德国、荷兰、瑞典、爱尔兰等国，计量收费已成为主要收费模式。2004 年德国实行计量收费的垃圾量占总量的 71.6%，采用了按桶收费、称重收费等多种模式，运用了芯片、二维码、U 盾等智能识别技术，实现了对用户的精准识别和对垃圾精确计量。美国生活垃圾收费模式呈现多元化特征。2008 年，美国计量收费模式覆盖的人口为 7 500 万人，占总人口的 25%。

东亚使用计量收费的典型区域包括韩国、日本和中国台湾省台北市。（1）韩国。1995 年，韩国在全国范围实施了生活垃圾计量收费，通过专用垃圾袋或贴签按容量收费，可回收垃圾不收费。启动计量收费时，韩国的人均 GDP 为 1.26 万美元（以当年汇率折算），人口 4 500 万。在计量收费前，韩国政府于 1993 年推行垃圾分类政策，垃圾收费采用的是定额收费模式，基于建筑面积或财产税征收。研究表明，韩国计量收费产生了显著的减量化、资源化效果，使人均年生活垃圾产生量降低至 384 公斤，使资源再生率提高到 60%（Alzamora et al.，2020）。（2）日本。日本生活垃圾计量收费始于 20 世纪 60 年代，形成了按量收费和两部制的收费模式。其中，按量收费通过专用垃圾袋实现，厨余垃圾和可燃垃圾用不同颜色、分别计价的垃圾袋。2003 年，日本有 51.6% 的城市实行了垃圾计量收费，覆盖总人口的 14.4%。（3）中国台湾省台北市。台北市 2000 年开始采用按专用垃圾袋对生活垃圾计量收费模式，居民必须购买环保局制作的专用垃圾袋排放生活垃圾。资源回收率从 2000 年的不足 5% 提高到 2004 年的 35%；人均日垃圾清运量从 2000 年的 1.1 公斤迅速降低为 2005 年的 0.5 公斤。2000 年之前，台北市采用按用水量征收垃圾处理费的模式，随着 2000 年开始采用的计量收费模式取得显著的减量化效果，居民的垃圾处理经济负担明显降低，垃圾处理费从 2000 年的人均 100 元人民币降低到 2005 年的人均 40 元人民币（按当年汇率折算）（杜倩倩 等，2014b）。

对计量收费成功经验进行总结，有如下发现：（1）计量收费是先进的生活垃圾收费模式，在世界范围内形成了一种趋势。（2）计量收费是生活垃圾分类的重要配套手段，是生活垃圾源头减量的核心经济激励手段之一。（3）计量收费的实行需要以一定的经济发展水平、公共治理能力为基础，其成功实践主要来源于经济较发达的国家或地区。（4）计量收费具有显著的减量化、资源化效

果，从长期来看能降低居民垃圾处理经济负担。与此同时，也应清醒地认识到，各地情形不同，管理需求存在差异，不可简单照搬成功经验，需要根据实际情况，在权衡多方因素的基础上加以借鉴。

三、生活垃圾收费模式的比较分析与评价

我们从资金筹集功能、行为调节功能和政策资源投入三个方面对不同收费方式进行对比评价。

（1）资金筹集功能。从资金筹集功能看，定额收费、准计量收费、计量收费均可以获得收入，但该功能的实现程度不同（见表3-5）。定额收费具有强收入功能。定额收费按照户、人、房屋面积、财产税等征收垃圾处理费，与垃圾排放量无关，在做到应收尽收的前提下，具有强收入功能。按用水量计量收费具有较好的收入功能。由于水价提高将减少居民用水量，从而降低预期的收入，但家庭用水具有基本需求的特征，用水量下降幅度有限，确保了按用水量计量收费具有较好收入功能。押金返还、随袋收费或贴签收费以及称重收费等计量收费具有弱收入功能。在费率一定时，减量化效果越明显的收入模式的收入功能越难以实现，资金筹集功能与行为调节功能在一定程度上具有不兼容性。

表3-5 全球生活垃圾收费模式评价

收费模式		资金筹集功能	行为调节功能		政策资源投入		
			减量化	资源化	执行成本	遵从成本	非预期成本
定额收费	按户、人、房屋面积、财产税等	+++	无	无	+	+	无
准计量收费	按用水量计量收费	++	无	无	+	+	无
	押金返还	+	+++	+++	+	+	无
计量收费	随袋收费或贴签收费	+	+++	+++	+++	+++	+++
	称重收费	+	+++	+++	+++	+++	+++
	按垃圾桶容积收费（含阶梯定价收费）	++	++	++	++	++	++
	按清运频率收费	++	++	++	++	++	++

（2）行为调节功能。垃圾收费的行为调节功能包括对政策对象分类、减

量、资源回收行为的改变。定额收费的收缴额度与垃圾量无关，无法激励居民分类和减量；按用水量计量收费不具有直接的行为调节功能，反而会扭曲家庭用水量。计量收费的显著优势是能促进居民分类、减量和资源回收等环境友好行为增加（Miranda et al.，1994），但不同计费模式的行为调节功能存在差异。1）随袋收费一般在购买专用垃圾袋时预付垃圾处理费，属于按垃圾体积的预付费，导致体积大的垃圾收费多；称重收费更为精确，密度大的垃圾收费多。2）随袋收费与称重收费均能产生显著的减量化、资源化效果。例如，台北市实施随袋收费后，人均生活垃圾日清运量从 1995 年的 1.3 公斤减少到 2012 年的 0.4 公斤，资源回收率从 2000 年的 2.4％稳步提高到 2012 年的 47.8％（杜倩倩 等，2014l）。3）按清运频率收费与按垃圾桶容积收费有一定的减量和资源回收效果，但并非严格意义上的计量收费。Fullerton 等（1996）认为按垃圾桶容积收费不是真正的以体积或重量为基础的收费，因为无论垃圾箱中装了多少垃圾，居民缴纳的费用相同，没有边际减量效果。不同地区不同收费模式的垃圾减量和资源回收效果详见表 3-6。

表 3-6　计量收费模式减量与资源回收效果

收费模式	国家/地区	垃圾减量效果	资源回收效果	参考文献
随袋收费	美国弗吉尼亚州	减量 14.0％	回收增加 16.0％	Fullerton et al.，1996
	新西兰	混合垃圾减量14.0％（当厨余垃圾免费回收时）；总垃圾量减少 36.0％（当厨余垃圾收费时）	回收增加36.0％（当厨余垃圾免费回收时）	Dijkgraaf et al.，2004
	中国台湾省台北市	从 2000 年的 835万吨减少到 2005年的 751 万吨	回收增加	Chang et al.，2008
	日本	青梅市减量 19.2％（1998—1999 年）；新谷市减量 25.0％（2001—2002 年）；高山市减量 32.0％	回收增加 121.6％；回收增加 49.0％；回收增加 9.4％	Sakai et al.，2008
	美国佐治亚州	减量 51.0％	回收增加18.0％	Van Houtven et al.，1999
	比利时	有减量效果	回收增加	Gellynck et al.，2007

续表

收费模式	国家/地区	垃圾减量效果	资源回收效果	参考文献
贴签收费	美国纽约州	没有显著减量	回收和堆肥增加	Reschovsky et al.，1994
按垃圾桶容积收费	新西兰	减量6.0%	—	Dijkgraaf et al.，2004
	美国俄亥俄州	玛丽埃塔减少20.1%	回收增加18.2%	Van Houtven et al.，1999
称重收费	爱尔兰	2003年减量25.0%；2005年减量40.0%	每户家庭资源回收量2003年增加到210公斤，2005年为240公斤	Dunne et al.，2008
	新西兰	混合垃圾减少50.0%；厨余垃圾减少60.0%	回收增加21.0%	(Dijkgraaf et al.，2004)
	瑞典	2004—2006年减量20.0%	免费回收增加140.0%	Dahlen et al.，2010

（3）政策资源投入。1）政策执行成本。定额收费、按用水量计量收费、押金返还等模式的支付机制较为简单，便于操作和管理，政策执行成本较低；计量收费执行成本较高。第一，随袋收费或贴签收费的模式，其排放程序简单、容易理解，但可能存在过度装袋、非法丢弃等问题，具有较高的管理和执行成本（Kallbekken et al.，2011）。第二，按清运频率收费与按垃圾桶容积收费，收运与缴费过程相对复杂，执行成本较高（Dresner et al.，2006）。第三，称重收费，需要精确的称重计量系统、包含有电子芯片的标准垃圾桶、重量称，以及计算机系统，且需要较高的监管和人工费用，实施成本高（Dresner et al.，2006）。2）政策遵从成本。第一，定额收费、按用水量计量收费、押金返还模式操作简单，不会给居民增加过多的额外负担，且多排放不会多缴费，容易被接受，政策遵从成本低。第二，随袋收费或贴签收费、称重收费，多排放多缴费，体现出更强的公平性；若费率偏高，则称重收费程序较复杂，而且这类收费需要居民的广泛配合，居民可能不容易接受，遵从成本高。第三，按

清运频率收费与按垃圾桶容积收费，收费额与垃圾量并非严格相关，边际减量成本接近于零，居民对政策不会有强烈的抵触心理，比较容易接受，其政策遵从成本高于定额收费但低于随袋收费、称重收费。3）非预期成本。第一，定额收费、按用水量计量收费、押金返还等因其缴费额与垃圾量不相关，从而均不会产生非法倾倒现象；但按用水量计量收费会扭曲水价，免洗品的使用使生活垃圾排放量增加，将带来水价扭曲的福利损失和垃圾处理成本的增加。第二，随袋收费或贴签收费、称重收费、按垃圾桶容积收费、按清运频率收费都会产生不同大小的非预期成本。比如，随袋收费或贴签收费可能导致非法倾倒、过度装袋、伪造垃圾袋或者标签；称重收费时，因存在非法倾倒或数据质量失真，可能导致减少的垃圾量与增加的回收量不匹配（Dahlen et al.，2010）。

（4）适用性评价。定额收费适用于经济落后、财政不足、垃圾无害化处理需求迫切的中小城市，是垃圾收费的初始模式。该模式征收频次低，如采用代收代缴模式，征收相对容易，但不具备促分类、促减量效果。按用水量计量收费的最大优势在于能降低征管成本，但它会扭曲水价，可能导致垃圾量增加，不具有促分类和促减量功能，不是真正的计量收费。押金返还适用于饮料瓶、电子产品、电池、轮胎及汽车等特定类型垃圾。随袋收费和称重收费是真正意义上的计量收费，具有促分类、促减量功能，适合在减量压力大、财政相对充裕、经济较发达的大城市实施，但其制定、执行和监管成本明显较高，可能导致偷排等非法行为，且称重收费对计量设施智能化要求较高。按清运频率收费与按垃圾桶容积收费对管理能力的要求有所降低，适合在垃圾收集服务完善、人口密度较小、独门独院的别墅区实施。

第三节　中国城市生活垃圾处理收费额的决定因素

基于城市层面面板数据模型，本书定量分析了城市垃圾处理费征收额的决定因素，重点考察了定额收费不同征收方式的执行效率。中国地域辽阔，不同城市在发展阶段和管理能力上存在差异，生活垃圾管理的主要目标并不一致。全国层面统筹推进垃圾收费改革应允许城市间存在差异，需充分考虑发展水平，包括居民收入、财政资源、行政管理能力、教育水平等因素。目前，中国尚未进入计量收费阶段，各城市正在积极探索低成本的征收渠道。其中，39.58％的城市采用随水费征收的捆绑收费模式，15.28％的城市由物业代收，

17.36％的城市按用水量计量收费，垃圾收费呈现出从传统定额收费向准计量收费过渡的趋势，但垃圾收费政策潜在的垃圾减量功能尚未得到足够重视。物业代收、随水费征收或按用水量计量收费等模式对征收效率具有促进效应，政府直接征收可能存在较明显的效率损失。

一、引言

从全球范围来看，多数国家都对城市生活垃圾处理进行收费，各国收费模式差异较大，其中计量收费应用越来越广泛，已成为一种趋势（Alzamora et al.，2020）。中国城市生活垃圾产生量快速增长，由于地域辽阔、城市众多，不同城市在规模、发展阶段、管理能力等方面呈现出明显差异，生活垃圾管理目标也不尽相同，定额收费作为中国城市生活垃圾主要的收费形式，实际收费额由哪些因素决定？不同收费模式对征收效率有何影响？回答这些问题对于提升生活垃圾收费管理的效率、实现可持续的城市生活垃圾管理至关重要。

相关研究从宏观视角关注垃圾处理收费政策实践。定额收费主要被发展中国家或地区采用，按用水量计量收费的准计量收费模式在葡萄牙、中国部分省份得到采用，但两者均不以垃圾产生量为征收基础，对垃圾减量化行为无明显激励（Welivita et al.，2015；Wu et al.，2015；马本 等，2011）；而计量收费模式以垃圾重量、专用垃圾袋数量或垃圾清运频率为征收基础，垃圾减量效果更佳（Bel et al.，2016；Dahlen et al.，2010），已在欧美、日韩等国家或地区成功实施（Alzamora et al.，2020）。由于生活垃圾管理属地方事务，对于面积较大的国家，其计费模式具有多元性、地域性特点（Dijkgraaf et al.，2004）。已有关于生活垃圾收费的研究多以发达国家或地区为对象，对幅员辽阔、情况更为复杂的中国关注较少（Alzamora et al.，2020；Welivita et al.，2015），而以中国为对象的研究则聚焦于垃圾收集及处理、政策减量效应评估等，虽涉及对收费模式的总结，但缺乏在城市层面对实际征收额和征管效率的定量分析，特别是尚未关注到城市社会经济特征对生活垃圾征收额的影响（Wu et al.，2015；Zhang et al.，2010）。

本节实证分析城市生活垃圾处理费实际征收额的影响因素，为垃圾处理收费改革提供重要参考。创新点体现在以下两个方面：一是在研究内容上，对中国生活垃圾处理收费额的决定因素首次进行量化分析，对中国城市积极探索提升收费政策效率具有现实意义；二是在实证研究设计上，首次关注城市生活垃圾实际征收额，并结合现实的征收模式，创新性地引入了多种征收模式变量，分析了定额收费的不同形式对征收效率的影响，为城市在定额收费阶段提升征收效率提供了直接的经验证据。

二、模型构建与变量数据

本节基于中国城市层面的面板数据，分析城市生活垃圾实际收费额的影响因素。模型基准设定如式 3-1 所示：

$$Y = \_cons + \sum \beta_i X_i + \varepsilon \tag{3-1}$$

式中，被解释变量 Y 为人均生活垃圾处理费征收额，为各城市生活垃圾处理费征收额与常住人口数之比。X_i 为解释变量，包括以下四类：（1）生活垃圾管理变量，包括人均生活垃圾处理量、生活垃圾无害化处理率、生活垃圾处理费征收模式（政府直接征收、物业代收、按用水量计量收费、随水费征收）和生活垃圾处理费费率①，分别反映生活垃圾处理规模和效果、垃圾处理费征收情况；（2）城市社会经济特征，包括以城镇居民人均可支配收入表征的居民收入、以人均地区生产总值反映的地区收入、以每万人高等学校在校生数表征的教育水平及常住人口数；（3）公共管理变量，包括一般性财政收入、每万人行业管理及公共管理从业人员数，前者体现政府财政资金支配能力，后者从工作人员的角度反映管理能力，具体包括每万人水利、环境和公共设施管理业从业人员数以及每万人公共管理、社会保障和社会组织从业人员数②两个变量；（4）政策虚拟变量。2011 年，国务院批转住房和城乡建设部等部门《关于进一步加强城市生活垃圾处理工作意见》，该意见明确指出要健全城市生活垃圾处理收费制度，探索改进城市生活垃圾处理收费方式，降低收费成本。因此本研究引入政策虚拟变量③，若年份为 2011 年或之后则取值 1，否则为 0。为消除异方差，

---

① 各征收模式以虚拟变量表征；生活垃圾处理费费率基于各城市收费政策，根据本地人口与暂住人口、物业与非物业或用水情况做加权处理，按年度计算，以"元/（人·年）"为单位。

② 水利、环境和公共设施管理业从业人员，指从事水利设施管理维护、生态保护、环境治理、园林绿化等服务工作的人员，反映行业公共服务能力；公共管理、社会保障和社会组织从业人员，指在中国共产党机关、国家机构、人民政协和民主党派、社会保障、群众团体、社会团体和其他成员组织、基层群众自治组织等工作的人员，反映公共管理能力。

③ 模型中未加入年份固定效应，原因如下：其一，考虑到城市生活垃圾处理费征收情况主要受管理意愿和能力、居民支付意愿等因素主导，受宏观经济因素影响较小，每年都存在政策冲击的假设过于严格，可能不符合现实情况；其二，通过加入政策虚拟变量，已控制样本期可能的政策冲击。

除生活垃圾无害化处理率和虚拟变量外，其他数据均取自然对数。$\_cons$ 为常数项，β_i 为待估参数，ε 为误差项。

从《中国城市建设统计年鉴》《中国城市统计年鉴》《中国区域经济年鉴》和各省份统计年鉴，获取 2006—2016 年中国 296 个城市的面板数据，货币量指标均采用所在地级及以上城市价格平减指数折算为 2006 年可比价。各城市生活垃圾处理费征收方式和费率源于各城市政策文件，手工整理得到。

变量含义和描述性统计见表 3 - 7。除生活垃圾处理费征收模式和费率外，变量的观测数均在 2 678～3 256 之间。296 个城市的人均生活垃圾处理费征收额的均值为 7.22 元/人，低于以 214 个费率数据可获得城市相关标准计算的生活垃圾处理费费率 25.53 元/人，表明生活垃圾处理费的实际征收情况并不理想。各变量在城市间表现出一定差异性，其中城市人均生活垃圾处理费征收额的变异系数为 1.48，人均生活垃圾处理量的变异系数为 1.61；各城市间在征收模式上的差异较大，标准差均为其均值的两倍左右；相对而言，生活垃圾无害化处理率和生活垃圾处理费费率在样本内的差异较小。

表 3 - 7　变量描述性统计

变量	变量含义	均值	标准差	最小值	最大值	观测数
wastefee	人均生活垃圾处理费征收额	7.22	10.67	0	252.20	2 678
pwasteamount	人均生活垃圾处理量	0.36	0.58	0	10.64	2 876
wastetreat	生活垃圾无害化处理率	91.54	16.12	0.01	220.10	2 785
govcharge	政府直接征收	0.14	0.34	0	1	1 584
estatcharge	物业代收	0.08	0.27	0	1	1 584
chargeonwater	按用水量计量收费	0.23	0.42	0	1	1 584
chargewithwater	随水费征收	0.10	0.30	0	1	1 584
rate	生活垃圾处理费费率	25.53	14.02	3.56	87.07	1 481
income	城镇居民人均可支配收入	16 393	6 386	819.30	170 000	2 911
pgdp	人均地区生产总值	42 631	30 905	3 225	410 000	3 079
education	每万人高等学校在校生数	421.10	362.60	0.40	2 625	2 942
population	常住人口数	160.80	239.40	0	2 417	3 095
finance	一般性财政收入	90.58	286.40	0.26	5 211	3 110

续表

变量	变量含义	均值	标准差	最小值	最大值	观测数
*pemployed*1	每万人水利、环境和公共设施管理业从业人员数	30.11	20.24	0.66	277.80	3 079
*pemployed*2	每万人公共管理、社会保障和社会组织从业人员数	161	65.75	16.56	633.50	3 078
*dummy*1	政策虚拟变量	0.55	0.50	0	1	3 256

图 3-5 展示了不同征收模式下生活垃圾处理费实收额与应收额（生活垃圾处理费费率与常住人口数的乘积）的比值。按用水量计量收费情况下实收额与应收额的差距最小，比值达 0.85，物业代收、随水费征收情况下比值分别为 0.48、0.44，政府直接征收情况下收费情况最不理想，比值为 0.26。图 3-6 展示了人均生活垃圾处理费与生活垃圾处理费费率的散点分布图，可见两者呈一定的正相关关系。为揭示变量间的定量关系，接下来进行更为严谨的计量分析。

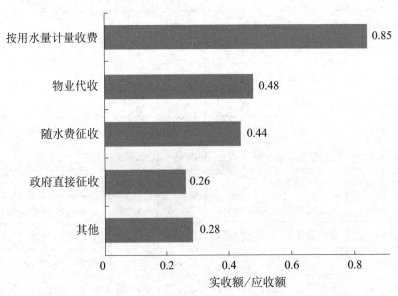

图 3-5 不同征收模式下生活垃圾处理费实收额与应收额的比值

注："其他"类别主要包括随天然气征收、燃气公司代收、环卫公司代收、工资代扣等。

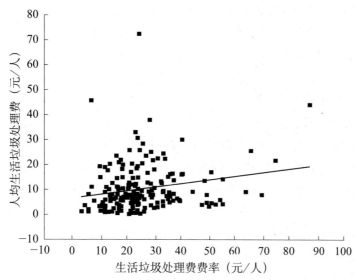

图 3-6　人均生活垃圾处理费与生活垃圾处理费费率散点分布

三、实证结果分析

由于部分城市未实施生活垃圾收费政策或虽出台政策但未实际征收，作为被解释变量的人均生活垃圾处理费征收额存在截断，其中近 20％的观测值为 0，而其他观测值为连续分布，选用 Tobit 模型来克服面板固定效应模型带来的有偏估计的问题（Greene，1993）。考虑到固定效应和面板 Tobit 模型选择的冲突（Wooldridge，2010），本部分仅考虑随机效应的面板 Tobit 模型。此外，出于稳健性考虑，以固定效应模型和随机效应模型的回归结果作为 Tobit 回归方程的辅助验证[1]，估计结果基本一致（见表 3-8），这进一步验证了估计结果的稳健性[2]。回归（4）～（8）将征收模式和生活垃圾处理费费率纳入了控制变量。

在生活垃圾管理相关变量中，人均生活垃圾处理量、生活垃圾无害化处理率对人均生活垃圾处理费征收额的影响显著为正。生活垃圾规模扩张及处理效果需求提高，将使得公共部门在收缴费用上产生更大的驱动力。就征收情况而

---

　　[1]　基于 Hausman 检验选择固定效应模型和随机效应模型。回归（8）中 Hausman 检验支持固定效应，但由于部分城市征收模式样本期内并未改变，无法使用固定效应模型估计，因此使用随机效应模型。

　　[2]　此外，我们还删除了人均生活垃圾处理费征收额为 0 的观测值，用面板固定效应和面板随机效应进行了回归，关键变量的系数和显著性与前面回归结果基本一致。

言，人均生活垃圾处理费征收额随费率提高而增加，不同征收模式对实际征收额的影响不一。政府直接征收在统计学意义上影响不显著，而物业代收、按用水量计量收费、随水费征收对实际征收额存在正向效应。基于面板 Tobit 模型结果，在考虑居民收入时，物业代收、按用水量计量收费、随水费征收对实际征收额的平均边际效应分别为 0.752、0.969、1.086；在考虑地区收入时，分别为 0.683、1.295、1.132。可能原因是，政府没有直接面向居民征收的渠道，而物业代收和随水费征收已有较成熟的收费机制，与之相关联可降低征管难度和成本，更有利于垃圾收费的实际执行。相对而言，物业代征可能存在居民不配合的效率损失的情况，与水费相关联时征收的边际效应更高。物业代收与随水费征收本质上仍属于定额收费，按用水量计量收费属于准计量收费，征收成本低，但无减量激励（Wu et al.，2015；马本 等，2011）。

在公共管理相关变量中，财政资金和公共管理人员的投入对实际征收额存在正向影响。在将征收模式和费率纳入考虑后，一般性财政收入变得显著，表明资金投入是影响征收的重要因素；而每万人公共管理、社会保障和社会组织从业人员数从显著变为不显著，可能原因在于，征收模式反映了生活垃圾处理收费的实际执行情况，公共管理、社会保障和社会组织从业人员更为广泛，在考虑实际征收情况后公共管理能力影响减弱。生活垃圾处理费与水电费同属于公共管理服务范畴，但水电收费可通过管网和水表电表精准计量，且水电作为日常生活必需品，其缴纳更具强制性和权威性，生活垃圾处理收费在既有条件下难以实现精准计量，管理成本相对较高，因此财力和人力的投入至关重要（杜倩倩 等，2014a）。

在城市社会经济特征相关变量中，居民收入与地区收入的提升均会对生活垃圾处理收费起到积极作用。一方面，生活垃圾处理费用收缴需建立在居民支付能力提升的基础之上；另一方面，发展水平更高的社会中公众的环境参与意愿和水平更高（曾婧婧 等，2015）。常住人口数对人均生活垃圾处理费征收额的影响为负。可能的解释是，城市常住人口的增加将带来更大的管理压力，可能不利于生活垃圾处理费的收缴。在增加征收模式和费率后，教育水平对实际征收额有较显著的正向效应。地区教育水平的提高，可能意味着居民有更大动力和意愿参与到生活垃圾管理事务中（Danso et al.，2006；Song et al.，2016）。政策虚拟变量显著为正，表明 2011 年出台的《关于进一步加强城市生活垃圾处理工作意见的通知》对城市生活垃圾处理费的收缴产生了积极影响。

表3-8　基于城市面板数据的生活垃圾处理费征收额影响因素的回归结果

变量	(1) Tobit	(2) FE	(3) Tobit	(4) FE	(5) Tobit	(6) RE	(7) Tobit	(8) RE
$pwasteamount$	0.051	0.059	0.038	0.056*	0.125***	0.120*	0.108**	0.101*
	(1.585)	(1.573)	(1.216)	(1.666)	(2.639)	(1.791)	(2.333)	(1.787)
$wastetreat$	0.004***	0.003	0.006***	0.004*	−0.000	−0.001	0.003	0.002
	(2.732)	(1.644)	(4.417)	(1.944)	(−0.226)	(−0.361)	(1.450)	(0.767)
$income$	0.733***	0.573***			0.330*	0.211		
	(5.939)	(2.771)			(1.647)	(1.090)		
$pgdp$			0.680***	0.881***			0.505***	0.483***
			(6.467)	(6.287)			(3.069)	(2.944)
$education$	−0.032	−0.071	−0.072	−0.094	0.211**	0.184**	0.192**	0.163
	(−0.705)	(−1.154)	(−1.560)	(−1.308)	(2.554)	(2.075)	(2.283)	(1.523)
$population$	−0.186**	−0.306*	0.153	0.360*	−0.365***	−0.373**	−0.053	−0.091
	(−2.047)	(−1.719)	(1.566)	(1.933)	(−2.904)	(−1.998)	(−0.376)	(−0.496)
$finance$	0.074	0.075	−0.031	−0.050	0.169**	0.203**	−0.018	0.009
	(1.535)	(1.140)	(−0.543)	(−0.857)	(2.196)	(2.238)	(−0.175)	(0.095)
$pemployed1$	0.022	0.034	0.018	0.038	0.032	0.026	0.113	0.107
	(0.447)	(0.604)	(0.357)	(0.564)	(0.374)	(0.282)	(1.391)	(0.958)
$pemployed2$	0.257**	0.279**	0.216**	0.219*	−0.091	−0.107	−0.098	−0.121
	(2.363)	(2.101)	(2.202)	(1.949)	(−0.525)	(−0.454)	(−0.558)	(−0.529)
$dummy1$	0.103**	0.129**	0.163***	0.008	0.142*	0.139	0.177***	0.148
	(2.017)	(2.341)	(3.574)	(0.158)	(1.844)	(1.630)	(2.620)	(1.514)
$govcharge$					0.394	0.315	0.430	0.352
					(1.141)	(0.869)	(1.264)	(0.971)
$estatecharge$					0.752**	0.729*	0.683*	0.647*
					(2.045)	(1.922)	(1.903)	(1.744)
$chargeonwater$					0.969***	0.903**	1.295***	1.209***
					(2.715)	(2.313)	(3.858)	(3.227)
$chargewithwater$					1.086***	0.984***	1.132***	1.023***
					(3.398)	(2.878)	(3.616)	(3.050)
$rate$					0.425**	0.415***	0.466***	0.455***
					(2.451)	(3.003)	(2.854)	(3.407)
$\_cons$	−6.549***	−4.139**	−7.600***	−10.162***	−3.025	−1.521	−6.601***	−5.738***
	(−5.056)	(−2.280)	(−6.057)	(−5.613)	(−1.410)	(−0.810)	(−3.387)	(−3.048)
N	2 006	2 006	2 144	2 144	652	652	694	694
R^2		0.162		0.194		0.156		0.196
Loglikelihood	−2 106.49		−2 290.39		−650.83		−723.27	

　　注：Tobit、FE、RE分别为面板Tobit模型、固定效应模型、随机效应模型；圆括号内，面板Tobit模型和随机效应模型对应z值，固定效应模型对应t值；***、**、* 分别代表1%、5%、10%的显著性水平。

四、结论与启示

本节通过构建城市层面的实证模型，定量分析了城市人均生活垃圾处理费征收额的影响因素，为提升生活垃圾处理收费政策的执行效率提供了参考。目前，中国城市生活垃圾处理收费仍以收入功能为主导，提高其收缴率至关重要。结果显示，物业代收、按用水量计量收费或随水费征收对实际征收额存在正向效应，平均边际效应分别为 0.752、0.969、1.086，与水费关联更有助于提高收缴率，而政府直接征收存在较明显的效率损失。此外，实际征收额一方面与人口数量、垃圾处理量、垃圾处理效果带来的管理压力相关，另一方面需充分考虑城市本身发展水平，包括居民收入、财政资源、行政管理能力、教育水平等。计量收费是建立经济可持续、减量激励有效的生活垃圾分类减量治理长效机制的重要内容，也是未来生活垃圾收费政策改革的重要方向。鉴于中国地域辽阔，不同城市间发展阶段和管理能力存在差异，生活垃圾管理目标并不一致，全国层面统筹推进的同时应允许区域差异，鼓励多元化模式的采用。

◄◄ 第四章 ►►►

北京市生活垃圾分类管理实践及其成效

北京市自 1993 年起开展垃圾分类管理实践，2000 年、2017 年先后入选"首批生活垃圾分类试点城市"、《生活垃圾分类制度实施方案》试点城市，2020 年修订版《北京市生活垃圾管理条例》发布，开始实施强制垃圾分类，2021 年发布《关于加强本市非居民厨余垃圾计量收费管理工作的通知》，2023 年研究并计划启动非居民其他垃圾计量收费管理。通过执法监管处罚等命令控制政策工具、宣传教育等信息提供政策工具、垃圾处理收费与可回收物市场收益等经济激励政策工具以及党建引领等政策工具，北京市生活垃圾分类减量治理长效机制建设取得积极进展，生活垃圾中的其他垃圾减量明显，厨余垃圾分出率显著提升，可回收物基本实现应分尽分，完备的垃圾分类处理设施体系基本建成，居民垃圾分类知晓率、参与率逐步提升，北京市生活垃圾分类减量治理长效机制建设阶段性成效显著。

第一节　北京市生活垃圾分类管理体制与政策体系

2020 年 5 月以来，北京市各相关部门协同推进新版《北京市生活垃圾管理条例》落地实施，相关责任单位积极推动，居民广泛响应，生活垃圾分类管理体系基本成型，垃圾分类取得了重要阶段性成果，其成效在全国处于前列。

一、北京市生活垃圾分类管理体制

新版《北京市生活垃圾管理条例》对各级政府部门的职责及垃圾分类工作的运行机制做了规定，要求在工作中坚持党委领导、政府主导、社会协同、公众参与、法治保障、科技支撑，遵循减量化、资源化、无害化的方针和城乡统筹、科学规划、综合利用的原则。在管理层面，多政府部门联合成立生活垃圾分类推进工作指挥部，承担全市垃圾分类工作的领导推进、综合协调、统筹规划等职能，指导各区及其下辖的街道办事处、乡镇人民政府落实垃圾分类和总量目标计划；街道办事处和乡镇人民政府负责各辖区垃圾分类的日常管理工作，指导居委会、村委会以及各单位和个人积极参与生活垃圾分类相关工作。城管部门承担指挥部办公室职能，负责生活垃圾管理工作的日常督促指导和检查考核，对生活垃圾分类投放、收集、运输、处理和再生资源回收实施监督管理。另外，发展改革、住建等其他部门在分工职责范围内，积极协调配合生活垃圾分类推进工作指挥部办公室开展工作。垃圾分类行为主体中，单位和个人有开展生活垃圾分类的义务和举报违规行为的权利；党政机关和事业单位应发挥先锋引导作用，带头开展垃圾减量和分类工作。生活垃圾清运单位应当按照作业标准和相关规定，进行垃圾分类清运和分类处理，为全市垃圾分类工作做好后勤保障（见图 4 - 1）。

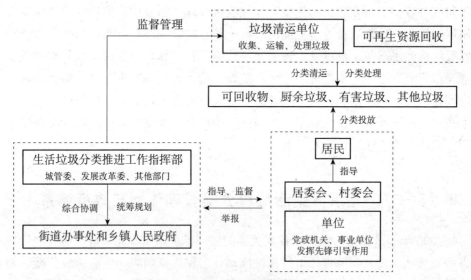

图 4 - 1 北京市生活垃圾分类管理体制

二、北京市生活垃圾分类管理政策脉络

北京市是我国最早开展垃圾分类实践的城市之一。早在 1993 年，北京市即推出了《北京市市容环境卫生条例》，对生活废弃物的分类收集、处理和利

用提出了要求。1996 年，北京西城区成为了第一个垃圾分类试点区。

2000 年，北京被列为 8 个"首批生活垃圾分类试点城市"之一。2011 年针对北京垃圾分类小区试点的实地调研报告《2011 北京市垃圾真实履历报告》显示，仅有 4.4％的社区做到了居民按标准分类投放；而有 41.1％的社区，居民混合投放垃圾的行为并未发生改变；有 50％的社区，仅部分居民进行了分类投放。由此可见，虽然北京市社区生活垃圾分类试点工作启动早，但由于垃圾分类管理制度不完善，包括监督体系和奖惩机制缺失，政策工具更多是依赖信息提供手段，居民垃圾分类参与度不足，源头分类习惯远未普遍养成。2017 年初，国家发展改革委、住房和城乡建设部推出《生活垃圾分类制度实施方案》，北京再次入选试点城市，并确定了于 2020 年底前推行生活垃圾强制分类的目标。

2019 年 11 月 27 日，北京市人大常委会通过《关于修改〈北京市生活垃圾管理条例〉的决定》，对《北京市生活垃圾管理条例》作了进一步的修订，并于 2020 年 5 月 1 日起施行。《北京市生活垃圾管理条例》规定，"单位和个人应当遵守国家和本市生活垃圾管理的规定，依法履行生活垃圾产生者的责任，减少生活垃圾产生，承担生活垃圾分类义务"。生活垃圾强制分类已由试点过渡到普遍推行，生活垃圾分类责任人进一步明确，居民作为社区生活垃圾的主要产生者，是垃圾分类落实的义务主体。《北京市生活垃圾管理条例》实施之前，北京市各区政府和市级部门明确重点任务，成立工作专班，落实工作责任，印发垃圾分类配套实施办法，制定和完善垃圾分类标准，制定各行业和领域垃圾分类方案和措施，在组织保障和政策支持方面做好了充足准备。自 2020 年 5 月 1 日《北京市生活垃圾管理条例》实施以来，北京市通过完善全链条硬件体系、规范运行管理、发动社会宣传、落实相关政策标准，追本溯源、把控源头分类；通过置换居民小区及其他公众场合分类垃圾桶，规范垃圾投放站点、对密闭式清洁站进行改造提升，通过完善设施，保障分类效果；通过制定并分发面向居民和社会单位的指导手册等纸质宣传资料、在广播电视投放垃圾分类公益广告、在微博和微信等公众平台推广垃圾分类知识，进行宣传教育，提升分类意识；通过对不按规定进行垃圾分类的单位及个人进行教育劝阻、给予书面警告与行政处罚，开展城管执法，加强分类监管。

2021 年 9 月北京市发布《关于加强本市非居民厨余垃圾计量收费管理工作的通知》，明确北京市非居民厨余垃圾统一实行计量收费，将收费标准调整到 300 元/吨，对非居民单位厨余垃圾实施较为规范的计量收费。2023 年

1月，北京市政府工作报告作出任务安排，研究并计划启动非居民其他垃圾计量收费管理。

第二节　北京市生活垃圾分类管理政策工具

一、命令控制工具

在北京市生活垃圾分类管理中，命令控制工具发挥了核心作用。该类政策工具在生活垃圾分类管理中的应用有三种形式：一是政府内部上级对下级的目标责任考核。北京市明确了垃圾分类考评目标和指标，形成了强有力的考核评价体系，有效地将垃圾分类目标责任自上而下传递到基层政府和社区组织。该政策工具建立在我国行政管理体制的优势之上，能够快速整合相关资源，形成各级政府重视并推动垃圾分类、全社会广泛动员的良好局面。二是政府对企业、单位垃圾分类的监督检查和处罚。比如，北京市建立以社区物业企业为主体的垃圾分类管理责任人制度，政府部门通过对物业企业的监督检查和处罚，督促其履行垃圾分类管理责任。根据北京市城管部门数据，2020年5月至2021年3月底，全市城管执法部门共检查生活垃圾分类主体责任单位89.5万家次，立案查处涉及生活垃圾的违法行为4万余起。调查发现，物业企业作为社区服务主体，对社区居民缺少约束性措施，导致物业企业实际承担了来自政府部门的较大压力。三是政府执法部门对居民垃圾分类违法行为的监督执法。新版《北京市生活垃圾管理条例》规定了对个人垃圾分类违法行为的处罚标准，但在垃圾分类实施初期，居民垃圾分类习惯尚未普遍养成，在违法行为较为常见的情形下，针对个人违法行为的处罚的使用受限，其原因至少包括：（1）生活垃圾成分复杂，垃圾分类效果好坏的判定在技术上存在一定难度；（2）判定垃圾分类质量对执法队伍人员数量的要求高、监管成本高；（3）可能出现选择性执法、执法判定标准不统一等公平性问题。

二、经济激励工具

经济激励工具可以直接作用于居民或单位，对于引导其进行源头分类减量十分重要。为发挥价格的杠杆作用、促进单位厨余垃圾减量，北京市积极探索非居民厨余垃圾计量收费，制定了政策文件，并于 2021 年 9 月实施。对于居民而言，经济激励工具包括两类：一是垃圾处理收费。就北京市而言，其垃圾处理支出总量大、减量化需求比较迫切、财政实力较强，垃圾处理收费政策的首要目的应是行为调节。当前，北京市针对居民实行定额收费，根据京政办发〔1999〕68 号文件，对本市居民征收 3 元/（户·月）、对外地来京人员征收 2 元/（人·月）的生活垃圾处理费；根据京价（收）字〔1999〕第 253 号文件，对本市房屋产权人收取 30 元/（户·年）的生活垃圾清运费。定额收费仅具有收入功能，其费用与垃圾排放量、分类效果无关，即便提高费率，也不具备行为调节功能。因此，探索"分类计价、计量收费"是发挥垃圾处理收费行为调节功能的必由之路。二是可回收物市场收益。纸板、易拉罐、塑料瓶等高价值可回收物具有市场价值，居民可通过市场交易获得收益，在激励其源头分类的同时，可（部分）补偿垃圾处理费的支出。而对于废玻璃、一次性饭盒、塑料泡沫等低价值可回收物，市场机制可能不能自发发挥作用，政府需要在可回收物体系建设中发挥更大作用，建立低价值可回收物回收制度，建立"应收尽收"的便捷化可回收物回收制度体系。

三、信息提供工具

信息提供工具指通过提供相关信息，促进行为主体自主地转变行为，如在生活垃圾分类推广过程中进行广泛的宣传、教育等。北京市全方位、多角度、多渠道开展大规模宣传教育工作。首先，全力推进垃圾分类信息公开，重点发布政策措施及相关解读、进展成效、典型案例等信息，并建立互动平台，促进政民沟通。北京市城管部门网站设置生活垃圾分类专栏，发布垃圾分类宣传片、垃圾分类政策文件等，引导居民养成垃圾分类习惯。其次，开展精准"敲门行动"，上门指导居民进行垃圾分类，组织党员和社区志愿者进行桶前值守，指导垃圾分类，推动居民将垃圾分类付诸行动。同时，组织建立宣讲团，线上、线下多种形式相结合，在社区、村庄开展生活垃圾分类专项宣讲，宣传垃圾分类知识；在公园、地铁站、餐饮店和宾馆等场所，充分利用户外大屏以及公共场所醒目位置进行宣传引导；等等。

信息提供工具的特点是面向个人，有助于促进源头分类和减量。北京市在信息提供方面做了大量工作，既有的宣传教育措施对促进垃圾分类发挥了重要的辅助作用。对两个中心城区六个小区 632 户的随机入户调查结果显示，在居民了解垃圾分类信息的渠道中，80.1% 的居民从"社区宣传"中获得垃圾分类信息，排名第一，形式主要为"张贴海报标语""发放宣传资料"；相对于"工作单位宣传"，"社区宣传"力度更大，"社区宣传"是当前垃圾分类宣传的主阵地；排名第二的是"互联网"，占比 51.6%，排名第三的是"微博微信等新媒体"，占比 50.2%。小区的宣传基本实现了全覆盖，信息提供总体上富有成效。

问卷调查进一步发现，居民对生活垃圾处理成本的认知存在明显偏差。认为垃圾处理成本"低于 100 元/吨"的居民占 33.5%，认为处理成本在"100~300 元/吨"的居民占 25.4%。尽管生活垃圾处理成本因处理方式而异，也会随时间变化，但基于相关研究结论，北京市垃圾处理成本远超过 300 元/吨，甚至达到 1 000 元/吨以上（宋国君 等，2015；宋国君 等，2017；孙月阳 等，2019）。由此可知，居民对北京市垃圾处理成本的认知存在明显偏差。该偏差不利于居民客观认识自身的排放行为对社会造成的经济负担，不利于其垃圾分类行为的转变，对垃圾分类减量相关配套政策的公众接受度可能产生负面影响。

四、其他政策工具

除上述三类政策工具外，北京市在垃圾分类管理上，明确将党建引领垃圾分类作为重点工作任务，要求充分利用党的组织优势，发挥党员先锋模范作用。党建引领政策工具的具体做法为，党员干部签订参与社区垃圾分类承诺书，推动形成垃圾分类先行群体，带动居民习惯养成。该政策工具通过组织手段，充分发挥基层党组织和党员在垃圾分类中的动员、带动、示范作用。据统计，2019 年底北京市中国共产党党员为 222.4 万人，占当年常住人口的 10.3%，党的基层组织为 10.5 万个；市直机关单位 4.84 万名在职党员干部、市国资委系统 50.69 万名干部职工全面签订个人承诺书，42.58 万名党员干部参与社区桶前值守指导工作（王茗辉，2022）。党建引领具有政治站位高、动员能力强、示范带动效果好等优点，能够通过组织向心力凝聚使命感、责任感，兼具航向标、约束性、激励有效性、新增成本低等特点，是垃圾分类命令控制、经济激励、信息提供三类政策工具之外的重要创新。

第三节　北京市生活垃圾分类管理成效显著

生活垃圾分类作为"关键小事"，其管理难度并不小，是对政府社会动员能力、基层治理能力、系统推进能力的集中考验。首先，每个公民都是垃圾分类责任人，垃圾分类管理对象众多且多元化。不论是社区还是单位，垃圾分类最终都要落实到每个个人；管理对象众多意味着差异性大，有先进的也必然有后进的，实现有效的管理难度较大，其治理成效集中体现社会动员能力和基层治理能力。其次，生活垃圾种类多、管理难度大。按照北京市标准，生活垃圾包括"4＋2"全品类（厨余垃圾、可回收物、有害垃圾、其他垃圾、大件垃圾、装修垃圾），要分别收集、清运、处理；可回收物种类繁多，不同种类可回收物有不同的收运流程和处理终端，垃圾分类后的后续管理仍较为复杂。最后，垃圾分类管理具有很强的系统性。居民对垃圾的分类投放，既需要广泛的动员、完备的基层治理，也需要分类设施、清运工具、处理终端等硬件配套，还需要法律法规、体制机制等制度保障，更需要多部门、全流程系统推进、真抓实干。在这样的背景下，北京市在生活垃圾分类管理上仍取得了系列重大成效。

一、长效机制建设取得进展

第一，制定了垃圾分类法规和配套政策。北京市积极响应中央关于普遍推行垃圾分类制度的决定，修订了《北京市生活垃圾管理条例》并于 2020 年 9 月 25 日实施，为垃圾分类工作奠定了法制基础。作为《北京市生活垃圾管理条例》的配套或支撑政策，北京市制定了《北京市生活垃圾分类工作行动方案》《北京市党政机关社会单位垃圾分类实施办法（暂行）》《北京市居住小区垃圾分类实施办法（暂行）》《北京市垃圾分类收集运输处理实施办法（暂行）》《北京市生活垃圾减量实施办法（暂行）》《关于加强本市可回收物体系建设的意见》等制度性文件 80 多项，其中，分类和减量指引 34 项，为垃圾分类的实施提供了较充分的法规依据。截至 2021 年 5 月 1 日，北京市实现了近 1.3 万个居住小区、3 000 余个行政村垃圾分类制度全覆盖。有序推动了示范小区（村）、示范单位、示范商务楼宇创建工作，实现了街乡镇全覆盖。截至 2022 年 12 月，已创建示范小区（村）1 965 个、示范商务楼宇 310 个（王茗辉，2022）。

第二，成立了垃圾分类统筹协调和领导机构。北京市于2020年5月组建了生活垃圾分类推进工作指挥部，由主管副市长任总指挥，下设7个工作组，涉及27个市级部门，形成了每日调度、督导检查、政策研究、统筹指导机制。截至2022年12月，市级指挥部召开调度会近200次，在统筹协调推动全市垃圾分类工作方面发挥了核心作用。城管、发展改革、规划和自然资源、住房和城乡建设、财政、科技、教育、生态环境等部门形成了垃圾分类分工协作的工作机制。各区建立生活垃圾分类"一把手"负责制，由区委书记、区长带头，各部门主要领导参与，统筹垃圾分类工作落实。

第三，完善了生活垃圾分类基础设施体系。北京市大力建立健全垃圾分类投放、收集、运输、处理体系，大力开展"桶""车""站""楼""厂"全链条设施设备改造提升，形成了能力相对充足、链条环环相扣、设施无缝对接的全程分类体系，社区分类设施达标率由《北京市生活垃圾管理条例》实施之前的7%上升至88.8%（刘建国，2021）。按照"大类粗分、适应处理"的原则，围绕北京市"4+2"品类生活垃圾"全品类、全链条、全覆盖"的目标要求，出台《居住小区生活垃圾投放收集指引（2020年版）》，推进分类桶站规范化建设和分类驿站标准化建设，实现了适应"四分类"（分类投放、分类收集、分类运输、分类处理）体系重构。改造建设固定垃圾分类桶站6.35万个，改造提升密闭式清洁站805座，涂装垃圾运输车辆4 274辆，建成分类驿站2 095座。推动厨余垃圾生化处理设施技改升级，进一步提高垃圾焚烧发电设施运营管理水平和服务保障能力；现有焚烧、生化等生活垃圾处理设施32座，实际处理能力2.51万吨/日，基本满足生活垃圾分类处理需求。规范可回收物和大件垃圾交投点、中转站、分拣中心体系建设，指导物业企业开展"物业服务+社区再生资源回收"模式试点，激发物业企业参与垃圾分类工作的内生动力。规范社区大件垃圾、装修垃圾暂存点设置，有效解决这些垃圾体量大、占地多、现有收运方式难以兼容的实际问题，较好改善了社区环境。发挥"接诉即办"机制优势，推动群众投诉集中的环境脏乱问题得到快速解决，生活垃圾管理方面的投诉量由日均700余件下降至100余件（刘建国，2021）。

第四，建立了生活垃圾分类管理责任人制度。北京市严格落实《北京市生活垃圾管理条例》规定的政府的推动责任、十类管理责任人的管理责任、产生垃圾的居民和单位的分类投放责任，通过实施垃圾分类管理责任人制度，使垃圾分类的责任落实到人，压力传递到人。针对城市居民小区，北京市建立了以物业企业为主的垃圾分类管理责任人制度，将垃圾分类管理与基层治理相融合，是垃圾分类政策落地的基础性制度。据北京市城市管理委统计，2016 年北京市共有 146 家物业企业，管理城市居住小区比例超过 2/3。物业企业与社区居委会分工协作，承担了社区桶站建设、桶前值守、社区宣传动员、垃圾清运和收费等相关职能。截至 2022 年 12 月，1.6 万个小区（村）、11.7 万个分类管理责任人实现垃圾分类全覆盖。

第五，强化生活垃圾分类全流程精细化管理。以垃圾分类为载体，推动社会治理和服务重心向基层下移，把更多资源下沉到基层，更好地面向社区居民提供高质量精细化服务。搭建市、区、街乡镇三级贯通的具有数据采集、精准计量和追踪溯源功能的生活垃圾全流程精细化管理服务平台，实现数据汇聚、信息共享，以及数据流、信息流、业务流的协同高效管理。全市有 49 个末端处理设施、6 121 辆垃圾运输车辆、833 座密闭式清洁站数据信息实现实时上传；卫星监测点位精度由 400 平方米调整为 100 平方米，对垃圾违规倾倒行为进行严厉打击（王茗辉，2022）。

第六，形成了政府上级考核下级的目标责任机制。建立"市—区—街乡镇—社区/村"的考核评价机制，压实分类管理目标责任。北京市明确了 2021 年 5 月前垃圾分类管理目标：全民参与垃圾分类格局初步形成，参与率达到 90%，自主分类投放准确率达到 85%，家庭厨余垃圾分出率稳定在 18% 左右，生活垃圾回收利用率稳定在 35% 以上。为达到该目标，北京市建立了"市→区""区→街乡镇""街乡镇→社区/村"的逐级考核评价制度，形成了规范的考核指标和评价体系。例如，将针对居民垃圾分类投放准确率的随机抽查，列入街乡镇考核指标且占 20 分；每月通报 12345 热线群众相关投诉排名前十的街乡镇等。

第七，形成了对垃圾分类的监督检查与处罚机制。针对居民等分类主体、物业企业等分类管理责任主体，建立了"日检查、月考核、月点评、月约谈"常态化的监督检查和处罚机制。《北京市生活垃圾管理条例》实施后至 2022 年 10 月，北京市城管执法部门累计检查生活垃圾分类主体责任单位 204.08 万家次以上，共发现问题 1.95 万家次，整体问题率从 2020 年 5 月的 15.4% 下降至 2022 年 10 月的 1.85%。扎实推进"城管执法进社区"，累计检查小区（村）5.7 万个次、居民（村民）31.57 万人次，立案查处涉及生活垃圾的违法行为 4 万余起（王茗辉，2022）。对于居民分类质量，坚持以人为本、服务导向、从服务端发力、以服务促提升的基本原则，在分类方法上，允许"其他垃圾"一定的容错性，居民暂时分不清楚的垃圾可以按照其他垃圾投放，重在保证可回收物、厨余垃圾、有害垃圾等目标分出物的质量。在分类要求上，不设置一刀切、强制性的撤桶并站、定时定点、破袋投放要求，重在鼓励引导、宣传教育，促进居民广泛参与。

第八，形成了宣传教育动员与信息提供机制。北京市建立了多元化的宣传教育动员制度，通过信息提供、劝说鼓励推动居民分类习惯养成，社区、街道办垃圾分类宣传监管覆盖范围铺开，垃圾处理设施处理能力稳步提升，居民生活垃圾分类成效初步显现。其中，包括建立垃圾分类公示牌、上门宣传、设立分类驿站、发放宣传单、拉横幅、贴海报、播放公益广告、制作微信小程序、建设垃圾分类主题公园、开展垃圾分类知识进校园进课堂活动等多种形式，全市累计组织宣传活动50万余场。截至2022年底，联合中央媒体、市属媒体等主流媒体广泛宣传，播出《垃圾分类我们在行动》专栏节目近250期，宣传典型经验做法。探索建立社会组织、志愿者队伍共同参与垃圾分类新模式，构建起广泛的社会动员体系。全市4 218个社会组织发布垃圾分类桶前值守项目9 483个，共招募志愿者41万人，记录时长1 077万小时（王茗辉，2022）。通过党建引领、社会组织动员等形式，充分激发党员、团员、学生、离退休干部、社区工作者、楼门长等的积极性，将垃圾分类主题纳入"最美职工""青年榜样""最美家庭"等评选表彰活动，构建广泛的社会动员体系，广大市民的垃圾分类意识普遍增强，将分类意识转化为分类行动的比例显著提升，坚持分类、准确分类的居民人群明显扩大。

二、生活垃圾清运量有所下降

2020年1月至2022年7月，北京市生活垃圾日均清运量和其他垃圾日均清运量呈现明显下降趋势，2021年和2022年厨余垃圾分出率较2020年有显著提升（见图4-2）。2022年前7个月日均生活垃圾清运量2.04万吨，比2020年下降6.4%，日减量1 400吨。从月度数据看，北京市生活垃圾日均清运量具有明显的周期性特点，基本上每年度的2月至7月生活垃圾日均清运量呈上升趋势，8月至下一年度1月呈下降趋势，同比看呈现下降趋势（见图4-3）。以每年度7月为例，生活垃圾日均清运量从2020年7月的2.33万吨下降至2022年7月的2.24万吨，在生活水平持续提升的同时实现垃圾清运量的减少，反映出北京市生活垃圾总量减排产生了一定成效。

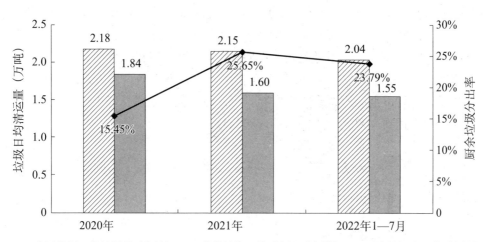

图 4-2　北京市 2020 年 1 月至 2022 年 7 月垃圾日均清运量及厨余垃圾分出率

资料来源：北京市城市管理委。

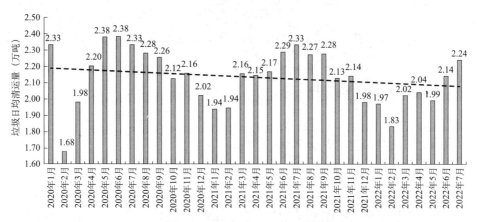

图 4-3　北京市 2020 年 1 月至 2022 年 7 月生活垃圾日均清运量

资料来源：北京市城市管理委。

三、其他垃圾减量效果明显

通过推进和深化源头减量措施，促进厨余垃圾和可回收物的源头分类，进入到末端处理设施的其他垃圾量明显降低。从月度数据看，北京市其他垃圾日均清运量也具有和生活垃圾日均清运量相似的周期性特点，总体的下降趋势更为明显（见图4-4）。2021年7月其他垃圾日均清运量为1.72万吨，同比下降13.6%，2022年7月其他垃圾日均清运量进一步减至1.70万吨，较2020年下降14.6%。同时，随着其他垃圾和可回收物的分离，可回收物的分出量和回收利用率也有一定提升。与2020年5月新版《北京市生活垃圾管理条例》实施前相比，北京市生活垃圾减量近30%，可回收物回收量增长近1倍，生活垃圾回收利用率达到37.5%以上（张楠，2022）。

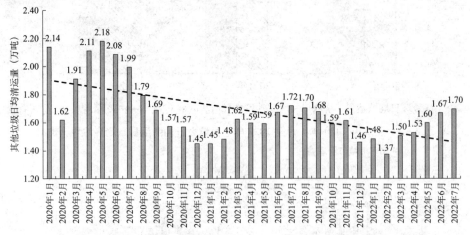

图4-4 北京市2020年1月至2022年7月其他垃圾日均清运量

资料来源：北京市城市管理委。

四、厨余垃圾分出率大幅上升

2020年4月北京市厨余垃圾分出率仅为4.19%，自2020年5月1日《北京市生活垃圾管理条例》实施后，当月厨余垃圾分出率即大幅提升，达到8.42%，2020年全年厨余垃圾分出率达到15.5%。2021年厨余垃圾分出率进一步大幅提高到25.7%，提高了10.2个百分点，2022年1—7月厨余垃圾分出率保持稳定在20%以上（见图4-5）。特别地，2020年4月，北京市餐饮厨余垃圾分出率和家庭厨余垃圾分出率分别为1.3%、2.9%，2020年5月分别上升为3.1%、5.3%，且在《北京市生活垃圾管理条例》实施后保持较高的水平（见图4-6），进一步说明《北京市生活垃圾管理条例》的实施显著提高了厨余垃圾分出率，产生了积极的垃圾分类政策效果。

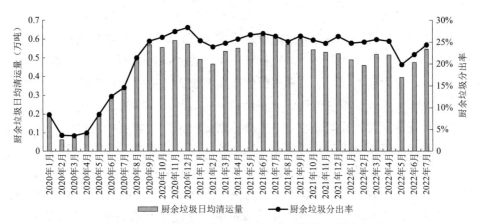

图4-5　北京市厨余垃圾日均清运量及厨余垃圾分出率

资料来源：北京市城市管理委。

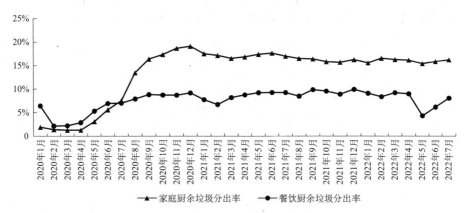

图4-6　北京市每月家庭厨余垃圾分出率和餐饮厨余垃圾分出率

资料来源：北京市城市管理委。

五、居民动员与参与持续推进

据北京市城管部门抽样调查和现场检查，北京市居民垃圾分类"三率"（知晓率、参与率、投放准确率）逐步提升。2020年7月，居民垃圾分类知晓率为80%；随着《北京市生活垃圾管理条例》实施的深入，垃圾分类社会动员不断深化，宣传范围覆盖率不断提升，到2020年12月，居民知晓率平均为94.8%，参与率为74.1%，投放准确率为69.4%；《北京市生活垃圾管理条例》实施一周年时，居民知晓率达到98%，参与率达90%，投放准确率在

85%左右。

北京市社区居民垃圾分类的阶段性成果显现，同时，垃圾减量化目标的实现仍面临一些现实挑战。一是垃圾分类工作主要依赖自上而下推动，在短期内动员和投入了大量资源，但这种资源的高强度投入长期来看可能并不具有可持续性，探索垃圾分类减量治理的常态化和长效机制还存在提升空间。二是居民垃圾分类减量行为的普遍养成是一个潜移默化的过程，需要持之以恒、久久为功，随着行政资源投入的相对减少和社会关注度恢复常态，可能出现居民垃圾分类减量行为的反弹。三是社区垃圾分类效果的取得在一定程度上较为依赖社区桶前值守人员的引导和二次分拣，居民在家庭进行源头准确分类和投放的行为习惯尚未普遍养成，生活垃圾分类减量全流程精细化管理的基础尚待夯实。四是现行的定额收费模式对居民和垃圾分类管理责任人均不具有分类减量的激励有效性，探索分类计价、计量收费的收费模式是从经济激励角度构建长效机制的重要内容，是北京市构建生活垃圾分类减量治理长效机制的重要方向。

第五章

北京市居民生活垃圾分类意愿
与行为的偏差及其决定因素 *

要实现普遍生活垃圾分类，需要培养居民分类意愿，弥合分类意愿与分类行为之间的偏差。本章基于计划行为理论的扩展框架，通过对北京市 632 户家庭进行随机入户问卷调查，研究了居民的垃圾分类意愿和垃圾分类行为及二者之间的偏差，定量揭示了分类意愿与行为偏差的决定因素。更强的分类意愿并不意味着更规范的分类行为，北京市居民垃圾分类意愿与行为的偏差较实施普遍垃圾分类政策前的水平有所降低。居民对物业的满意度、他人积极和消极的行为会扩大居民垃圾分类意愿与行为的偏差，政策措施落实成效则会缩小这一偏差。因此，应注重提升政策落实成效，加强执法监管和处罚，丰富宣传教育内容，促进居民将宣传教育知识内化为意识并体现到日常行为中，进一步减少偏差、提高生活垃圾分类执行率。

第一节 引言

随着城镇化和工业化进程加快，城市人口激增，生活垃圾大量产生，推进生活垃圾分类减量治理已成为城市可持续发展面临的重大挑战（Fan et al.，2019；Kuang et al.，2021）。推进居民源头分类是实现生活垃圾分类处理、资源化、降低垃圾处理总成本的重要途径，在国内外已成为趋势（Latif et al.，2012；Ma et al.，2018；Wang et al.，2022）。许多发达经济体通过严格立法和出台政策，在源头开展垃圾分类，利用和回收家庭生活垃圾，实现了可持续的城市生活垃圾管理（Hu et al.，2021）。作为一个快速发展的国家，中国生活

---

* 本章内容发表于 *International Journal of Environmental Research and Public Health*。

垃圾分类的探索始于 20 世纪 90 年代。2000 年北京、上海等 8 个城市被确定为
"首批生活垃圾分类试点城市"，但由于公众参与水平较低、推行范围小，大多数
试点项目并不成功（Tai et al.，2011）。与此同时，一些城市的居民垃圾分类意
愿虽然较强，但并未真正转化为实际的分类行为。由此可见，垃圾分类的意愿
与行为存在偏差（陈绍军 等，2015）。2017 年，中国宣布新一轮试点政策，又
确定在北京、上海等 46 个城市开展生活垃圾普遍分类试点。鉴于上述偏差依
然存在（Kuang et al.，2021），缩小这一偏差更具紧迫性和现实意义（王晓
楠，2020）。由于源头分类涉及每个居民，管理难度大，因此通过政策干预促
进家庭源头分类习惯的养成至关重要，这也是对基层治理能力的一大考验。北
京市作为中国首都，面临较大的生活垃圾减量和资源化压力，先后两次被纳入
全国垃圾分类试点城市。随着 2020 年修订版《北京市生活垃圾管理条例》实
施，生活垃圾普遍分类政策在北京全面实施[①]。居民是垃圾分类的最终实施者，
其垃圾分类的意愿和行为成为垃圾分类工作能否达到预期的重要决定因素。在
此背景下，以北京市为案例，调查居民垃圾源头分类意愿，根据计划行为理论
分析居民分类意愿与行为的偏差及其决定因素，对于采取政策干预措施建立垃
圾源头分类长效机制、推动源头分类习惯普遍养成具有重要的现实意义。

生活垃圾分类很大程度上依赖家庭和个人的参与（Hu et al.，2021）。国
内外学者逐渐从关注生活垃圾处理问题过渡到分析居民生活垃圾分类行为及其
内在机制（曲英 等，2008）。目前研究集中于如下三方面：第一，通过实验和
实地调研对居民生活垃圾分类行为或意愿及其影响因素进行探讨（Lin et al.，
2016；Liu et al.，2019）；第二，基于计划行为理论和态度—行为—条件（At-
titude-Behavior-Condition，A－B－C）理论探讨垃圾分类意愿和垃圾分类行为
与其决定因素之间的联系，相关研究发现分类意愿与行为之间存在正相关关系
（Fan et al.，2019；Zhang et al.，2019；王晓楠，2020）；第三，分析垃圾分类
意愿与行为的偏差并试图通过比较相同因素对二者产生的不同影响来解释偏差
产生的原因（Kuang et al.，2021；Zhang et al.，2021；陈绍军 等，2015）。已
有研究并未构建上述偏差的专门变量，也尚未针对已经全面实施垃圾分类政策
的城市进行深入的定量研究。因此，有必要进一步深化对居民分类意愿与行
为的偏差及其决定因素的探究。

---

① 北京市垃圾分类取得了重要进展，经过实地调研调查发现，由志愿者或物业企业员工在垃圾站
前进行二次分类的现象较为普遍。因此，居民实际的生活垃圾分类准确率还有待进一步提升，在普遍垃
圾分类政策实施的背景下，居民垃圾分类意愿与行为的偏差值得深入探讨。

鉴于不少城市居民垃圾分类意愿和行为存在偏差的普遍事实，且现有文献对偏差来源的分析有待深化，本书基于面对面随机问卷调查，探究北京市实施全面垃圾分类政策后居民分类意愿与行为的偏差，并基于引入了政策执行因素的计划行为理论的扩展框架分析这一偏差的决定因素；然后评估了现有监管、激励和宣传政策的实施效果，并提出了相应的政策建议，以促进居民分类意愿更充分地向分类行为转变。研究发现，居民分类意愿与行为之间存在明显偏差，且男性偏差大于女性偏差。定额收费政策、社区宣传措施以及社区垃圾分类成效等因素有助于缩小偏差，然而，监管力度有待加大及其持续性不足，经济激励的力度较小，导致其提升垃圾分类行为水平的作用有限。在从众效应方面，他人积极和消极的垃圾分类行为均会产生负面效应，导致生活垃圾不完全分类的"搭便车"现象明显增加，扩大居民分类意愿与行为的偏差。有鉴于此，本章提出拓展宣传教育路径、提升居民对垃圾分类的认知水平、向计量收费转型升级、提高抽查频次和罚款额度等措施，使分类意愿更充分转化为分类行为，减少居民"搭便车"心理，摆脱集体行动困境。

本章创新点体现为：第一，构建了一个独立的情景框架衡量居民的垃圾分类意愿与行为及二者的偏差，在指标构建上更贴近实际。基于北京市的生活垃圾分类政策，采用可回收物、厨余垃圾、有害垃圾和其他垃圾四类生活垃圾进行分类变量的构建，相较以往研究0-1变量的二元分类更加全面。第二，更新了居民垃圾分类意愿与行为的偏差的评估方法，不仅横向比较垃圾分类意愿与行为影响因素的差异，而且将分类意愿与行为相结合构建了衡量两者偏差大小的专门变量。相比采用对比方法的研究，这种研究方法可以更直接、更准确地揭示偏差产生或变化的诱发机制。第三，在传统的计划行为理论框架中引入了规制、激励、宣传等不同类别的政策因素，充分考虑既定政策对分类意愿与行为的偏差的影响，得出的结论更具说服力，对生活垃圾普遍分类政策实施背景下的政策制定具有实用价值。

第二节　文献综述

关于生活垃圾分类意愿与行为的关系，学者们的研究观点总体可分为两类。第一类观点是意愿可以引导行为的实际发生，这两方面呈现出一定的一致性。计划行为理论认为，人类行为是意愿的反映，受到态度、主观规范和感知行为控制的影响。感知行为控制可能不通过意愿直接作用于行为（Ajzen，

1985）。在大多数情况下，居民的分类意愿可以作为分类行为的直接预测指标。相关研究已经证实居民分类意愿是分类行为最有效的预测因素，两者显著正相关（Fan et al.，2019；Miafodzyeva et al.，2013；Tonglet et al.，2004）。第二类观点认为个体的行为并不完全由意愿决定，意愿也不能完全转化为行为，从而使两者之间存在偏差。Czajkowski 等（2014）发现居民总是表达相对较强的生活垃圾分类意愿，但他们的实际分类行为通常不足。而垃圾分类基础设施、政府宣传和激励等外部条件可以调节居民垃圾分类意愿与行为之间的关系（Zhang et al.，2021），有利于将意愿转化为实际行为（Ajzen，1985）。

中国的垃圾分类相关研究表明，居民较强的垃圾分类意愿并不一定产生相应较多的分类行为。陈绍军等（2015）基于对宁波六区居民的调查数据研究发现，居民垃圾分类意愿与行为存在重大偏差，城镇居民中有垃圾分类意愿者的比例（82.5%）远高于实施垃圾分类行为者的比例（13.0%）。Kuang 等（2021）在 2019 年对北京、上海、广州和深圳的生活垃圾分类公众参与情况进行了一项调查。他们发现，北京 99.1% 的受访者愿意对生活垃圾进行分类，而只有 82.4% 的受访者在日常生活中进行了生活垃圾分类。上述两项研究均构建了垃圾分类意愿和垃圾分类行为的二元变量。王晓楠（2020）将行为意愿分为目标意愿和执行意愿，发现两者只能解释 15.7% 的居民垃圾分类行为，表明居民分类意愿与实际行为存在较大偏差。分析还发现，垃圾分类政策的有效性可以调节意愿对行为的影响，这可能是垃圾分类意愿与垃圾分类行为出现偏差的原因之一。

虽然居民垃圾分类意愿与分类行为可能存在偏差，但二者的影响因素存在较强的一致性。在影响居民生活垃圾分类的因素中，分类意愿与分类行为均是重点研究主题，居民分类意愿与实际的垃圾分类行为水平均可用于衡量居民垃圾分类状况（Fan et al.，2019；Liu et al.，2019；Ye et al.，2020）。学者利用计划行为理论和态度—行为—条件理论等框架分析居民垃圾分类意愿与行为的影响因素。计划行为理论假设人类行为是经过深思熟虑后计划的结果。计划行为理论框架包含五个变量：态度、主观规范、感知行为控制、意图[①]和行为（Ajzen，1991）。计划行为理论作为解释个体行为的经典理论，在生活垃圾管理领域得到了广泛应用。但包括 Ajzen 在内的不少学者认为，当意图与行为存

---

① Ajzen（1991）将计划行为理论中的"意图"定义如下：意图是指采取行动之前的思维倾向和行动动机。本章中"垃圾分类意愿"是指在北京市现有垃圾分类政策背景下，居民实际进行垃圾分类的意愿。因此，本章中的"意愿"可以等同于 Ajzen 提出的"意图"。

在较大偏差时，应在原有态度、主观规范、感知行为控制三个变量的基础上引入额外的变量，以提高模型的解释力（Zhang et al.，2021）。Guagnano 等（1995）提出的预测环境行为的态度—行为—条件理论认为，环境行为由环境态度和外部条件决定，需将政策因素作为常见的外部条件因素引入计划行为理论模型中（Wang et al.，2021；Zhang et al.，2021；Zhang et al.，2022）。

基于扩展的计划行为理论框架，居民垃圾分类意愿与分类行为的影响因素主要包括五个方面：（1）态度因素，包括环境意识（Kuang et al.，2021）、信任（Miliute-Plepiene et al.，2016）、垃圾分类知识（陈绍军 等，2015），且分类态度和垃圾分类意愿与行为一般正相关，也可能受到地区文化教育的影响而表现出差异性（Miafodzyeva et al.，2013）。例如，Taylor 等（1995）发现人们对行为所带来的好处的感知和行为的复杂性会影响态度，进而影响行为意向。（2）主观规范，包括在他人或团体行为所产生的社会压力下形成的从众心理（Botetzagias et al.，2015；Liu et al.，2019）。例如，Tonglet 等（2004）提出在计划行为学模型中引入社区关心、道德规范、情景因素等，这种效应通常是积极的，但也可能会在缺乏监管的情况下导致"搭便车"，对这种消极效应目前还缺乏实证研究。（3）感知行为控制，即居民感受和评估的垃圾分类行为的难易程度，主要受到过往分类经验、时间成本、垃圾分类设施情况的影响（Negash et al.，2021；Tonglet et al.，2004；Ye et al.，2020）。例如，Barr（1998）研究了英国城市居民的循环利用行为，结果表明是否配备分类垃圾箱及其与居民楼的距离等因素显著影响居民循环利用行为的发生，且分类垃圾箱的完备水平与居民的循环利用行为二者间线性相关。Miliute-Plepiene 等（2016）对立陶宛和瑞典的家庭垃圾分类行为的影响因素进行调查后分析发现，在设施完善的情况下，道德规范作为激励因素作用不显著。（4）政策干预，包括法律法规（Miafodzyeva et al.，2013；Miliute-Plepiene et al.，2016）、激励措施（Czajkowski et al.，2014；Starr et al.，2015；Wang et al.，2020）、宣传措施（Ao et al.，2022；Ma et al.，2018），或综合考虑是否处于垃圾分类试点区域（Kuang et al.，2021；陈绍军 等，2015）。例如，Miafodzyeva 等（2013）通过深入访谈调查加瓦家庭的回收障碍和回收原因，发现法律法规可能是影响回收行为的重要因素。Callan 等（2006）研究了居民垃圾分类问题，指出激励与惩罚措施对居民垃圾分类效果具有显著影响。Schultz 等（1995）也认为适当的宣传措施可以促进分类回收，且激励性措施对垃圾分类回收的促进作用更大，他们同时指出激励性措施具有短期回报性，长期作用不明显，垃圾分类设施的配备情况及其与居民楼的距离也是影响居民垃圾分类的重要因素。（5）社会人口经济特征，包括性别、年龄、受教育程度、收入等，其作用方向和显著性在不同的研究地域和对象中存在较大差异（Kuang et al.，2021；Sidique et al.，2010；陈绍军 等，2015）。

在此基础上，部分学者进一步探讨了造成垃圾分类意愿与分类行为偏差的原因。例如，冯林玉等（2019）认为，受限于生活垃圾分类的情景因素、便利因素、分类成本与收益之间的差距，以及政策工具对公民进行激励上的欠缺，居民生活垃圾分类意愿与行为之间的差距难以有效弥合。陈绍军等（2015）认为垃圾分类意愿与行为的影响因素及其重要程度有差别，垃圾分类行为的实施取决于情境因素/便利性、认知和态度，垃圾分类意愿则主要受认知和态度、个体特征、推动措施的影响，垃圾分类行为受情境因素/便利性影响较大，垃圾分类意愿受个体特征等主观因素影响较大，认知和态度对分类意愿与行为都具有重要影响；垃圾分类试点的成效对分类行为影响更大，对分类意愿影响不显著。康佳宁等（2018）等认为意愿与行为的不一致性是源于相同的因素可能对垃圾分类意愿与行为产生不同的影响，其针对浙江省5地（市）农民的问卷调查数据也显示，"是否了解生活垃圾分类的标准和要求"与垃圾收集设施类别数量对农民生活垃圾分类意愿与分类行为的影响一致；"是否有安排保洁员""垃圾处理是否收费"对农民生活垃圾分类行为有显著影响，但对分类意愿的影响不显著；年龄、家庭常住人口数对分类意愿具有显著影响，受教育程度、月均收入与是否担任村干部对农民的实际分类行为具有显著影响。

综上所述，针对城市居民垃圾分类意愿与行为的研究有以下特点：首先，在研究对象上，针对中国的研究多以首轮试点城市为研究对象，这些城市在试点阶段生活垃圾分类政策的实施效果总体不理想；针对新一轮垃圾分类试点城市的研究还不足（Kuang et al.，2021），特别是北京等已开展生活垃圾普遍分类的城市，其采取了一揽子综合政策，关于其对分类意愿与行为的偏差的影响还有待深入研究（Wang et al.，2020；Zhang et al.，2021）。其次，已有研究仅构建二元变量，分别分析分类意愿与分类行为的影响因素，对分类意愿与行为的偏差还缺少专门的衡量和深入研究（Kuang et al.，2021；陈绍军 等，2015；王晓楠，2020）。垃圾分类变量的二元粗略度量无法与四类垃圾分类标准、分类意愿强弱、分类行为的多元性相匹配，而仅单独分析分类意愿与行为的决定因素不足以解释导致偏差产生的影响机制及其影响程度。

第三节 案例选择、研究设计

一、案例选择

北京市是中国最早开展垃圾分类的城市之一。生活垃圾分类试点可追溯到2000年，但首轮垃圾分类试点并未取得显著成效[①]。自2020年9月25日新修订的《北京市生活垃圾管理条例》施行以来，北京市生活垃圾分类进入全面实施新阶段。经过持续努力，北京市垃圾分类管理体系进一步完善，政策工具更为丰富有效，分类效果显著提升。

北京市建立了具有特色的生活垃圾分类管理体系。首先，通过立法确立了生活垃圾分类的法律地位。其次，成立了由市政府领导任组长的生活垃圾分类推进工作指挥部，北京市城管部门负责全市垃圾分类管理工作，各区城管部门、各街道、社区居委会负责所辖区域的垃圾分类管理。同时，通过立法，明确了物业企业是垃圾分类管理责任人，负责小区居民生活垃圾分类的具体管理。

通过命令控制工具、经济激励工具和信息提供工具提升居民垃圾分类意愿、促进居民垃圾分类行为。(1)命令控制工具。市政府对城管部门进行自上而下的考核，并对物业企业进行检查和处罚。同时明确个人垃圾分类主体责任，对未按规定分类的个人进行教育、劝阻，对拒不听从劝阻的，给予书面警告；再次违反规定的，处以罚款。(2)经济激励工具。北京市制定并出台了生活垃圾统一收费政策，实施生活垃圾处理费[②]和生活垃圾清运费[③]收费政策，收费标准一般为66元/（户·年），该费用属于定额收费，自1999年确定后未发

---

① 自然之友网站（https://www.fon.org.cn/）发布的《2011北京市生活垃圾真实履历报告》显示，仅有4.4%的社区做到了居民按标准分类投放；而有41.1%的社区，居民混合投放垃圾行为并未发生改变；将近50%的社区，尽管已经有部分居民进行了分类投放，但另一部分居民仍然是混合投放，另外5.6%的社区需要有人从事拆开垃圾袋的工作才能把厨余垃圾分类运输。整体来看居民源头分类参与不足、分类习惯未养成。

② 根据京政办发〔1999〕68号文件，北京市自1999年9月起征收城市生活垃圾处理费，收费标准为本市居民3元/（户·月），外地来京人员2元/（人·月）。

③ 根据京价（收）字〔1999〕第253号文件，对本市房屋产权人收取每年30元/（户·年）的生活垃圾清运费。

生调整。据实地调查，生活垃圾清处费的征收率远高于处理费，因为生活垃圾处理费由乡镇政府征收，征收成本高于社区物业企业代征。此外，部分小区实行垃圾分类积分兑换制度，以物质激励、荣誉表彰等形式促进居民实施垃圾分类。（3）信息提供工具。开展大规模宣传教育，包括在政府门户网站设立生活垃圾分类专栏，组织宣讲团开展垃圾分类讲座，开展精准"敲门行动"，在公园、地铁站等公共场所进行宣传引导等，各社区依据各自的特点采取多样化的接触性和非接触性的宣传模式。

北京市垃圾分类取得显著成效。一是生活垃圾清运量大幅下降，2021年1—4月日均清运量2.06万吨，比2019年下降25.6%。二是可回收物的分出量和回收利用率有一定提升，2021年4月，生活垃圾回收利用率稳定在35%左右，相比2020年均值提升7.6个百分点。三是家庭厨余垃圾清运量和分出率均显著上升，2020年12月份家庭厨余垃圾日均分出量达到0.42万吨，是2020年4月的13.7倍，厨余垃圾日均分出率达到21.8%。四是其他垃圾减量明显，例如2020年5月日均清运量为2.18万吨，同比2019年下降13.8%，2020年日均清运量进一步减量至1.53万吨，同比2019年下降近35%（见图5-1）。

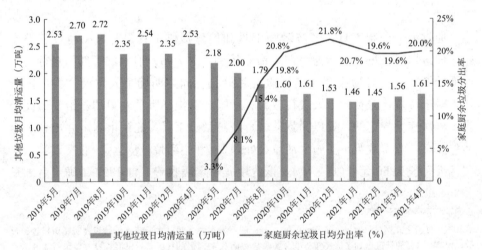

图5-1 北京市其他垃圾日均清运量、家庭厨余垃圾日均分出率

资料来源：《北京市生活垃圾管理条例》实施情况历次发布会，部分月份由于未召开发布会，因此相关数据未公布。

总体而言，居民垃圾分类习惯的养成是一个长期过程，家庭源头分类不准确、不彻底的现象仍然是一个较为普遍的现象。基于实地调研发现，北京市垃圾分类较大程度上依赖物业企业桶前值守人员的二次分拣。因此，对在分类政策作用下居民分类意愿与行为的偏差及其决定因素加以分析，有助于更好地理解和完善北京市垃圾分类政策。

二、研究设计

本章针对居民垃圾分类意愿与行为展开研究，重点关注分类意愿与行为的偏差。基于计划行为理论框架（Ajzen，1991），引入政策干预和社会人口经济特征两类变量建立了研究框架，探究态度、主观规范、感知行为控制、政策干预、社会人口经济特征五个方面因素的影响，并将其具体分为 18 个子因素，研究框架如图 5-2 所示。其中：（1）态度，包括环境意识、对垃圾分类知识的了解情况、对垃圾分类运输和处理的信任、对物业日常管理服务的满意度；（2）主观规范，关注他人积极的垃圾分类行为、他人消极的垃圾分类行为；（3）感知行为控制，包括时间成本、设施便利性；（4）政策干预，包括垃圾处理费缴纳情况了解程度、小区垃圾分类整体效果，以及监管措施、激励措施、宣传措施；（5）社会人口经济特征，包括性别、年龄、受教育程度、政治面貌和个人收入。

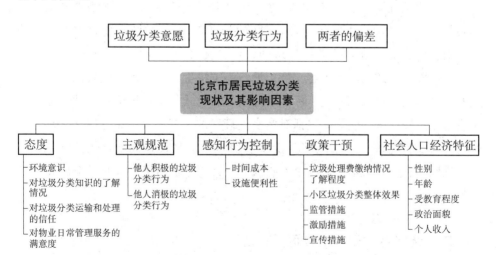

图 5-2　居民生活垃圾分类意愿与行为研究框架

根据研究目的，设计了调查问卷，共包括三部分 65 个问题。

第四节 问卷调查与数据获取

一、问卷设计

问卷设计过程中参考现有文献关于居民垃圾分类行为决策的研究（Meng et al.，2019），结合计划行为理论与态度—行为—条件理论将影响生活垃圾计量收费政策支持程度的因素分为内在影响和外在影响两部分（Ajzen，1985；Guagnano et al.，1995）。内在影响包括环境态度、政策认知、社会感受三类因素；外在因素包括社会规范、外在干预两类，同时考虑居民人口学特征，构建较完备的分析框架。基于此，设计了北京市居民生活垃圾分类与配套政策意愿调查问卷，主要采用单选题、多选题和量表题的形式。问卷调查的内容分为三部分。第一部分围绕"居民垃圾分类现状"设计问题，包括垃圾投放频率等，旨在了解居民投放垃圾的习惯。第二部分围绕"垃圾分类管理与收费措施评价和意愿"设计问题，针对居民的环境态度、政策认知、社会感受、社会规范、外在干预五类因素确定具体问题，包括分类责任意识，分类意愿，对现行收费政策的了解，成本承担认知，对政府的信任度，对城市公共服务的满意度，对物业企业的满意度，税负认知，对分类计价、计量收费的接受度及原因，计量收费模式偏好等内容。特别地，为了将生活垃圾计量收费的接受度和污水处理费这一已长期实施、标准的计量收费模式的接受度进行对比，还加入了污水处理费相关的问题，包括对污水处理费的了解程度、家庭用水现状、污水处理费支付意愿等。第三部分围绕居民基本信息设计问题，包括性别、年龄、受教育程度、政治面貌、个人收入等，旨在分析居民个人及其家庭特征的影响。

二、选定有代表性的社区

自 2017 年以来，中国每年住宅商品房销售面积占住宅竣工面积的 50% 以上，并呈现不断上升趋势（国家统计局，2020），截至 2020 年已达到 59.8%，商品房小区是生活垃圾分类管理的重点对象。北京市人口密度较高的商品房小区主要集中在中心城区。基于此，我们先从北京城六区选择两个区，最终确定北部的朝阳区和南部的丰台区；而后分别在这两个区选择三个商品房小区（包括朝阳区A、B、C小区与丰台区Ⅰ、Ⅱ、Ⅲ小区）作为调研对象，总户数为4 026户。选取理由如下：（1）地理位置代表性。两组小区分属北京市的两个市中心行政区，地理上一南一北更能反映全市情况。（2）建筑年代代表性。Ⅰ、Ⅱ、Ⅲ小区于1997—2007年投入使用，A、B、C小区于2010年后投入使用，代表了不同年代的普通商品房。（3）居住类型代表性。六个小区涵盖了自有住房和租住这两种主要居住类型，租住比例在25％左右。（4）垃圾分类及管理现状代表性。六个小区同属一个物业企业集团管理，实施垃圾分类管理责任人和桶前值守制度，通过实地调查，这些社区在垃圾分类管理方面取得了显著成效（见图5-3）。

图5-3 调研小区的垃圾分类驿站和设施情况

三、随机抽样及问卷调查

将所调研小区每户家庭进行编码，通过产生随机数的方式抽取一定比例的居民家庭进行问卷调查；六个小区总户数4 026户，抽样比例为20％。2021年2月至4月深入试点小区开展面向居民的调查。先电话询问，而后入户进行问卷调查，通过纸质问卷和电子问卷结合的方式进行；在此期间，调查员还对社区居委会、物业公司、保洁公司的部分工作人员进行了访谈，以便与问卷调查所获信息相互补充。为减少受访者由于问卷信息接受偏差带来的回答偏误，在调查开始前对调查员进行专业培训，在面对面访问时对每个题目给出必要的解释。为保障调研数据的可靠性，数据收集采用面对面访谈和问卷调研的方式，避免网上在线调查可能导致的回答质量不高的问题。一是对于居民不确定的问题，面对面访谈时调研员会当即对其进行解惑，保证居民能准确作答；二是对于电子问卷，根据填写用时等信息进行了筛选，保证样本数据真实有效。经过为期两个月的问卷调查，排除拒访、家里无人等情形，共获得 632 份有效问卷，占理论调研份数的 78.5%。

对数据进行清洗后，描述性统计分析见表 5-1。在个人特征方面，受访者中男性占比为 45.57%，女性占比为 54.43%，46 岁以上占比 53.01%，46 岁以下占比 46.99%，调查对象在性别和年龄的分布上具有较好的代表性；54.00% 的受访者为家庭户主；中共党员占比 38.13%；大学本科占比 40.51%，研究生及以上学历占比 21.20%，受访者受教育程度较高，与北京市商品房居民特征是一致的；个人收入在 3 万～10 万元/年的比例最高，达 46.27%，与 2020 年北京市城镇居民人均可支配收入 7.56 万元/年基本符合。

表 5-1　北京市居民垃圾分类情况调查问卷样本基本特征分布

属性特征	分类	比例（%）
性别	男	45.57
	女	54.43
年龄	18 岁以下	0.63
	18～30 岁	8.54
	31～45 岁	37.82
	46～60 岁	29.91
	60 岁以上	23.10
受教育程度	小学及以下	1.11
	初中	5.22
	高中/职高/中专	13.29
	大学专科	18.67
	大学本科	40.51
	研究生及以上	21.20
政治面貌	中共党员	38.13
	其他	61.87

续表

属性特征	分类	比例（%）
个人收入	3 万元以下	13.96
	3 万～10 万元	46.27
	10 万～30 万元	34.23
	30 万～50 万元	4.02
	50 万元以上	1.53

第五节　模型构建与描述性统计

一、变量构建

本章用到的变量的定义和描述性统计见表 5-2。其中，被解释变量包括三类，即垃圾分类意愿、垃圾分类行为和垃圾分类意愿×垃圾分类行为。解释变量包括五大类，共 18 个，多数变量为分类变量，时间成本变量和个人收入变量为连续型变量。

表 5-2　变量构建与描述性统计

变量	含义	最小值	最大值	平均值	标准差
垃圾分类意愿	垃圾分类意愿（1＝非常不愿意，2＝比较不愿意，3＝一般，4＝比较愿意，5＝非常愿意）	1	5	4.27	0.84
垃圾分类行为	垃圾分类行为（1＝未分类，2＝未完全分类，3＝同时分出了厨余垃圾、可回收物、有害垃圾）	1	3	2.22	0.63
垃圾分类意愿×垃圾分类行为	垃圾分类意愿与垃圾分类行为的偏差（－1＝意愿程度低于行为标准度，0＝意愿程度等于行为标准度，1＝意愿程度高于行为标准度）	－1	1	0.50	0.58

续表

变量		含义	最小值	最大值	平均值	标准差
态度	环境意识	当前城市垃圾污染严重（1=非常不同意，2=比较不同意，3=一般，4=比较同意，5=非常同意）	1	5	3.54	1.20
	对垃圾分类知识的了解情况	我了解垃圾分类的相关知识（1=非常不同意，2=比较不同意，3=一般，4=比较同意，5=非常同意）	1	5	3.45	1.38
	对垃圾分类运输和处理的信任	我相信分类后的垃圾后续会进行分类清运和妥善处理（1=非常不同意，2=比较不同意，3=一般，4=比较同意，5=非常同意）	1	5	3.72	1.42
	对物业日常管理服务的满意度	对物业日常管理服务的满意度（1=非常不满意，2=比较不满意，3=一般，4=比较满意，5=非常满意）	1	5	2.99	1.10
主观规范	他人积极的垃圾分类行为	其他居民分类将促进我分类（0=否，1=是）	0	1	0.48	0.50
	他人消极的垃圾分类行为	其他居民不分类我也不分类（0=否，1=是）	0	1	0.17	0.38
感知行为控制	时间成本	目前采取的垃圾分类行为或预期完全标准垃圾分类所花费的时间（数值变量）	0	200	8.33	12.30
	设施便利性	目前社区内部垃圾分类设施数量位置的合理性（1=非常不合理，2=比较不合理，3=一般，4=比较合理，5=非常合理）	1	5	3.85	1.36

续表

	变量	含义	最小值	最大值	平均值	标准差
政策干预	垃圾处理费缴纳情况了解程度	垃圾处理费缴纳情况（0＝不知道，1＝知道）	0	1	0.32	0.47
	小区垃圾分类整体效果	小区目前垃圾分类成效（1＝很差，2＝较差，3＝一般，4＝较好，5＝非常好）	1	5	3.06	1.02
	监管措施	所了解或接受的小区内采取的监管措施种类（四项可供勾选，变量转换取值为0/1/2/3/4）	0	4	0.72	0.81
	激励措施	所了解或接受的小区内采取的激励措施的种类（三项可供勾选，变量转换取值为0/1/2/3）	0	3	0.20	0.55
	宣传措施	所了解或接受的小区内采取的宣传措施种类（七项可供勾选，变量转换取值为0/1/2/3/4/5/6/7）	0	7	1.97	1.32
社会人口经济特征	性别	哑变量（0＝女，1＝男）	0	1	0.46	0.50
	年龄	1＝18岁以下，2＝18～30岁，3＝31～45岁，4＝46～60岁，5＝60岁以上	1	5	3.66	0.95
	受教育程度	1＝小学及以下，2＝初中，3＝高中/职高/中专，4＝大学专科，5＝大学本科，6＝研究生及以上	1	6	4.56	1.18
	政治面貌	1＝中共党员，0＝其他	0	1	0.38	0.49
	个人收入	2020年年收入（数值变量）	0	800	14.51	36.52

注：垃圾分类行为包括只分出了有害垃圾，只分出了可回收物，只分出了厨余垃圾，只分出了可回收物、有害垃圾，只分出了厨余垃圾、有害垃圾，只分出了厨余垃圾、可回收物六种情形。

二、模型选择

由于被解释变量为分类变量，且数值大小与程度高低对应，即数据内在具有排序性，因此采用有序 Logit（ordered logit）模型进行回归分析（Borrello et al.，2020）。为分析影响居民生活垃圾分类意愿、垃圾分类行为及二者的偏差程度的决定因素，设定如下模型：

$$Y' = \_cons + \sum \beta_i X_i + \varepsilon$$

$$Y_{WCW} = \begin{cases} 1, Y' < \mu_1 \\ 2, \mu_1 < Y' < \mu_2 \\ 3, \mu_2 < Y' < \mu_3 \\ 4, \mu_3 < Y' < \mu_4 \\ 5, \mu_4 < Y' \end{cases}$$

$$Y_{WCB} = \begin{cases} 1, Y' < \mu_1 \\ 2, \mu_1 < Y' < \mu_2 \\ 3, \mu_2 < Y' < \mu_3 \end{cases} \qquad (5-1)$$

$$Y_{DWB} = \begin{cases} -1, Y' < \mu_1 \\ 0, \quad \mu_1 < Y' < \mu_2 \\ 1, \quad \mu_2 < Y' < \mu_3 \end{cases}$$

式中被解释变量分别采用居民的垃圾分类意愿（Y_{WCW}）、垃圾分类行为（Y_{WCB}）、分类意愿与行为的偏差程度（Y_{DWB}）表示，分别是赋值为 1 至 5、1 至 3、−1 至 1 的有序变量，Y' 为不可被直接观察的潜变量，$\_cons$ 为常数项，β_i 为待估参数，ε 为误差项，μ_i 表示 Y' 的第 i 个界点。

三、描述性统计

调查结果显示（见表 5−3），超过 97% 的受访居民对生活垃圾分类有参与意愿，其中 82.28% 的受访居民有较高的垃圾分类意愿，48.10% 的受访居民有极高的分类意愿。然而实际有垃圾分类行为的居民占比 88.45%，且分类程度存在差异，仅 33.39% 的受访居民遵从《北京市生活垃圾管理条例》要求的四分标准，同时分出厨余垃圾、可回收物、有害垃圾、其他垃圾。在受访者中，

16.93%的居民只分出了对厨余垃圾，15.19%的居民只分出了厨余垃圾和可回收物，11.55%的受访居民没有特意分类，即未实际参与垃圾分类。数据表明，在受访者中混合分类和投放行为仍然存在。

相较于2011年北京市试点、2020年北京市分类政策实施前，北京市本轮生活垃圾分类政策实施后居民垃圾分类行为均有提升（陈绍军 等，2015）。但居民垃圾分类意愿与行为之间依然存在偏差，有垃圾分类意愿的居民的比例高于有分类行为的居民的比例。例如，97.15%的受访者表示有垃圾分类意愿，而88.45%的受访者表示有垃圾分类行为。与以往的研究相比，本章数据集显示的偏差相对较小（仅8.7个百分点），传统的分类意愿与分类行为之间的较大偏差在北京市明显缩小。因此，可以得出结论，自2020年《北京市生活垃圾管理条例》实施以来，垃圾分类政策本身得到了公众更广泛的认同和更普遍的遵循，并在实际垃圾分类行为中得到践行和响应。但是，仍有54.27%的受访者的垃圾分类意愿程度高于分类行为标准度。这一现象说明，现有的政策措施并没有促使居民的高分类意愿充分转化为完全的四分类行为。从这个意义上看，居民的全品类垃圾分类行为仍有很大的提升空间。

表5-3 生活垃圾分类现状表现描述性统计

	分类	具体描述	比例（%）	比例（%）	赋值
垃圾分类意愿	高意愿	非常愿意	48.10	82.28	5
		比较愿意	34.18		4
	中等意愿	一般	14.87	14.87	3
	低意愿	比较不愿意	2.22	2.85	2
		非常不愿意	0.63		1
垃圾分类行为	完全分类	同时分出了厨余垃圾、可回收物、有害垃圾	33.39	33.39	3
	不完全分类	只分出了厨余垃圾、可回收物	15.19	55.06	2
		只分出了厨余垃圾、有害垃圾	7.59		
		只分出了可回收物、有害垃圾	4.27		
		只分出了厨余垃圾	16.93		
		只分出了可回收物	6.96		
		只分出了有害垃圾	4.11		
	未分类	没有特意分类	11.55	11.55	1

续表

分类		具体描述	比例（%）	比例（%）	赋值
分类意愿与行为的偏差程度	意愿程度高于行为标准度	高意愿×未分类	7.91	54.27	−1
		高意愿×不完全分类	43.51		
		中等意愿×未分类	2.85		
	意愿程度等于行为标准度	高意愿×完全分类	30.85	41.61	0
		中等意愿×不完全分类	9.97		
		低意愿×未分类	0.79		
	意愿程度低于行为标准度	中等意愿×完全分类	2.06	4.11	1
		低意愿×不完全分类	1.58		
		低意愿×完全分类	0.47		

第六节　实证结果分析与讨论

一、分类意愿与行为回归结果

分别以居民垃圾分类意愿、垃圾分类行为为被解释变量，采用稳健性标准误，基于有序 Logit 方法对式 5-1 进行估计，结果见表 5-4。由于部分变量数据缺失，回归模型的有效样本容量为 514，变量的符号在以垃圾分类意愿、垃圾分类行为分别为被解释变量的条件下，表现出较好的一致性。在五类影响因素中，回归结果显示出符合预期的统计显著性，从而在北京市背景下确定了生活垃圾分类意愿与分类行为的关键决定因素。具体结果分析如下：

（1）在态度因素中，对物业日常管理服务的满意度是关键变量，其与垃圾分类意愿显著正相关（0.223**），与垃圾分类行为显著负相关（−0.216**）。造成这种差异的主要原因为，物业日常管理服务质量越高，居民越愿意配合和支持物业的垃圾分类管理工作，因此居民垃圾分类意愿越强。但由于小区垃圾分类管理由物业企业负责，为避免乡镇政府处罚，物业企业往往会在公共垃圾桶前进行二次分类，因此居民的不完全分类甚至不分类在一定程度上不会影响小区整体的垃圾分类实际成效，家庭内部的源头分类的标准程度可能处于较低水平。研究结果还显示，环境意识与垃圾分类意愿显著正相关，但对垃圾分类行为无显著作用。对垃圾分类知识的了解情况以及对垃圾分类运输和处理的信任与垃圾分类行为显著正相关，但对垃圾分类意愿无显著作用，该结论得到Kuang 等（2021）和陈绍军等（2015）等研究的支持。

（2）在主观规范因素中，他人积极的分类行为和他人消极的分类行为均与垃圾分类意愿与垃圾分类行为负相关（−0.329*，−0.887***；−0.484***，−0.889***），即他人合规和违规的分类行为均会显著降低居民垃圾分类意愿程度及垃圾分类行为标准度。对受访的居民而言，积极的垃圾分类行为并没有形成示范效应，反而在监管处罚措施不完善的情况下，可能使居民持"搭便车"的侥幸心理，期望他人采取积极分类行为而非自己采取分类行为。此外，居民的从众心理更多表现为受他人消极分类行为的负面影响，显示出缺乏有效监管的熟人社会特征不突出的小区居住模式削弱了主观规范的积极影响。这一结果是对过往仅考察他人行为单一积极影响的研究的重要补充（Liu et al.，2019）。

（3）在感知行为控制因素中，时间成本与垃圾分类意愿显著负相关（−0.019**），与垃圾分类行为负相关但显著性没有通过检验，表明垃圾分类花费时间越长，居民垃圾分类意愿越弱。但在实际生活中，源头分类行为更多是习惯性的，进行垃圾分类的居民可能不会对时间成本过多关注。与过往研究中设施便利性具有显著的积极作用（Ye et al.，2020；陈绍军 等，2015）不同的是，由于为了促进居民垃圾分类习惯的养成，小区内垃圾桶等设施配备逐渐完善，居民感知到的设施带来的垃圾分类便利性均处于适宜水平，因此其对垃圾分类意愿与行为的影响均不显著。在受调查的小区中，放置在建筑物每层的公共垃圾桶已被撤回，以防止楼内混合垃圾投放。特别是自北京市开始强制推行生活垃圾分类以来，数量充足、新的四类垃圾桶已经安置于社区的合理位置。因此，设施便利性对生活垃圾分类行为的影响在统计意义上不显著。

（4）在政策干预因素中，垃圾处理费缴纳情况了解程度（0.354*）和小区垃圾分类整体效果（0.438***）对促进居民生活垃圾分类行为发挥了一定积极作用，与 Miliute-Plepiene 等（2016）的研究结论一致。但这两个因素对垃圾分类意愿没有产生显著影响。此外，社区其他垃圾分类政策措施对居民垃圾分类意愿与行为的影响均未能通过显著性检验，表明目前监管措施、激励措施、宣传措施的细分效果有限，还需要完善和加强。

（5）在社会人口经济特征因素中，女性的垃圾分类意愿与垃圾分类行为标准度均显著高于男性，年长的居民垃圾分类意愿与垃圾分类行为标准度更高，中共党员的垃圾分类意愿更强，高收入居民的垃圾分类意愿更低，受教育程度对居民的垃圾分类意愿与行为均没有显著影响。

二、分类意愿与行为的偏差程度的回归结果

以分类意愿与行为的偏差程度为被解释变量，采用稳健性标准误条件下的有序 Logit 回归估计模型。结果见表 5-4，主要发现如下：

（1）在态度因素中，环境意识（0.166**）和对物业日常管理服务的满意度（0.302***）均与分类意愿与行为的偏差程度显著正相关，即环境意识越强和对物业管理服务的满意度越高，居民垃圾分类意愿与行为的偏差程度越低。二者均提升了居民的垃圾分类意愿，但前者对垃圾分类行为无影响，后者对垃圾分类行为有负向影响，从而拉大了居民分类意愿与行为的偏差。

（2）在主观规范因素中，他人积极的垃圾分类行为和他人消极的垃圾分类行为（0.468**，0.496*）均与分类意愿与行为的偏差程度显著正相关。二者对垃圾分类行为回归系数的绝对值大于对垃圾分类意愿回归系数的绝对值，即对垃圾分类行为的负向影响大于对垃圾分类意愿的负向影响，因而居民垃圾分类意愿与行为的偏差增大。这也源于熟人社会特征不明显的小区居住模式淡化了主观规范的积极影响，居民对消极行为的"搭便车"心态占据上风。

（3）感知行为控制因素均未对居民垃圾分类意愿与行为的偏差程度产生显著影响。一定程度上反映出目前垃圾分类四分类标准和社区内垃圾桶数量位置设定具有合理性和便捷性。

（4）在政策干预因素中，垃圾处理费缴纳情况了解程度（-0.332*）和小区垃圾分类整体效果（-0.231**）以及宣传措施（-0.159**），均与垃圾分类意愿与行为的偏差程度显著负相关，即能够规范垃圾分类行为并促进垃圾分类意愿落实到行动中，减小分类意愿与行为的偏差，监管措施和激励措施对偏差作用的有效性没有通过显著性检验。原因可能在于，目前宣传措施比较深入，包括各种类型的信息和知识提供。例如，社区和物业上门签订协议、发放分类物资以及周末开展趣味分类活动。但由于约束力相对较弱，未来还需要不断探索进一步减小偏差的宣传措施。监管措施和激励措施对增加居民垃圾分类行为的作用有限。原因可能是垃圾桶前监管的连续性不强，新实施的激励措施力度较小，未能提供足够的经济激励。

（5）在社会人口经济特征因素中，男性的分类意愿与行为的偏差程度大于女性，且这种分类意愿与行为的偏差存在于各年龄层次和收入阶层，与是否为中共党员无关。

表5-4 北京市社区居民生活垃圾分类意愿与行为影响因素回归结果

变量	垃圾分类意愿	垃圾分类行为	分类意愿与行为的偏差程度
环境意识	0.257***	0.014	0.166**
	(0.089)	(0.082)	(0.084)
对垃圾分类知识的了解情况	0.066	0.127*	−0.097 2
	(0.077)	(0.075)	(0.079)
对垃圾分类运输和处理的信任	0.140	0.150*	−0.037
	(0.089)	(0.084)	(0.083)
对物业日常管理服务的满意度	0.223**	−0.216**	0.302***
	(0.098)	(0.093)	(0.097)
他人积极的垃圾分类行为	−0.329*	−0.484***	0.468**
	(0.187)	(0.179)	(0.194)
他人消极的垃圾分类行为	−0.887***	−0.889***	0.496*
	(0.218)	(0.236)	(0.273)
时间成本	−0.019**	−0.002	−0.009
	(0.009)	(0.005)	(0.010)
设施便利性	−0.035	−0.011 4	0.062 2
	(0.094)	(0.087)	(0.085)
垃圾处理费缴纳情况了解程度	0.127	0.354*	−0.332*
	(0.203)	(0.212)	(0.200)
小区垃圾分类整体效果	0.041	0.438***	−0.231**
	(0.119)	(0.118)	(0.117)
监管措施	0.105	−0.139	0.116
	(0.138)	(0.136)	(0.141)
激励措施	0.077	−0.018	0.029
	(0.186)	(0.185)	(0.212)
宣传措施	0.053	0.048	−0.159**
	(0.086)	(0.077)	(0.078)
性别	−0.329*	−0.553***	0.432**
	(0.180)	(0.185)	(0.187)
年龄	0.392***	0.291***	−0.128
	(0.113)	(0.109)	(0.122)
受教育程度	0.008	−0.034	−0.021
	(0.090)	(0.091)	(0.095)
政治面貌	0.362*	0.342	0.075
	(0.209)	(0.208)	(0.229)
个人收入	−0.002*	0.002	−0.001
	(0.001)	(0.002)	(0.001)

续表

变量	垃圾分类意愿	垃圾分类行为	分类意愿与行为的偏差程度
N	514	514	514
R^2_p	0.073 9	0.082 8	0.061 8

注：（1）括号中为稳健标准误差；（2）***即 $p<0.01$，表示在1%的水平显著；**即 $p<0.05$，表示在5%的水平显著；*即 $p<0.1$，表示在10%的水平显著。

总体上可以得出如下结论：首先，除环境意识对物业服务的满意度以及性别外，对垃圾分类意愿或行为产生作用的态度、感知行为控制和社会人口经济特征因素对偏差没有影响。如对垃圾分类知识的了解情况、对垃圾分类运输和处理的信任、时间成本、政治面貌、个人收入，因此垃圾分类意愿与行为的偏差更多还是来自特定的外部条件（Zhang et al.，2019）。其次，与作为非权威监管方的其他主体（物业、其他居民）产生关联的态度和主观规范同时对居民的垃圾分类意愿与行为及二者的偏差程度产生影响，因此理顺和妥善处理好生活垃圾分类工作开展中居民与物业企业的关系，并通过垃圾分类政策约束和激励所有居民达成完全四分类的垃圾分类标准尤为重要。此外，目前北京市的垃圾分类政策主要是为了激励居民的垃圾分类行为，从而减小分类意愿与行为的偏差。虽然多样化的宣传措施对于增强垃圾分类意愿或促进垃圾分类行为效果并不显著，但这一措施仍然可以达到减小偏差的目的。由于其约束力相对较小，未来应进一步探索减小偏差的宣传措施。

第七节　稳健性检验

本节检验了基准估计结果的稳健性。首先，有序离散变量适用于 Logit 模型和 Probit 模型。因此，我们采用有序 Probit 回归方法对结果进行重新估计，检查结果是否受到影响。分析表 5-5 所示的结果发现，变量符号和显著性与表 5-4 几乎完全一致，这表明估计结果对估计方法具有稳健性。

表 5-5　生活垃圾分类意愿与行为影响因素 Probit 回归结果

变量	垃圾分类意愿	垃圾分类行为	分类意愿与行为的偏差程度
环境意识	0.151***	0.009	0.094*
	(0.049)	(0.046)	(0.048)
对垃圾分类知识的了解情况	0.027	0.075*	−0.097 2
	(0.044)	(0.042)	(0.046)

续表

变量	垃圾分类意愿	垃圾分类行为	分类意愿与行为的偏差程度
对垃圾分类运输和处理的信任	0.090* (0.050)	0.093** (0.047)	−0.001 (0.050)
对物业日常管理服务的满意度	0.136** (0.055)	−0.127** (0.053)	0.188*** (0.058)
他人积极的垃圾分类行为	−0.165 (0.106)	−0.294*** (0.103)	0.244* (0.114)
他人消极的垃圾分类行为	−0.498*** (0.123)	−0.481*** (0.132)	0.240 (0.161)
时间成本	−0.010** (0.004)	−0.001 (0.003)	−0.005 (0.005)
设施便利性	−0.012 (0.052)	−0.013 (0.048)	0.037 (0.051)
垃圾处理费缴纳情况了解程度	0.113 (0.114)	0.157 (0.121)	−0.145 (0.117)
小区垃圾分类整体效果	0.038 (0.070)	0.254*** (0.065)	−0.123* (0.070)
监管措施	0.044 (0.084)	−0.079 (0.077)	0.064 (0.084)
激励措施	0.029 (0.107)	0.006 (0.103)	−0.028 (0.123)
宣传措施	0.009 (0.050)	0.032 (0.045)	−0.096** (0.045)
性别	−0.187* (0.105)	−0.333*** (0.107)	0.246** (0.109)
年龄	0.227*** (0.064)	0.162*** (0.062)	−0.048 (0.074)
受教育程度	0.009 (0.053)	−0.023 (0.052)	0.014 (0.057)
政治面貌	0.200* (0.121)	0.204* (0.120)	0.017 (0.135)
个人收入	−0.001 (0.001)	0.001 (0.001)	−0.000 369 (0.001)
N	514	514	514
R^2_p	0.071 6	0.081 0	0.056 1

注：（1）括号中为稳健标准误差；（2）***即 $p<0.01$，表示在1%的水平显著；**即 $p<0.05$，表示在5%的水平显著；*即 $p<0.1$，表示在10%的水平显著。

由于个人收入信息较为敏感，有 17% 的受访者未做出回答，且基准回归结果中个人收入的符号不符合预期，因此我们去掉个人收入变量进一步检验结果的稳健性。去掉收入变量后样本容量从 514 明显提高到 621。表 5-6 的结果表明，变量符号几乎没有变化，样本量的变化可能会导致某些变量的显著性有所改变，但对主要结论没有产生大的影响。另一个值得关注的问题是垃圾处理费缴纳情况了解程度等变量与个人收入之间可能存在高度相关性，这一变化也表明制定生活垃圾分类政策时需要关注不同收入群体的态度。总体上看，实证结果仍具有较好的稳健性。

表 5-6　去掉个人收入变量后生活垃圾分类意愿与行为影响因素 Logit 回归结果

变量	垃圾分类意愿	垃圾分类行为	分类意愿与行为的偏差程度
环境意识	0.160**	−0.036	0.177**
	(0.077)	(0.074)	(0.075)
对垃圾分类知识的了解情况	0.100	0.161**	−0.101
	(0.070)	(0.069)	(0.070)
对垃圾分类运输和处理的信任	0.123	0.094	0.001
	(0.083)	(0.079)	(0.076)
对物业日常管理服务的满意度	0.109	−0.161*	0.182**
	(0.088)	(0.082)	(0.086)
他人积极的垃圾分类行为	−0.100	−0.418**	0.537***
	(0.166)	(0.164)	(0.176)
他人消极的垃圾分类行为	−0.855***	−0.883***	0.363
	(0.198)	(0.221)	(0.238)
时间成本	−0.014	0.002	−0.011
	(0.012)	(0.006)	(0.008)
设施便利性	−0.055	0.014	0.030
	(0.087)	(0.080)	(0.080)
垃圾处理费缴纳情况了解程度	0.002	0.195	−0.259
	(0.181)	(0.200)	(0.182)
小区垃圾分类整体效果	0.150	0.349***	−0.075
	(0.106)	(0.109)	(0.106)
监管措施	0.025	−0.099	0.035
	(0.132)	(0.129)	(0.130)
激励措施	−0.003	0.078	−0.086
	(0.161)	(0.167)	(0.182)

续表

变量	垃圾分类意愿	垃圾分类行为	分类意愿与行为的偏差程度
宣传措施	0.102	0.060	−0.135*
	(0.077)	(0.072)	(0.073)
性别	−0.344**	−0.612***	0.477***
	(0.161)	(0.167)	(0.168)
年龄	0.383***	0.254**	−0.063
	(0.103)	(0.100)	(0.110)
受教育程度	0.020	−0.049	0.035
	(0.082)	(0.083)	(0.086)
政治面貌	0.167	0.399**	−0.103
	(0.184)	(0.191)	(0.199)
N	621	621	621
R^2_p	0.054 4	0.069 0	0.047 4

注：（1）括号中为稳健标准误差；（2）***即 $p<0.01$，表示在1%的水平显著；**即 $p<0.05$，表示在5%的水平显著；*即 $p<0.1$，表示在10%的水平显著。

第八节　结论与启示

本章基于在北京市进行的入户问卷调查，研究了居民生活垃圾分类意愿与行为及二者的偏差程度的影响因素。通过构建反映分类意愿与行为的偏差的变量，采用有序 Logit 模型分析了态度、主观规范、感知行为控制、政策干预、社会人口经济特征等五类因素18个变量对居民生活垃圾源头分类意愿、行为及二者的偏差程度的影响。本章的研究对北京市乃至全国其他城市生活垃圾源头分类管理具有重要的现实意义，在研究设计、数据获取、变量构建等方面具有一定的学术创新性。

本章得到如下结论：首先，北京市居民的垃圾分类意愿与行为存在偏差（8.7个百分点）。虽然与北京市垃圾分类全面试点前12个百分点的偏差相比，北京普遍实施垃圾分类管理后的偏差有所降低（Kuang et al.，2021），但54.27%的受访者表示其分类意愿程度高于分类行为标准度，仅33.39%的受访者表示愿意接受北京市政府要求的四类完全分类，表明更高的分类意愿并不一定意味着更规范的分类行为。其次，分类意愿与分类行为的决定因素存在差异。环境意识更多地作用于意愿，对垃圾分类知识的了解情况、对垃圾分类运输和处理的信任更多地作用于行为。而对物业日常管理服务的满意度越高，居民分类意愿越强，但分类行为标准度越低。垃圾处理费缴纳情况了解程度以及当前普遍分类试点阶段小区垃圾分类整体效果能够提升居民的垃圾分类行为水平，但对分类意愿无显著影响。基于对分类意愿与分类行为影响因素的对比分析，本章发现的分类与收费政策、物业企业因素的影响结论是对已有研究的补充。最后，通过创新性地构建偏差变量，进一步解释了分类意愿与行为的偏差的决定因素。该偏差与居民自身、周边居民、物业企业服务、政府监管等因素有关，但更多地取决于具体的外部条件（Zhang et al.，2021），包括与其他非权威监管主体相关的态度和规范，以及生活垃圾分类政策工具。垃圾分类意愿与行为的偏差与居民个人、其他居民、物业、政府等主体均相关。居民对物业日常管理服务的满意度越高，分类意愿与行为的偏差越大；他人积极的和消极的垃圾分类行为均会增大居民垃圾分类意愿与行为的偏差；而政府政策实施成效能够有效缩小该偏差。因此，在研究居民意愿与行为的影响因素时，其他利益相关者的行为和态度所带来的外部压力的影响是值得关注的，需要进一步理顺和处理好居民与物业企业的关系，通过多种垃圾分类政策组合约束和激励所有居民达到完全四分类的标准。

上述结论具有重要的政策含义：（1）研究发现物业企业在增强居民生活垃圾分类意愿和促进其垃圾分类行为方面具有重要作用，表明政府在实施居民生活垃圾分类政策时可以考虑与物业企业协同推进。有必要优化居民与物业企业之间的关系，通过政府各项生活垃圾分类政策工具组合，实施适当的激励和约束，激励所有居民达到完全四类垃圾分类的标准。（2）现行对居民定额征收垃圾清运费和处理费的举措能够提高居民对垃圾分类的关注度，缩小居民分类意愿与行为的偏差。但是，这一持续了20多年的做法收费标准偏低，且定额收费下居民排放生活垃圾的边际成本为零，缺乏对家庭居民垃圾减量和分类的激励。因此建议采用计量收费模式，为分类和减量提供经济激励。（3）从理性经济人角度看，居民不会自主地将环境外部性内部化。目前，由于对居民违反分类的行为没有实质性的处罚或处罚力度较小，邻里间同伴的行为难以形成有效的主观规范，仍存在"搭便车"现象。因此，有必要完善监管和处罚政策。可考虑通过将监管措施与计量收费政策相匹配、提高抽查频率、提高违规罚款标准等，减少居民"搭便车"心理，摆脱集体行动困境。（4）宣传教育措施的多样化已经显示出对缩小分类意愿与行为的偏差的有效性。建议进一步拓展宣传教育路径，丰富宣传教育内容，加深居民对垃圾分类意义的理解并提升其对分类操作的熟悉度，便于准确进行分类操作。同时，对计量收费等垃圾分类配套政策进行宣传，进一步提高居民对垃圾分类、环境卫生的关注度，将宣传信息和教育知识内化为意识并落实到现实行为中，使居民的实际行为发生积极的变化，进一步缩小分类意愿与行为的偏差。

第六章

北京市居民生活垃圾收费现状与支付意愿分析

本章对北京市生活垃圾收费政策演变以及执行情况进行了梳理，同时还对居民垃圾处理支付意愿进行了定量分析。北京自 1999 年实施居民生活垃圾定额收费政策起，费率至今未调整。现行社区生活垃圾收费政策存在垃圾分类和减量激励缺失、收费性质不统一、收费标准偏低、收缴方式不统一、缺乏有效征管手段等问题。广泛和持久的公众支付意愿是向计量收费政策转型的基础。现阶段，居民对垃圾处理费用感知不足，多数居民支持多排放多付费的收费方式，但仅约一半愿意付费，且愿意支付的费用额度与垃圾处理成本之比较小。定量研究表明，"产生者付费，多产生多付费"的理念、分类计价、宣传教育、信息公开等因素会对支付意愿产生积极影响。尤其是当居民获知垃圾处理成本信息后，其支付意愿显著提升。此外，税收负担、对政府和物业的评价、他人的不良示范、人口学特征也是重要影响因素。为进一步降低向计量收费模式转型的阻力，需要促进成本信息公开透明与公众参与、加大宣传教育力度以强化公众认知和政策理解、降低公众非必要费用支出和改善民生、加强政府公信力建设和挖掘社区物业生活垃圾管理潜能。

第一节　北京市生活垃圾收费政策体系梳理

北京市生活垃圾收费政策分为针对社区居民和针对非居民单位两大类。（1）居民社区生活垃圾收费政策。依据《北京市人民政府办公厅关于转发市环卫局等部门制定的北京市征收城市生活垃圾处理费实施办法（试行）的通知》（京政办发〔1999〕68 号）和《北京市物价局北京市财政局关于调整委托清运垃圾托运费及垃圾消纳场管理费收费标准的通知》（京价（收）字〔1999〕第

253 号）的要求，北京市自 1999 年开始实施居民生活垃圾定额收费，分为生活垃圾处理费和清运费，费率分别为 3 元/（户·月）和 2.5 元/（户·月），全年合计 66 元/（户·年），上述费率至今未调整。（2）非居民单位垃圾收费政策演变。2013 年北京市发布的《关于加强本市非居民垃圾处理费收缴工作的通知》要求，对非居民生活垃圾、餐厨垃圾分别实施 300 元/吨、100 元/吨的收费标准。据调研，该收费政策有 6 个区未实际执行，由财政负担全部处理成本；实施收费的 10 个区中存在包干收费、市场化协议收费、费率标准不一等情况，距离政策规定的真正意义上的计量收费有明显差距。2021 年 9 月，北京市发布《关于加强本市非居民厨余垃圾计量收费管理工作的通知》（以下简称《通知》），明确北京市非居民厨余垃圾统一实行计量收费，并将收费标准调整到 300 元/吨，全市开始实施较为规范的计量收费政策。2023 年 1 月，北京市政府工作报告做出任务安排，研究启动非居民其他垃圾计量收费管理。

2021 年北京市全面实施非居民厨余垃圾计量收费政策，非居民厨余垃圾是生活垃圾收费率先改革的领域。在此基础上，北京将进一步完善其他领域的收费政策。新版非居民厨余垃圾计量收费政策要点包括：（1）调整收费费率，探索定额分档管理。《通知》指出，自 2021 年 9 月 30 日起，北京市非居民厨余垃圾收费标准由 100 元/吨调整至 300 元/吨，未按 2013 年政策实施收费的 6 区也开始实施计量收费政策。自 2022 年 9 月 30 日起，机关、部队、学校、企业事业等单位集体食堂实施厨余垃圾定额管理和差别化收费（具体标准为定额 50%以内（含 50%），200 元/吨；定额 50%～100%之间（含 100%），300 元/吨；超过部分，600 元/吨），餐饮企业等其他非居民单位待条件成熟后适时实施。（2）新版服务合同签订与运输环节称重计量。《通知》规定，运输单位应与非居民单位、处理单位分别签订新版清运、处理服务合同；为运输车辆加装计量称重设备，建立非居民厨余垃圾运输电子联单，相关数据实时接入各区生活垃圾管理信息系统。

第二节　居民生活垃圾收费政策及执行情况

北京市社区居民生活垃圾执行定额收费制度，包括生活垃圾处理费、生活垃圾清运费两部分（见表 6-1）。生活垃圾处理费收费标准为本地居民 3 元/（户·月），外地来京人员 2 元/（人·月），属于行政事业性收费，由街道办事处或乡镇人民政府征收；生活垃圾清运费标准为 30 元/（户·年），属经营服务性收费，一般与物业管理费合并缴纳，由物业公司代收代缴。

表 6-1　北京市现行生活垃圾收费性质

收费项目	收费性质	定价原则
生活垃圾处理费	行政事业性收费	保本微利，或部分补偿成本。与成本相比，费率可以很低。这时，政府财政必须补偿公共服务支出的差额费用，财政支出不能免于责任
生活垃圾清运费	经营服务性收费	准许成本加合理收益，费率能够更好支持垃圾处理产业化的要求；缺点是征收的强制性不够，当征收成本较高时，征收率较低

(1) 生活垃圾处理费收缴情况。生活垃圾处理费由街道委托社区工作人员向居民收取，收缴困难大，收费动力不足，收缴金额少。通过与主管部门座谈，我们了解到，北京市多数街道没有对居民征收垃圾处理费，2019 年仅海淀区和朝阳区个别街道开展了收费，总额度为 85 万元，不足应收额度的 0.27%。

(2) 生活垃圾清运费收缴情况。生活垃圾清运费分两个层面：在物业公司面向居民收缴层面，收缴率不一。对覆盖 505 个小区的 13 家物业企业调研发现（见表 6-2），仅 4 家征收率达到 90% 以上，多家物业公司征收率在 40%～70%，对无物业管理的小区，多数未收取生活垃圾清运费，依靠小区自行收取的卫生保洁费或街道托底来完成保洁和垃圾清运。在收运单位面向物业公司收缴层面，生活垃圾清运费的收缴率均很高，多数达到 100%，收费标准大多执行 30 元/（户·年）的标准，仍有一定比例的收运单位与物业公司采取市场议价方式，以桶（车或重量）为单位收费。针对居民家庭，垃圾清运费采用由物业企业代征的方式，征收成本低，更具有现实可操作性。北京市 30 元/（户·年）的垃圾清运费征收率较高，经营服务性收费对征收率并不构成负面影响。

表 6-2　北京市 13 家物业公司的垃圾费收缴和支出情况

物业公司序号	服务居住小区总数（个）	签订清运服务并缴费的小区数（个）	应收费总额（万元）	实际收费总金额（万元）	实际支出金额（万元）	生活垃圾收运企业收费标准	合同签订率（%）	征收率（%）
1	24	24	104.36	0	348.29	无	100	0
2	27	27	145.34	137.75	304.36	114 元/吨；120 元/（桶·月）；115 元/（户·年）；55 000 元/季度	100	94.7

续表

物业公司序号	服务居住小区总数（个）	签订清运服务并缴费的小区数（个）	应收费总额（万元）	实际收费总金额（万元）	实际支出金额（万元）	生活垃圾收运企业收费标准	合同签订率（%）	征收率（%）
3	11	10	60.42	27.55	184.40	29元/桶；20元/桶；7.2元/桶；6.6元/桶	90.9	45.6
4	2	2	9.63	4.50	33.00	310元/（桶·年）；15万/年	100	46.7
5	44	44	286.06	286.06	377.12	厨余垃圾4 000元/（桶·年）；960元/（桶·年）；其他15元/（桶·天）；16元/（户·年）；23元/（户·年）；30元/（户·年）；66元/（户·年）；90元/（户·年）；92元/（户·年）；100元/（户·年）；107元/（户·年）；110元/（户·年）；306.027元/（户·年）；中转800元/天；消纳92元/（户·年）	100	100
6	28	28	147.00	102.00	225.00	5 000元/（桶·年）；30～66元/（户·年）	100	69.4
7	58	58	743.00	0	659.00	按天收费，300元/天；按户收费，30～66元/（户·年）；按桶收费10～58.5元/桶（240L）/天、12～15元/（桶（120L）·天）；总价包干，如1 000～2 000元/（桶·年）；按垃圾清运量收费，如34元/吨	100	0
8	44	44	181.88	162.00	342.00	30～140元/（户·年）	100	89.1

续表

物业公司序号	服务居住小区总数（个）	签订清运服务并缴费的小区数（个）	应收费总额（万元）	实际收费总金额（万元）	实际支出金额（万元）	生活垃圾收运企业收费标准	合同签订率（%）	征收率（%）
9	13	13	19.87	8.54	127.39	27 000 元/（户·月）；19 500 元/（户·月）；220 000 元/（户·年）；2 300 元/（户·月）；33 750 元/（户·季）；2.06 万元/（户·年）；85 000 元/（户·年）；190 000 元/（户·年）；147 522 元/（户·年）；10 000 元/（户·月）	100	43.0
10	67	60	306.94	281.09	461.14	30 元/（户·年）；66 元/（户·年）；120 元/（户·年）；288 元/（桶·年）；2 400 元/（桶·年）	89.6	91.6
11	86	86	1 629.82	1 512.89	1 512.89	昌平区厨余垃圾 11 元/桶；房山区厨余垃圾 22 元/桶，每桶 120 升；其他垃圾缴费标准各有不同，北京地区生活垃圾 18～25 元/（户·月）	100	92.8
12	11	11	57.59	43.84	102.10	—	100	76.1
13	90	56	651.71	262.42	651.71	生活垃圾通常是物业公司与收运企业签订清运合同，按年付的形式收费；厨余垃圾住宅区最高 4.81 元/桶，最低 1.36 元/桶	62.2	40.3
合计	505	463	4 343.61	2 828.64	5 328.40	—	91.7	65.1

资料来源：研究团队与北京市城管部门联合调研获得。

第三节　现行居民生活垃圾收费政策存在的问题

当前北京市垃圾收费政策对居民垃圾减量和资源化以及生活垃圾分类管理责任人强化管理的经济激励不足、持续性不够、约束性不强。主要存在如下问题：

第一，收费模式上，定额收费对垃圾分类和减量缺少必要的引导。北京市居民垃圾收费采取定额收费制，由此产生的生活垃圾处理费与居民实际垃圾产量和分类与否没有关联，是一种较为初始的收费方式。诸如计量收费等激励有效的市场型政策工具明显不足，对居民和物业企业垃圾减量分类缺少有效、持续、稳定的刺激手段。

第二，收费性质上，垃圾清运费和处理费的性质不统一。目前所执行的收费政策分垃圾处理费和垃圾清运费两个项目，两者性质不同，前者属于行政事业性收费，后者属于经营服务性收费，环境卫生相关的行政事业性收费与经营服务性收费并存，二者属于不同的征收和管理方式，大大增加了管理成本，这是导致垃圾处理费征收率偏低的重要原因。

第三，收费标准上，垃圾清运费和处理费的收入效应和行为调节效应均有待提升。当前北京市居民生活垃圾收费标准20多年未调整，在通货膨胀的影响下，实际费率呈大幅降低趋势，加之收费模式不能提供分类减量激励，筹集资金和促进分类减量的双重功能均不能实现，生活垃圾排放超过社会最优水平，城市财政不得不承担超额成本。

第四，收费机制上，代征、收缴不统一的机制存在较高的政策成本。北京市垃圾处理费基本上没有征收，征收主体是街道办事处，征收成本高，首先是时间、物力、人力成本耗费大，其次是缺乏有效征管手段，征收难度较大，收缴率普遍低，缴纳垃圾处理费的少数居民容易对政策的公平性产生质疑，从而对收费制度的落实产生不利影响。

第五，作用对象上，现有收费政策重垃圾处理环节，轻垃圾源头减量分类。现有政策体系对居民在垃圾减量分类中主体作用的重视不足，缺乏有效的正向激励（如补贴）和负向激励（如计量收费）手段。目前的检查处罚主要针对作为垃圾分类管理责任人的物业企业，导致物业企业的管理成本增加，承受了较大的来自政府的压力和经济可持续性压力，居民和物业企业双方在减量分类上的动力不足。

总体来看，北京市目前的定额收费对垃圾分类减量没有激励作用。2020 年 9月新修订的《北京市生活垃圾管理条例》规定，由物业企业负责生活垃圾分类管理。北京市已经建立了一套基于自上而下的对物业企业的行政评估、检查和处罚以及对个人行为的监督的垃圾分类管理体系。然而，由于垃圾分类管理成本较高，政府对垃圾分类的直接监督受到限制，较为依赖桶前值守人员的二次分拣，尚未建立促进居民家庭内部分类的长效机制。《北京市生活垃圾管理条例》明确指出要按照"多排放多付费、少排放少付费，混合垃圾多付费、分类垃圾少付费的原则，逐步建立计量收费、分类计价、易于收缴的生活垃圾处理收费制度，加强收费管理，促进生活垃圾减量、分类和资源化利用"。在此背景下，调查分析计量收费政策的公众接受度及其决定因素，以及居民对具体收费模式的偏好是建立分类激励长效机制的关键前提，对政策的设计和实施具有重要意义。

第四节 基于问卷的居民生活垃圾收费认知调查

本节通过问卷调查的方式了解社区居民对生活垃圾处理费的了解情况、缴费意愿、对计量收费的接受度和对收费模式的偏好，共获得有效问卷数 632份。基于所得问卷数据，对居民垃圾处理费的态度从综合感知度和主观态度两方面进行分析。

首先是居民对生活垃圾收费政策的综合感知度不足，对垃圾处理费的了解不到位。根据对社区物业的访谈，问卷调查选取的 6 个小区事实上已通过物业企业代征收取了垃圾处理费和垃圾清运费（收费标准为 66 元/（户·年）），居民实际缴费率达到近 100%。但调查问卷显示，如图 6-1 所示，在"对费用的了解情况"多选题中，听说过垃圾处理费和垃圾清运费的居民占比分别仅为50.6%、57.1%，而对垃圾处理费、垃圾清运费、保洁费或卫生费、污水处理费、公区照明费等公共费用都不了解的居民的比例达到了 21.4%。如图 6-2所示，在询问受访者家庭每年缴纳与生活垃圾处理相关费用的金额时，有超过一半的居民（50.3%）表示不知道，有 13.0% 的居民表示没交过生活垃圾处理相关费用。

其次是居民对生活垃圾处理收费的主观态度，主要包括居民对垃圾处理收

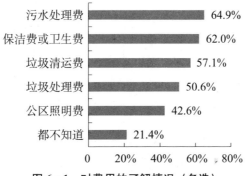

图 6-1　对费用的了解情况（多选）

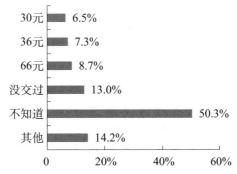

图 6-2　每年缴纳生活垃圾处理相关费用（多选）

费的支付意愿、支持程度及模式偏好。在支付意愿上，如图 6-3 所示，大多数居民对缴纳与垃圾处理相关的费用并不排斥，其中非常愿意支付的比例为 11.6%，比较愿意支付的比例为 26.1%，持中立态度（"一般"）的居民占 37.8%，并且较多居民认同多排放多付费的收费方式。如图 6-4 和图 6-5 所示，超过一半居民不愿意为垃圾处理付费的原因是他们认为政府应承担垃圾处理成本，28.8% 的居民认为政府应完全承担生活垃圾处理成本，59.3% 的居民认为政府应承担大部分成本；处理成本信息公开不足、对收费过程和用途不信任等也是居民不支持生活垃圾付费的重要原因。

在对生活垃圾分类计价、计量收费的支持程度方面，如图 6-6 所示，约 42.5% 的居民表示非常支持、比较支持，34.7% 的居民支持程度持中立态度（"一般"），其他 22.8% 的居民不支持该政策。在支持计量收费的原因中，如图 6-7 所示，67.3% 的居民认可计量收费的公平性，62.5% 的居民看重计量收费促进垃圾分类的功能，53.2% 和 47.6% 的居民分别认可计量收费促进垃圾减量

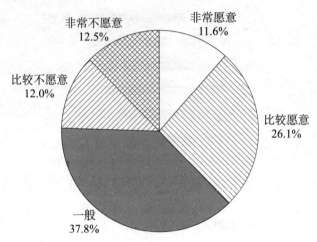

图 6-3　居民是否愿意缴纳与垃圾处理相关的费用

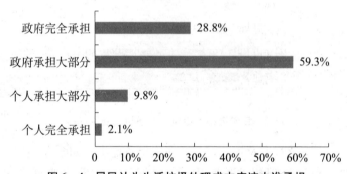

图 6-4　居民认为生活垃圾处理成本应该由谁承担

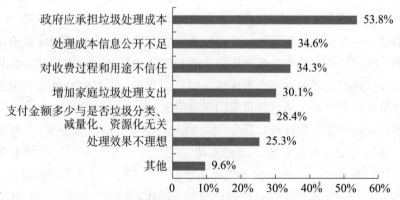

图 6-5　居民不愿意为垃圾处理支付费用的原因（多选）

和垃圾资源化的功能。而在持不支持态度的居民中，如图 6-8 所示，最主要的反对原因还是认为垃圾处理成本的承担主体应为政府（占比为 48.4%）、对物业收费过程不信任（占比为 48.4%）以及对可能会增加家庭垃圾处理支出的顾虑（占比为 43.1%）。调研显示，处理成本信息公开不足（占比为 42.4%）、政策制定过程缺乏公众参与（占比为 35.3%）也是公众对不支持计量收费的重要原因。

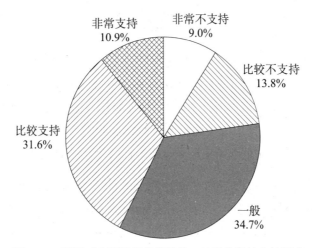

图 6-6　居民对生活垃圾分类计价、计量收费的支持程度

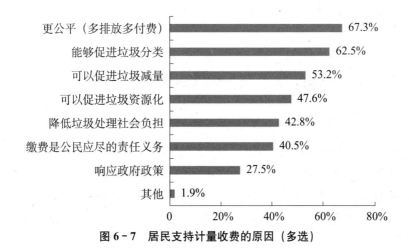

图 6-7　居民支持计量收费的原因（多选）

在模式偏好上，如图 6-9 所示，支持"维持现状，每年定额收费"的居民占比最高（支持率为 30.2%），支持"定额收费后按分类效果返补奖励"（支持率为 26.1%）、"对'其他垃圾'按重量收费"（支持率为 24.7%）、"按家庭用

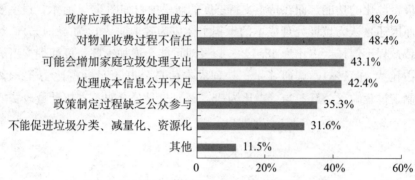

图 6-8　居民不支持垃圾计量收费的原因（多选）

水量收费"（支持率为 24.1%）、"购买'其他垃圾'垃圾袋，按袋（体积）收费"（支持率为 21.4%）的较多，支持"按家庭住房面积收费""每家平摊小区垃圾处理费""购买贴于垃圾袋的标签，按标签收费"的相对较少。从居民对收费模式的偏好看，北京市实施计量收费的社会公众基础还相对薄弱。

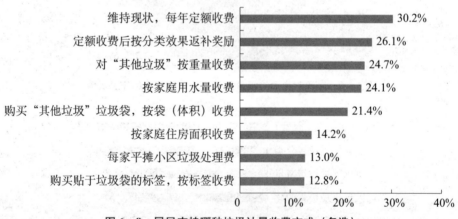

图 6-9　居民支持哪种垃圾计量收费方式（多选）

　　总的来看，受调查居民对垃圾处理相关的收费缺乏必要的关注，这与定额收费且由物业企业代征的征收方式有一定关系；居民即便在一年一度的物业费缴纳中将垃圾处理相关的定额费用一并缴纳，也未必切身感知到自身承担了生活垃圾处理相关费用。换句话说，定额的垃圾处理相关费用的收缴并不必然以广泛的公众知晓度和接受度为基础，但计量收费需要居民日常的高频次广泛配合，生活垃圾收费在社区居民中的感知度和接受度不高是垃圾处理费收缴和转型升级过程中面临的一大阻碍。大多数居民在认知上赞同多扔多付的收费方式，不排斥垃圾处理收费，但从愿意支付的实际数额来看，只有约一半的居民愿意进行付费，且愿意支付的费用与成本之比较小，开展垃圾收费工作仍面临来自社会公众认知方面的障碍。支付意愿不强的主要原因在于居民认为政府应是垃圾处理成本主要的承担主体，这反映出居民对政府通过公共财政资金提供生活垃圾处理服务有较大的依赖性，居民自身为城市环境公共服务付费的意愿不足。此外，对垃圾收费和处理过程的不信任及对垃圾处理实际效果的怀疑也是重要原因。相关部门需重视对居民的政策宣传和环保教育，在消除公众疑虑、争取公众信任和支持方面持续发力。

从发展趋势来看，计量收费是促进生活垃圾有效治理的有效经济手段。然而对分类计价、计量收费的新模式，支持者尚不足一半，三分之一的居民持中立态度。对于普通居民而言，计量收费模式是一个新事物，对它的认知有待通过进一步教育和实践强化，该政策的公平性和分类减量效果是否有较高的认可度，成本分担机制、经济支出、运作过程公开透明与否仍是影响居民支持程度的重要因素，也是后续政策改革探索的重要着力点。从模式偏好的调研结果来看，支持维持定额收费现状的居民比重最大，其次是定额收费后按分类效果返补奖励以及对"其他垃圾"按重量收费，可见征收方式的革新需要循序渐进，需特别注重提升居民对计量收费政策的接受度，而后实现由定额收费向计量收费平稳过渡，分步推行和调整面向居民的计量收费政策。囿于时间、资源等限制，本节调查的样本量局限在城区 6 个居民小区，虽然是小样本数据，但对于了解北京市居民生活垃圾处理收费现状仍有较大的参考价值。

第五节 北京市居民垃圾处理支付意愿及其决定因素

一、引言

生活垃圾收费是城市生活垃圾管理的重要内容。收费政策应基于"产生者付费"原则，明确责任机制（Bilitewski，2008），其政策功能与垃圾处理减量化、资源化、无害化目标紧密相关。一方面，获得持续稳定的资金可以为垃圾处理无害化和资源化提供资金（Xiao et al.，2007）；另一方面，计量收费还可促进垃圾源头减量化，促进社会福利增加（Sauer et al.，2008）。作为环境经济手段，生活垃圾处理收费具有收入功能和垃圾减量功能，但两功能在一定程度上不兼容。在定额收费阶段，生活垃圾处理收费主要服务于为无害化和资源化目标提供资金，计费依据与垃圾产生量没有直接关联；而计量收费阶段，随着垃圾减量化导向增强，生活垃圾处理收费收入功能逐渐弱化，行为调节功能的重要性凸显。

广泛和持久的居民支付意愿是成功实施计量收费政策的基础，相关研究从微观视角关注居民对垃圾处理服务的支付意愿。现有研究发现，该支付意愿的强弱取决于多方面因素，性别、年龄、受教育程度等个体特征对居民的支付意愿具有显著影响，且在不同的社会经济背景下表现出差异性（Challcharoen-wattana et al.，2016；Triguero et al.，2016；Yeung et al.，2018）；在经济社会因素层面，收入水平、职业类型、环境意识、对政策公平性的感知也可能是重要的影响因素（Chung et al.，2019；Han et al.，2019；Jomehpour et al.，2020；Rahji et al.，2009）。此外，还有学者考虑了社会信任、制度信任、社会网络和社会规范对政策实施过程中个人的环境行为的影响（Jones et al.，2010）。但以往研究主要关注个体特征行为因素，一定程度忽视或轻视了关键的信息提供对支付意愿的影响。

本节基于意愿调查法，以北京市为案例进行居民问卷调查，揭示了在北京市定额收费政策下居民对生活垃圾处理的支付意愿，分析了影响支付意愿的因素；特别是模拟了提供生活垃圾处理成本信息前后支付意愿的变化，为通过信息干预提升居民垃圾处理支付意愿提供了经验依据。对支付意愿的研究能够为北京市乃至其他大城市生活垃圾收费机制改革提供有价值的参考。

二、现状与典型事实

基于对北京市社区居民家庭的问卷调查[①]，大多数居民对生活垃圾处理收费并不排斥，75.5%的居民对于缴纳垃圾处理相关费用持一般、比较愿意及非常愿意的态度。居民愿意为自己产生的垃圾支付的处理费用的平均金额仅为59.3元/年，按三口之家每年产生1吨生活垃圾推算，与北京市生活垃圾约700元/吨的处理成本相比，该支付意愿明显偏低；并且在该支付意愿下，生活垃圾计量收费的费率是否具有显著的减量化效应也存在不确定性，需要在收费政策转型升级过程中进一步深入探究。

基于调研数据可知，居民对生活垃圾处理收费政策的感知度不足，对垃圾

---

① 调查问卷设计与数据获取过程详见第五章第四节。

处理费用的了解不充分。在受访小区普遍征收垃圾处理费和清运费的背景下，受访居民中，听说过垃圾处理费和垃圾清运费的居民仅有一半左右，而对垃圾处理费、垃圾清运费、保洁费或卫生费、污水处理费、公区照明费等公共费用都不了解的居民比例超过20%。在对家庭所缴纳的垃圾处理费金额进行询问时，超过一半居民表示不知道。不难发现，在定额收费模式下生活垃圾处理费由物业公司代收，因此居民对生活垃圾处理相关费用的实际征收的感知度不高，没有支付意愿或支付意愿较小的情况下不必然影响定额收费的实施，但未来转向计量收费时，不论是随袋收费还是称重收费，居民都必然会参与其中并感知到经济约束，支付意愿较低将成为实施计量收费政策的重要挑战。

调研中，通过额外加入北京市生活垃圾收集转运处理总成本为600~800元/吨的信息，获得告知成本前后支付意愿的变化情况，如图6-10和图6-11所示。告知成本前后有支付意愿的居民明显增多，从295人上升到464人，增加了57.3%；从愿意支付的最高金额来看，263人愿意支付的最高金额有所提升，愿意支付的最高金额平均值从59.3元上升至133.1元，增加了124.5%，有支付意愿的人愿意支付的最高金额从149.0元提升至183.0元。可见，提供垃圾处理成本这一关键信息，对居民的支付意愿具有明显的正向影响，这与提供更多环境治理相关信息会提高公众的环保意识的研究结论具有一致性（Lu et al.，2022）。为进一步探究居民支付意愿及其影响因素，接下来进行更为严谨的计量分析。

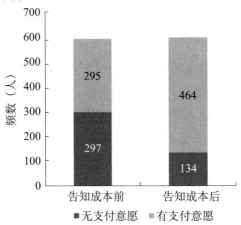

图6-10　告知成本前后支付意愿变化图

注：告知成本前由于6位受访者填写数据异常，未统计在人数内。

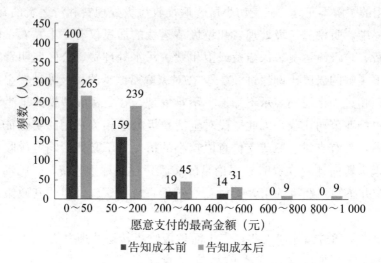

图 6 - 11 告知成本前后愿意支付的最高金额变化

注：告知成本前由于 6 位受访者填写数据异常，未统计在人数内。

三、模型构建与变量数据

本节基于问卷调查数据构建两类被解释变量：一是是否愿意支付，即受访居民是否愿意为垃圾处理支付相关费用，它是一个二元离散变量；二是支付意愿大小，即受访居民愿意为垃圾处理支付的最高金额。对支付意愿二元变量的估计，采用 Logistic 回归模型，具体形式如下：

$$\log\left(\frac{P}{1-P}\right) = \_cons + \sum \beta_i X_i + \varepsilon \tag{6-1}$$

式中，P 为居民愿意为垃圾处理支付相关费用的概率；X_i 表示影响居民支付意愿的一系列因素，包括态度行为、感知评价、社会动机以及个体特征四类，变量说明见表 6 - 3；β_i 表示各解释变量的回归系数；ε 为误差项。

为了探究居民支付意愿大小的影响因素，构建模型如下：

$$Y = \_cons + \sum \gamma_i X_i + \varepsilon \tag{6-2}$$

式中，Y 表示北京市居民支付意愿大小；X_i 表示影响居民支付意愿大小的因素，同式 6 - 1 相同；γ_i 表示各解释变量的回归系数；ε 为误差项。对支付意愿大小的估计，由于支付意愿为 0 的样本比例较大，故而采用适用于截尾数据的 Tobit 模型进行分析。

表 6-3　支付意愿相关变量说明与描述性统计

维度	变量	变量名	变量说明	均值	标准差	观测数
支付意愿	是否愿意支付	$paywill$	愿意缴纳取1，否则取0	0.75	0.430	632
	支付意愿大小	WTP	愿意为垃圾处理支付的最高金额	59.30	101.600	592
态度行为	扔垃圾频率	$frequency$	按扔垃圾频率从低到高取1~9	7.88	0.970	629
	垃圾分类意愿	$classifywill$	分类意愿从低到高取1~5	4.27	0.840	632
	缴费态度	$paymore$	认为多扔垃圾应该多付费取1；否则取0	3.59	1.360	632
感知评价	收费了解程度	$knowfees$	知道垃圾费用，取1；否则取0	0.80	0.400	632
	处理成本估计	$costest$	按对垃圾处理成本的估计值从低到高取1~9	2.72	2.070	632
	税收负担感知	$taxburden$	感知到的税收负担从低到高取1~5	3.77	0.710	632
	政府信任度	$govtrust$	对政府的信任程度从低到高取1~5	3.89	0.960	632
	物业满意度	$propertys$	对物业服务的满意度从低到高取1~5	2.90	1.150	632
社会动机	分类计价收费	$quantity$	支持分类计价收费，取1；否则取0	0.30	0.460	632
	广泛宣传教育	$publicity$	支持广泛宣传教育，取1；否则取0	0.36	0.480	632
	成本信息公开	$costpublic$	支持成本信息公开，取1；否则取0	0.51	0.500	632
	他人不良示范	$baddemons$	易受他人不良缴费行为影响，为1；否则取0	2.68	1.370	632
个体特征	性别	$gender$	45岁以上，取1；否则取0	0.46	0.500	632
	年龄	age	男取1，女取0	0.53	0.500	632
	受教育程度	$education$	大专及以上，取1；否则取0	0.80	0.400	632
	个人收入	$income$	个人年收入，取对数	14.50	12.410	476
	职业	$occupation$	从事职业为公共事业，取1；否则取0	0.25	0.430	632

续表

维度	变量	变量名	变量说明	均值	标准差	观测数
个体特征	政治面貌	*political*	若为中共党员，则取 1；否则取 0	0.38	0.490	632
	居住时长	*residence*	一年在北京居住的时间（月）	11.6	1.310	632

四、实证结果分析

以 Logit 回归模型、Tobit 模型为基准回归结果，出于稳健性考虑，分别以 Probit 估计方法和 OLS 方法的回归结果作为辅助验证。估计结果见表 6-4，不同估计方法下，变量的显著性和影响方向未发生显著变化，与基准回归基本一致。

在态度行为相关变量中，持有多扔垃圾应该多付费态度的居民更愿意为生活垃圾处理支付相关费用（0.356***、0.632***），这种价值观一定程度代表了居民"产生者负责"的环境态度和垃圾减量的责任意识，也反映出收费公平性是影响居民支付意愿的重要因素。扔垃圾频率、垃圾分类意愿与居民对生活垃圾处理费的支付意愿没有显著的相关关系，可能是由于当前北京生活垃圾处理费实行定额收费，垃圾产生量与分类效果无直接关联。

在感知评价相关变量中，税收负担感知会显著降低居民对生活垃圾处理费的支付意愿（−0.451**、−0.482*）。政府信任度与支付意愿显著正相关（0.381**、0.558***），物业满意度的上升将会提高居民的垃圾处理费支付意愿。政府、物业企业是垃圾处理费的主要征收主体，居民对政府的信任度越高、对物业服务的满意度越高，对生活垃圾治理效果的预期可能越高，参与垃圾治理的意愿也就越强。Zhuang 等（2008）以杭州市为案例城市，发现物业企业的积极参与有助于提高公众垃圾治理参与度，在采用物业代收方式的北京市也得出了类似结论。

在社会动机相关变量中，分类计价收费（0.817**、0.556）、广泛宣传教育（0.687**、−0.241）、成本信息公开（0.714***、0.531）、他人不良示范（−0.183*、−0.144）是影响居民支付意愿的重要因素。具体而言，实行分类计价收费将使居民更愿意支付相关费用，这是开展垃圾分类的积极结果，也为之后向计量收费转型提供了一定基础；广泛的宣传教育和知识普及可以增强公众对垃圾处理必要性的认识，对于居民转变观念、积极缴费具有正面作用（Han et al.，2019）；政府公开垃圾处理成本信息，既可消除居民在成本认知上的信息偏差，也可提高居民对公共部门的信任度，有利于收费工作开展；此外，他人的不良付费行为将会产生消极示范，已有研究也表明他人行为会影响居民对于垃圾治理的参与（Lu et al.，2022；Wang et al.，2018）。

在个体特征变量中，个人收入、居住时长、政治面貌、受教育程度不同程度地影响居民的支付意愿。个人收入对支付意愿有显著的正向影响，这与城市层面回归结果形成呼应，也与以往研究结果一致（Han et al.，2019；Rahji et al.，2009）；居住时间较长的居民出于居留稳定性的考虑，更倾向于支付生活垃圾处理费这类日常开支；中共党员的政治面貌对居民支付意愿存在正向效应，党员身份在中国通常意味着有责任在工作生活中发挥先锋模范作用，因此党员对于维护公众长远利益的政策的响应更为积极；受教育程度与支付意愿存在较为显著的正相关关系。受教育程度更高者文化素质更高，承担相应社会责任的意愿就可能更高，且能够接收到更为广泛的社会信息，更容易意识到垃圾治理的重要性（Danso et al.，2006；Song et al.，2016）。

表 6-4　城市居民生活垃圾处理支付意愿回归结果

变量	是否愿意支付		支付意愿大小	
	(1) Logit	(2) Probit	(3) Tobit	(4) OLS
frequency	0.002	0.008	0.205	0.155
	(0.016)	(0.107)	(1.115)	(1.560)
classifywill	0.263	0.156*	0.198	0.076
	(1.609)	(1.732)	(0.874)	(0.630)
paymore	0.356***	0.199***	0.632***	0.335***
	(3.518)	(3.545)	(4.532)	(4.490)
knowfees	0.448	0.284	0.543	0.278
	(1.343)	(1.506)	(1.072)	(0.995)
costest	−0.019	−0.008	−0.009	0.001
	(−0.308)	(−0.217)	(−0.108)	(0.029)
taxburden	−0.451**	−0.261**	−0.482*	−0.247*
	(−2.459)	(−2.544)	(−1.920)	(−1.725)

续表

变量	是否愿意支付		支付意愿大小	
	(1) Logit	(2) Probit	(3) Tobit	(4) OLS
govtrust	0.381**	0.212***	0.558***	0.278**
	(2.551)	(2.582)	(2.714)	(2.565)
propertys	0.164	0.082	0.489***	0.248***
	(1.233)	(1.159)	(3.091)	(2.747)
quantity	0.817**	0.409**	0.556	0.374
	(2.412)	(2.306)	(1.470)	(1.612)
publicity	0.687**	0.377**	−0.241	−0.105
	(2.269)	(2.290)	(−0.658)	(−0.488)
costpublic	0.714***	0.369**	0.531	0.316
	(2.707)	(2.506)	(1.472)	(1.517)
baddemons	−0.183*	−0.102*	−0.144	−0.082
	(−1.863)	(−1.847)	(−1.143)	(−1.110)
gender	−0.313	−0.178	−0.184	−0.084
	(−1.183)	(−1.192)	(−0.514)	(−0.401)
age	0.138	0.050	−0.449	−0.336
	(0.477)	(0.306)	(−1.109)	(−1.427)
education	0.103	0.044	0.989*	0.548**
	(0.267)	(0.210)	(1.912)	(2.004)
income	0.395**	0.237***	0.621***	0.375***
	(2.387)	(2.636)	(2.590)	(2.985)
occupation	−0.352	−0.194	−0.478	−0.216
	(−1.202)	(−1.163)	(−1.184)	(−0.903)
political	0.373	0.215	0.829**	0.486**
	(1.290)	(1.352)	(2.289)	(2.251)
residence	0.182**	0.098**	0.145	0.079
	(2.186)	(2.080)	(1.031)	(1.155)
_cons	−4.871***	−2.697***	−9.372***	−3.568**
	(−2.713)	(−2.673)	(−3.440)	(−2.557)

续表

变量	是否愿意支付		支付意愿大小	
	(1) Logit	(2) Probit	(3) Tobit	(4) OLS
N	473	473	445	445
Pseudo R^2	0.219 0	0.214 6	0.061 5	0.206
Wald chi^2	70.29	76.91		
F			7.071	8.852

五、结论与启示

本节以北京市为案例，基于问卷调查数据，通过城市居民层面的实证模型定量分析了居民支付意愿的影响因素。研究发现，就北京市案例而言，支付意愿对定额收费的开展影响较小，但未来向计量收费的转型更有赖于居民支付意愿的提升。"产生者付费，多产生多付费"的理念以及分类计价、宣传教育、信息公开的实践，会对公众支付意愿产生积极影响。其中，告知成本信息后，有支付意愿的居民增加了57.3%，表明处理成本等关键信息公开对于提升居民意愿具有显著作用。此外，税收负担感知、政府信任度、物业满意度、他人不良示范、个人收入、居住时长、政治面貌、受教育程度均是重要影响因素。为提升居民支付意愿，减小未来转型阻力，可采取如下具体措施：一是促进成本信息公开透明化，在费率确定过程中注重公众参与，保持政府与公众的良性互动；二是加大开展宣传教育力度，强化公众对环保责任的认知和对计量收费的理解；三是降低公众非必要的费用支出，将实施计量收费后节约的政府生活垃圾处理费用用于民生改善，增加公众为垃圾处理支付费用后的获得感；四是加强政府公信力建设，提高公众对政府收费过程和支出过程的信任度，并有效挖掘物业企业在生活垃圾管理中服务社区居民的潜力。

第七章

北京市居民生活垃圾计量收费接受度
及其影响因素*

　　生活垃圾计量收费在全球成为趋势，其实施需要居民的广泛认可和配合。本章构建了包含人口特征、内部因素、外界因素在内的影响因素分析框架，基于北京市问卷调查数据量化了公众对计量收费政策的接受度，并定量分析了其决定因素。结果表明，年龄越大、受教育程度越低的人群对计量收费的接受度越高；分类意识越高、公民责任感越强、对收费政策越了解、认为处理成本越高、越认可政策有效性和公平性和对政府越信任的居民政策接受度越高；容易受到他人规范付费行为影响的居民对政策接受度更高，较好的物业服务质量、对违规行为的惩罚措施、宣传教育措施、公开透明的资金机制等外部干预措施，能够显著提升居民对计量收费的接受度。因此，需要实施系列外部政策措施，为诱导内在因素转变提供充分的外部条件，着力提升影响居民接受度的内在因素，进而提升计量收费的公众接受度。同时，应关注并提升年轻人、高教育水平者、男性、非环保行业从业人员、中共党员等重点群体对计量收费政策的接受度，促进其对计量收费的了解和态度转变。

第一节　引言

　　计量收费已在全球范围成为一种趋势。计量收费模式包括称重收费、随袋收费、按清运频率收费等，在美国、德国、瑞典、荷兰、意大利、日本、韩国、中国台湾省台北市的全域或部分区域都有成功实践（Alzamora et al.，2020；Welivita et al.，2015；Wu et al.，2015）。计量收费具有激励居民生活垃

---

　　* 本章内容发表于 *Journal of Environmental Management*。

圾源头分类、减量的功能，实践表明随袋收费、称重收费等计量收费模式对垃圾减量具有显著作用（Alzamora et al.，2020；Carattini et al.，2018；Fullerton et al.，1996；Sasao et al.，2021；Valente，2023；Van Houtven et al.，1999；Zhang，2022）①。目前，中国大多数城市实行的是定额收费，按照家庭户或人口数，随水费征收或直接由物业企业代收（Welivita et al.，2015；Wu et al.，2015；马本 等，2011）；个别城市如深圳、合肥等采用按用水量计量收费模式。对于收入持续提高、生活垃圾产生量不断增加的中国，生活垃圾分类计价、计量收费成为未来政策转型的重要方向（北京市住房和城乡建设委员会，2021；国家发展和改革委员会，2018；全国人民代表大会，2020）。

根据北京市统计局数据，2022 年北京共清运和处理生活垃圾 740 万吨，平均每天 2.03 万吨（其他垃圾总量 570 万吨，日均 1.56 万吨；厨余垃圾总量 180 万吨，平均每天 0.49 万吨），是地区生产总值排名前 10 位的城市中最高的（Zhao et al.，2021）。截至 2022 年底，北京市共有大型生活垃圾处理设施 32 个，实际处理能力为 2.51 万吨/日。北京的垃圾处理方式主要有填埋、焚烧和堆肥三种，有机垃圾在生活垃圾总量中所占比例最大（超过 50%）（Cheng et al.，2010），这些处理措施会在一定程度上加剧环境污染（Kuang et al.，2021）。随着居民消费水平的不断提高和垃圾排放量的增长，未分类垃圾的数量高于预期，使生活垃圾处理设施超负荷运行，垃圾处理成本居高不下（Alves et al.，2020）。鉴于此，政府不得不支出大量的资金来实现垃圾无害化处理。北京市当前仍实施家庭户按年缴纳固定金额垃圾相关费用的政策，在较大垃圾减量压力和源头分类需求迫切的背景下，无法产生垃圾分类和减量激励，收费政策的转型升级成为重要政策选项（Chu et al.，2019）。目前，北京市已将计量收费政策作为垃圾分类管理的重点之一，但相比定额收费，计量收费的定价机制、执行过程更为复杂，随袋收费等模式高度依赖居民的支持和配合，研究居民对计量收费的接受度及其决定因素对于北京市率先在居民社区实行计量收费，从而在全国产生示范作用具有重要的现实意义。

在中国城市垃圾分类领域，鲜见针对计量收费这一经济政策工具，从公众接受度视角分析其政策引入的社会基础的研究。现有研究主要聚焦于分析分类效果及分类行为的决定因素（Li et al.，2020；Luo et al.，2020；Xiao et al.，

---

① 部分文献认为计量收费的减量效应弱于分类效应（Cecere et al.，2014），对垃圾总量有潜在的反弹效应（Usui，2009），或者短期效应弱于长期效应（Valente，2023）。然而，一般来说，从长远来看，计量收费政策能够产生显著的社会成本节约效应（Valente，2023）。

2020；Ye et al.，2020），或居民对垃圾处理的支付意愿及其影响因素（Chung et al.，2019；Han et al.，2019；Li et al.，2018；Tian et al.，2016；Yeung et al.，2018）。与中国通常包含在物业费或其他费用中的定额的生活垃圾处理费和清运费不同[①]，计量收费政策通常要求居民有较高的支付意愿和公众接受度。换句话说，即使居民愿意为垃圾处理买单，也并不意味着他们支持计量收费模式，支付意愿也同时可作为实施定额收费的依据。然而，很少有文献通过直接调查公众对复杂定价模式的态度来深入揭示这一点。此外，在方法论上由于以意愿调查法为基础的支付意愿研究存在一定的局限性，导致研究结果可能由于假设偏误等而存在偏差（Hausman，2012；Kristrom et al.，1996）。因此，有必要直接研究计量收费政策的公众接受度，并将其作为支付意愿研究的重要补充，同时较高的公众接受度也是公众对垃圾处理具有正值支付意愿的前提（Yeung et al.，2018）。由于中国缺少计量收费实践，现有相关研究主要关注垃圾收费这一大类政策（Bonafede et al.，2016；Dreyer et al.，2015；Li et al.，2018），仅少数研究分析了垃圾收费模式的选择（Chung et al.，2019；Nainggolan et al.，2019），对计量收费接受度的深入分析存在明显的研究缺口（Kuang et al.，2021；Li et al.，2018；Xiao et al.，2021；Xiao et al.，2017）。

一方面，与发达国家相比，中国在税收、垃圾管理理念、公众分类意识等方面存在明显差异（Huang et al.，2011）。基于国外研究得出的结论不能直接适用于中国的情况。另一方面，北京市作为首都，生活垃圾减量化分类需求迫切（Liu et al.，2015）。然而，北京市目前对家庭生活垃圾仍实行按年统一定额收费的模式，未对居民减量分类行为提供经济激励。近年来，北京市已将实施计量收费政策提上日程（北京市住房和城乡建设委员会，2021）。因此，作为中国计量收费的潜在先行者，北京市的公众对该政策的接受程度如何？与现有文献相比，哪些因素决定了公众对该政策的接受度？公众对具体收费模式的偏好及背后的原因是什么？这些问题的答案对于促进决策者和学术界更好地理解发展中国家城市如何探索新型收费方式和引入计量收费政策至关重要。

鉴于此，本章以北京市为例研究居民对计量收费政策的接受度，随机选择

---

① 定额收费，与垃圾排放量无关，即边际价格为零，收费额度通常取决于房屋面积（平方米）和家庭规模（居民数量），仅涵盖部分生活垃圾管理的固定成本（Valente，2023）。

商品房社区 632 户居民进行随机问卷调查，按照人口学特征、内在因素和外在因素三部分构建了分析框架。其中，内在因素包括环境态度、政策认知、社会感受；外在因素包括社会规范、外在干预。我们采用有序 Logit 模型定量检验了其对计量收费接受度的影响，与污水处理费政策公众接受度及其影响因素进行了比较分析，并进行了多种稳健性检验。基于问卷调查发现，北京市居民对计量收费政策的接受度不足 50%，支持计量收费政策的占 42.5%，中立者占 34.7%，不支持的占 22.8%，这可能意味着较高的政策执行成本。实证结果表明：首先，年龄较大、受教育水平较低、收入较高的群体更容易支持计量收费政策；其次，调节内在因素可以提高公众接受度，具体包括引导居民采取更友好的环境态度，深化其对计量收费政策的理解和增强其对政府的信任；再次，也可以通过制定明确的违规处罚措施、强化宣传教育和信息公开等外部干预来提高接受度。

本章的创新之处体现在：第一，通过家庭面对面调查，研究公众对计量收费政策的接受度。与仅关注垃圾处理支付意愿、未能将具体的收费模式（定额收费或计量收费）联系起来，以及忽略公众接受度对计量收费政策实施关键作用的相关研究相比（Bonafede et al.，2016；Dreyer et al.，2015；Li et al.，2018），我们的研究视角是独特的。此外，本章在国内首次关注居民对计量收费政策及其具体收费模式的接受度，揭示了居民对不同类型计量收费模式的偏好及背后的原因，能够为选择合适的收费模式以过渡到计量收费政策提供更多有价值的见解。第二，通过对公众接受度直接进行定量检验的方式，可以部分避免相关文献因主要关注支付意愿而存在的潜在假设偏差，从而成为支付意愿研究的重要补充（Challcharoenwattana et al.，2016；Yeung et al.，2018）；第三，在地域上，本章补充了对北京市生活垃圾计量收费政策的研究，探讨了生活垃圾计量收费接受度的决定因素，得到了一些与已有文献不同的结论（如年龄和受教育程度对公众接受度的影响与以往文献相反），为计量收费政策公众接受度较低、减量压力较大的地区及时引入计量收费政策提供重要启示，从而一定程度上有利于避免可能产生的巨大且不断增长的垃圾处理社会成本[1]。

---

[1] 一项针对瑞士居民的调查显示，计量收费政策实施后，公众对该政策的接受度提高了 70%，对其有效性和公平性持怀疑态度的人数急剧下降（Carattini et al.，2018）。可见，政策实施可以提高公众对政策的接受度，降低政策的实施成本。

第二节　文献综述

垃圾分类政策的成功实施有赖于公众的广泛支持（Chung et al.，2001；Folz，1999；Lober，1996）。收费政策作为促分类、促减量的经济激励工具，其接受度是政策实施需要考虑的重要因素。对公众态度的研究包括两个方面：其一是分析公众对生活垃圾处理的支付意愿（Gaglias et al.，2016；Han et al.，2019；Yeung et al.，2018）；其二是关注公众对垃圾收费政策的支持程度（Bonafede et al.，2016；Dreyer et al.，2015；Li et al.，2018）。这两类研究均可用于判断收费政策的可行性。

研究公众对垃圾处理的支付意愿的文献较多。该类研究发现性别、收入、年龄、受教育程度等社会经济变量对公众支付意愿有显著作用，但是随样本不同具有异质性（Challcharoenwattana et al.，2016；Chung et al.，2019；Gaglias et al.，2016；Han et al.，2019；Yeung et al.，2018）。自有住房、每日垃圾处理量、长期居住、垃圾分类意识、环境意识、政策有效性等因素对公众支付意愿有显著的正向影响（Chung et al.，2019；Han et al.，2019；Li et al.，2018；Tian et al.，2016；Yeung et al.，2018）。例如，Han 等（2019）对中国西部六省 59 个村庄的 811 户居民进行问卷调查后发现，有 73.7% 的受访者对生活垃圾管理的支付意愿大于 0，且受性别、年龄、受教育程度、收入、就业状态、区位、政府政策等因素的影响；Challcharoenwattana 和 Pharino（2016）通过对泰国不同类型社区的问卷调查发现，性别、收入随城市化水平的不同而表现出差异，受教育程度对支付意愿有显著的正向影响，年龄与支付意愿负相关。

但是有正值支付意愿不足以作为计量收费政策实施的依据。支付意愿研究可以揭示居民愿意支付多少，但不能决定其支付方式。换句话说，当居民没有被告知具体的收费模式（定额收费或计量收费）时，正值支付意愿也可以成为定额收费的实施依据。加之，方法论上支付意愿通常基于假设情景，可能无法反映受访者的真实意愿，从而有可能导致研究结论有偏（Hausman，2012；Kristrom et al.，1996）。因此对计量收费政策本身支持程度的研究是必要的，此类研究不仅能分析公众的付费意识，还可以分析公众对特定计量收费模式的态度，可与支付意愿研究互为补充，从而为政策设计提供更充分的量化依据（Challcharoenwattana et al.，2016；Yeung et al.，2018）。

对公众生活垃圾计量收费政策接受度的相关研究发现，分类意愿、家庭人口特征、收入情况、对政策有效性和公平性的感知、对垃圾收费的了解程度、邻里的环境友好行为、物业企业的作用、宣传教育、环境意识等因素会显著提升垃圾收费政策公众接受度（Bonafede et al.，2016；Carattini et al.，2018；Chung et al.，2019；Dreyer et al.，2015；Li et al.，2018；Meng et al.，2019；Nainggolan et al.，2019；Xiao et al.，2017；Zhang et al.，2012；Zhuang et al.，2008）；而分类习惯、成本意识、个人动机与社会影响、垃圾分类时间分配等因素则在不同样本群体内对计量收费接受度具有不同的影响（Li et al.，2017；Nainggolan et al.，2019；Xiao et al.，2017；Zhang et al.，2012）。例如厦门居民的知识水平对垃圾收费政策有正向影响（Xiao et al.，2017），而上海居民的受教育程度对垃圾收费政策有负向影响（Zhang et al.，2012）。

既有文献中仅有少数研究分析了垃圾收费模式的选择（Chung et al.，2019；Nainggolan et al.，2019）；特别是针对中国城市的相关研究，鲜有聚焦于计量收费接受度的深度分析（Kuang and Lin，2021；Li et al.，2018；Xiao et al.，2021；Xiao et al.，2017）。北京市作为超大城市和中国的首都，曾面临"垃圾围城"的困局，既有的几项与北京市相关的研究涉及废旧荧光灯回收的支付意愿（Tian et al.，2016）、垃圾焚烧成本核算（宋国君 等，2017）、社区融合视角下的垃圾分类影响因素（廖茂林，2020）、计量收费模式选择（Chu et al.，2019），而对北京市垃圾减量、按量计费的研究明显不足。北京市实施计量收费政策已被提上日程，其成功实践需要广泛公众支持和参与，需要从公众视角对计量收费政策接受度进行系统深入的研究。

第三节　模型构建与描述性统计

一、模型构建

基于对北京市社区居民家庭的问卷调查数据[①]，构建被解释变量——生活垃圾计量收费接受度（*support*），该变量为有序变量（非常不支持＝1，比较

---

① 问卷调查设计与数据获取过程详见第五章第四节。

不支持＝2，一般＝3，比较支持＝4，非常支持＝5，见表7－1)[1]，该变量具有离散性和有序性，采用有序 Logit 模型进行回归分析，构建如下模型：

$$support^* = \sum \beta_i X_i + \varepsilon$$

$$support = \begin{cases} 1, support^* < \mu_1 \\ 2, \mu_1 < support^* < \mu_2 \\ 3, \mu_2 < support^* < \mu_3 \\ 4, \mu_3 < support^* < \mu_4 \\ 5, \mu_4 < support^* \end{cases} \tag{7-1}$$

式中，$support$ 为被解释变量，取值为 1 至 5，$support^*$ 为不可被直接观察的潜变量，$\mu_j (j=1, \cdots, 4)$ 为 $support^*$ 的 4 个分界点，X_i 是解释变量的集合，由人口特征、内在因素、外在因素三部分构成。基于问卷调查数据和现有研究的变量构建方式，分别选取相应的问题按照环境态度、政策认知、社会感受、社会规范、外界干预、人口特征等维度构建变量（Li et al. , 2018；Meng et al. , 2019），见表7－2。β_i 为待估参数；ε 为误差项。

二、描述性统计

表7－1是被解释变量的描述性统计。居民对计量收费政策的接受度呈正态分布，支持计量收费政策的占 42.5%；对垃圾处理有支付意愿的占 37.7%；认为应该为公共服务付费的占 35.3%，这三个比例较为接近，表明受访者对问题的回答具有内在一致性。解释变量构建方式及含义见表7－2。我们通过环境态度、政策认知等六个维度刻画影响计量收费接受度的影响因素，基于问卷将其具体设计为特定的变量，变量类型包括有序、二元、离散和连续四类。比如：政策认知中的政策公平性变量（*fairness*），根据居民对生活垃圾计量收费公平性的认可程度，依次赋值为 1，2，3，4，5；社会规范中他人付费行为的

---

① 特别地，在被解释变量的构建上，除了直接询问"您对生活垃圾分类计价、计量收费的支持程度"之外，还询问了其他相似问题，包括"您愿意缴纳与垃圾处理相关的费用吗""您认为公众应该为享受的公共服务付费吗"。其目的是验证问卷的内部一致性，通过替换因变量进行稳健性检验。被解释变量的构建方式见表7－1。

影响变量（*pay11*），根据影响程度从低到高依次赋值1～5；人口特征中的教育水平变量（*education*），大学以上赋值为1，否则为0。

表 7 - 1　被解释变量含义及描述性统计

被解释变量及含义	分类	含义	样本数	占比（%）
support （计量收费 接受度）	1	非常不支持	57	9.0
	2	比较不支持	87	13.8
	3	一般	219	34.7
	4	比较支持	200	31.6
	5	非常支持	69	10.9
support2 （垃圾处理的支付意愿）	1	非常不愿意	79	12.5
	2	比较不愿意	76	12.0
	3	一般	239	37.8
	4	比较愿意	165	26.1
	5	非常愿意	73	11.6
support3 （是否应该为公共 服务付费）	1	非常不应该	70	11.1
	2	比较不应该	124	19.6
	3	一般	215	34.0
	4	比较应该	165	26.1
	5	非常应该	58	9.2
sewagefee_support （是否支持污水 处理费政策）	1	非常不支持	37	5.9
	2	比较不支持	69	10.9
	3	一般	200	31.7
	4	比较支持	217	34.3
	5	非常支持	109	17.2

表 7-2　解释变量含义、构建方式与描述性统计

影响因素	变量符号	变量含义	变量类型	观测值	平均值	标准误	最小值	最大值
内在因素								
环境态度	*classifywill*	分类意愿（非常不愿意＝1）	有序	632	4.27	0.84	1	5
	pollution	生活垃圾污染（不严重＝1）	有序	632	3.54	1.20	1	5
	dutyclassify	有责任对垃圾分类	有序	632	4.28	0.99	1	5
	dutyreduce	有责任垃圾减量	有序	632	4.19	1.06	1	5
政策认知	*knowfee*	是否知道垃圾费用	二元	632	0.80	0.40	0	1
	costrange	垃圾处理成本（100以上＝1）	二元	632	0.65	0.48	0	1
	nopay	促使偷倒垃圾不缴费	有序	632	3.61	1.33	1	5
	benefit	收费是否能带来环境收益	二元	632	0.28	0.45	0	1
	classify	促进个人减量	有序	632	3.35	1.39	1	5
	reduce	促进个人分类	有序	632	3.48	1.33	1	5
	cityreduce	促进城市减量	有序	632	3.50	1.35	1	5
	cityclassify	促进城市分类	有序	632	3.62	1.29	1	5
	fairness	扔垃圾多应该多付费	有序	632	3.59	1.36	1	5
	fairness2	计量收费具有公平性	二元	632	0.65	0.48	0	1
	effectivene	计量收费具有有效性	二元	632	0.53	0.50	0	1
	cost_taker	成本承担者（政府＝1，个人＝4）	离散	632	1.85	0.67	1	4
社会感受	*trust*	对政府的信任度	有序	632	3.89	0.96	1	5
	satisfaction	对公共服务的满意度	有序	632	3.62	0.81	1	5
	tax	税收负担	有序	632	3.77	0.71	2	5

续表

影响 因素		变量 符号	变量含义	变量 类型	观测 值	平均 值	标准 误	最小 值	最大 值
外在 因素	社会 规范	*classify*11	周围人分类是否会 影响自身分类	二元	632	0.59	0.49	0	1
		*attitude*00	别人偷倒我会偷倒	二元	632	2.30	1.34	1	5
		*pay*11	他人付费行为的正影响	有序	632	3.51	1.36	1	5
	外界 干预	*estate*	满意物业服务质量 （否=1）	二元	632	0.64	0.48	0	1
		punish	支持处罚违规缴费 行为（是=1）	二元	632	0.30	0.46	0	1
		campaign	支持广泛的宣传教 育（是=1）	二元	632	0.36	0.48	0	1
		transparent	支持资金管理规范 透明（是=1）	二元	632	0.43	0.50	0	1
		participate	支持公众参与（是= 1）	二元	632	0.27	0.44	0	1
		award	支持建立政府奖励 机制（是=1）	二元	632	0.41	0.49	0	1
人口特征		*frequency*	家庭扔垃圾的频率	离散	629	7.88	0.97	1	9
		gender	性别（男性=1）	二元	632	0.46	0.50	0	1
		age	年龄（45岁以上=1）	二元	632	0.53	0.50	0	1
		education	家庭最高教育水平 （大学以上=1）	二元	632	0.96	0.21	0	1
		occupation	职业（高素质行业 为1）	二元	632	0.54	0.50	0	1
		politicalstatus	政治面貌（中共党 员为1）	二元	632	0.38	0.49	0	1
		householder	户主（户主为1）	二元	632	0.54	0.50	0	1
		housetype	住房类型（自有房 屋为1）	二元	632	0.82	0.38	0	1
		month	居住时间（月）	离散	632	11.57	1.31	0	12
		number	与自己一起生活的 人数（人数）	离散	632	3.22	1.32	0	12
		perincome	家庭人均收入（万元）	连续	538	12.75	12.17	0	60

注：对于本章所有的有序变量，1表示居民最不同意该观点或代表最低水平。

第四节　实证结果分析与讨论

考虑到多重共线性和内生性可能存在的问题，我们在控制其他因素的情况下对每类因素进行回归分析，表 7-3、表 7-4 和表 7-5 分别报告了内在因素、外部因素和人口特征对计量收费接受度的回归结果[①]。总体而言，实证结果呈现出较强的一致性，反映出低水平的多重共线性[②]。虽然伪 R^2（Pseudo R^2）相对较低，但不影响统计量的显著相关性和稳健性。总体看，回归结果具有较好的解释力。

一、内在因素对计量收费接受度的影响

首先探讨环境态度、政策认知、社会感受等内在因素对计量收费接受度的影响。表 7-3 的（1）至（4）列分别展示了未控制人口特征和外界因素、只控制人口特征、只控制外界因素、同时控制人口特征和外界因素时的回归结果[③]。总体来看，模型具有较好的显著性和解释力（chi^2 统计量的 p 值为 0）。

环境态度因素的影响。选择垃圾分类意愿（*classifywill*）、生活垃圾污染程度认知（*pollution*）、分类和减量的公民责任意识（*dutyclassify*、*dutyreduce*）等代表居民的环境态度（Han et al.，2019；Meng et al.，2019）。根据表 7-3 的估计结果，当同时控制人口特征和外界因素时，模型的拟合优度最高（Pseudo R^2 = 0.082 9）。垃圾分类意愿（$\beta_{classifywill}$ = 0.594**）、公民垃圾减量的责任意识（$\beta_{dutyreduce}$ = 0.243*）将显著提高居民对计量收费政策的接受度，与相关研究结论是一致的（Meng et al.，2019）。但是对生活垃圾引起的环境污染的认知与计量收费接受度并没有显著的相关关系，可能的解释是目前居民对生活垃圾处理面临的末端无害化处理困境缺乏认知（Cavé，2014；Zeng et

---

① 本部分的内生性有两个可能的来源。首先是遗漏重要变量。为了避免这种情况，我们采用逐步回归，逐步纳入因素，并为每一类因素引入尽可能多的变量。其次是反向因果。我们认为公众接受度对人口特征、内部因素和外部因素的反向影响很小。鉴于此，本部分的内生性可能不是主要问题，并不会显著影响模型的解释力。

② 此处还使用了方差膨胀因子（VIF）检验自变量之间是否存在多重共线性。结果（VIF < 10）表明变量之间的多重共线性相当弱。

③ 我们还对将三类内在因素同时纳入模型时的结果进行了分析，主要结论不变（zhang et al.，2023）。

al.，2016)，末端处理主要依赖政府直接投入的财政资源（Xiao et al.，2021)。鉴于政府对固体废物的污染减排承担了主要责任，居民对垃圾源头分类与减量的重视度不足，从个人角度看，生活垃圾末端处理的污染程度尚不能对计量收费接受度产生实质影响（Xiao et al.，2021)。

政策认知因素的影响。除了先前研究关注的政策有效性（*nopay*、*cityreduce*、*cityclassify*)、政策公平性（*fairness*)等因素之外（Bonafede et al.，2016；Dreyer et al.，2015；Li et al.，2018)，创新性地选择对垃圾收费政策的了解程度（*knowfee*)、垃圾处理成本认知（*costrange*)、垃圾处理的成本承担者（*cost_taker*)等因素来解释居民对计量收费政策的认知。根据表7-3的估计结果，当同时控制人口特征和外界因素时，模型的拟合优度最高（Pseudo R^2=0.163 5)。结果表明，对现行垃圾清运费和垃圾处理费政策越了解（$\beta_{knowfee}$=0.514**)、认为当前垃圾处理成本越高（$\beta_{costrange}$=0.375*)、越认为政策具有较高的有效性和公平性（$\beta_{cityclassify}$=0.230**、$\beta_{fairness}$=0.262***)、越认为个人应该承担大比例垃圾处理成本（β_{cost_taker}=1.198***)的居民越支持生活垃圾计量收费。综合来看，居民对计量收费政策认知因素会显著影响该政策的公众接受度。

社会感受因素的影响。选择对政府的信任度（*trust*)、对公共服务的满意度（*satisfaction*)、税负认知（*tax*)等因素反映居民的社会感受，这是现有研究尚未充分检验的，实证结果如表7-3所示。当同时控制人口特征和外界因素时，模型的拟合优度最高（Pseudo R^2=0.086 5)。结果表明，对政府的信任度高会显著提升计量收费接受度（β_{trust}=0.519***)，因此政府应积极提升治理能力，形成信任政府的社会氛围，这有利于政策的低成本制定和实施。对公共服务的满意度仅在未控制人口特征和外在因素的情况下表现出一定的显著性（$\beta_{satisfaction}$=0.249*)。这表明一些人口特征和外部因素会影响居民对公共服务的满意度，进而影响政策接受度。当公众对政府提供的公共产品或服务更满意时，他们更倾向于支持计量收费政策，意味着政府有必要提供更好的公共服务。

表7-3　内在因素对计量收费接受度的影响

变量	(1)	(2)	(3)	(4)
环境态度				
classifywill	0.591*** (0.09)	0.595*** (0.11)	0.554*** (0.10)	0.594*** (0.12)
pollution	0.046 (0.07)	0.017 (0.09)	0.022 (0.08)	−0.010 (0.10)

城市生活垃圾分类减量治理研究：北京分类实践与计量收费探索

Classification and Reduction Governance of Municipal Domestic Waste in China: Focusing on Classification Practice and Unit Pricing Exploration of Beijing

续表

变量	(1)	(2)	(3)	(4)
dutyreduce	0.161 (0.12)	0.260* (0.14)	0.192 (0.12)	0.243* (0.14)
dutyclassify	−0.014 (0.13)	−0.038 (0.15)	−0.123 (0.13)	−0.147 (0.15)
人口特征	No	Yes	No	Yes
外在因素	No	No	Yes	Yes
N	632	473	632	473
Pseudo R^2	0.031 3	0.048 3	0.062 7	0.082 9
Wald chi^2	56.69	69.29	110.95	120.70
Log pseudolikelihood	−895.775 41	−652.143 48	−866.709 81	−628.400 01

政策认知

变量	(1)	(2)	(3)	(4)
knowfee	0.169 (0.20)	0.366 (0.24)	0.297 (0.20)	0.514** (0.24)
costrange	0.238 (0.16)	0.372** (0.19)	0.229 (0.17)	0.375* (0.20)
nopay	−0.081 (0.06)	−0.126* (0.07)	−0.057 (0.06)	−0.107 (0.07)
cityreduce	0.174** (0.08)	0.132 (0.09)	0.181** (0.08)	0.140 (0.09)
cityclassify	0.190** (0.10)	0.255** (0.11)	0.169* (0.10)	0.230** (0.11)
fairness	0.275*** (0.08)	0.300*** (0.10)	0.252*** (0.08)	0.262*** (0.10)
cost_taker	1.042*** (0.14)	1.201*** (0.18)	1.048*** (0.14)	1.198*** (0.18)
人口特征	No	Yes	No	Yes
外在因素	No	No	Yes	Yes
N	632	473	632	473
Pseudo R^2	0.107 7	0.144 0	0.127 4	0.163 5
Wald chi^2	166.68	166.05	195.38	198.63
Log pseudolikelihood	−825.116 83	−586.574 59	−806.877 14	−573.161 63

社会感受

变量	(1)	(2)	(3)	(4)
trust	0.507*** (0.11)	0.579*** (0.13)	0.456*** (0.11)	0.519*** (0.14)
satisfaction	0.249* (0.13)	0.197 (0.16)	0.217 (0.14)	0.189 (0.17)
tax	−0.061 (0.11)	−0.118 (0.13)	−0.052 (0.11)	−0.105 (0.13)
人口特征	No	Yes	No	Yes

续表

变量	(1)	(2)	(3)	(4)
外在因素	No	No	Yes	Yes
N	632	473	632	473
Pseudo R^2	0.036 3	0.053 0	0.065 7	0.086 5
Wald chi^2	49.61	58.37	112.37	117.16
Log pseudolikelihood	−891.143 64	−648.931 89	−863.979 38	−625.932 65

注：括号中为标准误统计量，＊$p<0.1$，＊＊$p<0.05$，＊＊＊$p<0.01$。第（1）列是未控制人口统计特征和外在因素后的结果。第（2）列是控制人口特征后的结果。第（3）列是控制了外在因素后的结果。第（4）列是同时控制人口特征和外在因素后的结果。

在表7-3的基础上，本节还将环境态度、政策认知、社会感受三类内在因素同时加入模型进行了回归。结果表明，垃圾分类意愿（$classifywill$）、垃圾处理成本估计（$costrange$）、垃圾收费政策公平性（$fairness$）和分类有效性（$cityclassify$）以及对政府的信任度（$trust$）等变量的回归系数有一定的下降，可能是由于三类内在因素间存在着一定的相关性。例如居民的社会感受和环境态度一定程度上会影响居民对计量收费政策有效性和公平性的认知，进而影响对计量收费政策的接受度。但是这些因素仍然在统计上显著，即内在因素对计量收费接受度的影响的确存在，具有明确的统计意义。

二、外在因素对计量收费接受度的影响

接下来，从熟人社会形成的规范、生活垃圾分类的管理者——物业企业和政府角度，探究社会规范和外界干预等外在因素对计量收费接受度的影响。表7-4的（1）至（4）列分别展示了未控制人口特征和内在因素、只控制内在因素、只控制人口特征以及同时控制人口特征和内在因素的情况下，社会规范和外界干预对计量收费接受度的影响[①]。从实证结果看，四种情况下模型整体均具有较好的显著性和解释能力（chi^2统计量的 p 值为0）。

社会规范因素的影响。利用他人分类行为和缴费行为对居民自身的影响反映社会规范，包括三种情况：他人良好分类行为促进自身分类（$classify11$）、他人不好分类行为会让自己不分类（$attitude00$）、他人良好付费行为会促进自身

---

① 将两类外部因素同时纳入模型时主要结论不变。

分类（$pay11$）（Meng et al.，2019），实证结果见表 7 - 4。当同时控制人口特征和内部因素时，模型的拟合优度最高（Pseudo R^2＝0.184 8）。结果表明，容易受到他人良好付费行为影响的人对计量收费政策的接受度更高（β_{pay11} ＝ 0.160**）。而容易受到他人不好的分类行为影响的人在未控制内在因素情况下更倾向于不支持生活垃圾计量收费（$\beta_{attitude00}$ ＝－ 0.129**）。这意味着，环境态度、政策认知和社会情感等内在因素可以通过其他居民行为的同伴效应来影响计量收费的接受度。研究结果表明，在中国社区内部，熟人社会或半熟人社会形成的群体社会规范显著影响社区居民对计量收费的接受度。这与中国突出的集体文化属性是一致的，即更加注重个人行为在公共舆论中的影响。

外界干预因素的影响。具体包括物业服务质量（$estate$）、对违规违法行为的惩罚措施（$punish$）、宣传教育措施（$campaign$）、资金管理透明化（$transparent$）、公众参与（$participate$）、政府奖励措施（$award$）。通过量表询问居民的重视程度，将其纳入模型中，探究配套政策对计量收费接受度的影响。实证结果见表 7 - 4。当同时控制人口特征和内在因素时，模型的拟合优度最高（Pseudo R^2＝0.196 7）。结果显示，越重视物业服务质量的居民越支持计量收费政策（β_{estate} ＝－ 0.478**）；资金机制公开透明（$\beta_{transparent}$ ＝ 0.537**），能够显著提升居民对生活垃圾计量收费政策的接受度。不同的是，政府奖励措施可能会降低计量收费接受度（β_{award} ＝－ 0.647***）。一种可能的解释是，当通过奖励来鼓励垃圾分类行为时，居民倾向于拒绝为垃圾分类处理服务付费，反映了这两类措施之间的某种替代效应。这与其他研究的发现是一致的，即废品回收项目与垃圾收费密切相关，垃圾收费将影响生活垃圾处理的价格弹性（Kinnaman et al.，2000；Podolsky et al.，1998）。

表 7 - 4　外在因素对计量收费接受度的影响

变量	(1)	(2)	(3)	(4)
社会规范				
$classify11$	0.058 (0.15)	－0.042 (0.18)	－0.148 (0.16)	－0.083 (0.19)
$attitude00$	－0.129** (0.06)	－0.129* (0.07)	－0.035 (0.06)	－0.046 (0.07)
$pay11$	0.295*** (0.06)	0.358*** (0.08)	0.081 (0.07)	0.160** (0.08)
人口特征	No	Yes	No	Yes
内在因素	No	No	Yes	Yes
N	632	473	632	473

续表

变量	(1)	(2)	(3)	(4)
Pseudo R^2	0.017 2	0.035 6	0.150 0	0.184 8
Wald chi^2	24.54	34.03	211.99	201.07
Log pseudolikelihood	−908.807 28	−660.853 75	−785.983 79	−558.571 67
外界干预				
estate	−0.408** (0.16)	−0.430** (0.19)	−0.457** (0.18)	−0.478** (0.21)
punish	0.628*** (0.16)	0.613*** (0.19)	0.281* (0.17)	0.164 (0.21)
campaign	0.509*** (0.16)	0.481** (0.19)	0.168 (0.17)	0.118 (0.20)
transparent	0.285* (0.17)	0.466** (0.21)	0.308* (0.17)	0.537** (0.21)
participate	0.052 (0.19)	−0.016 (0.23)	−0.170 (0.20)	−0.225 (0.25)
award	−0.399** (0.16)	−0.473** (0.20)	−0.579*** (0.18)	−0.647*** (0.22)
人口特征	No	Yes	No	Yes
内在因素	No	No	Yes	Yes
N	632	473	632	473
Pseudo R^2	0.024 0	0.038 1	0.163 1	0.196 7
Wald chi^2	46.13	58.45	229.16	214.69
Log pseudolikelihood	−902.481 5	−659.097 33	−773.860 9	−550.429 37

注：括号中为标准误统计量，$* p<0.1$，$** p<0.05$，$*** p<0.01$。第（1）列是未控制人口统计特征和内在因素后的结果。（2）列是控制人口特征因素后的结果。第（3）列是控制内在因素后的结果。（4）列是同时控制人口特征和内在因素后的结果。

在表7-4的基础上，本节还将社会规范和外界干预同时纳入模型中进行了分析。他人分类和付费行为的影响（$classify11$、$pay11$）、物业服务质量（$estate$）、宣传教育措施（$campaign$）等变量的回归系数发生了轻微的变化，但是影响方向未发生改变且较为显著。实证结果表明外界因素的影响是稳定且重要的，这将是从政策干预角度提升计量收费接受度的重点维度。

三、人口特征对计量收费接受度的影响

表7-5显示了人口特征对计量收费接受度的影响。其中，（1）至（4）列分别展示了未控制内在因素和外在因素、只控制内在因素、只控制外在因素以及

同时控制内在因素和外在因素的情况下，垃圾投放习惯及社会人口经济因素对计量收费接受度的影响。从实证结果看，四种情况下模型整体均具有较强的显著性（chi^2统计量的 p 值为0），相关变量的回归系数未发生显著变化，系数方向也保持一致，当同时控制内在因素和外在因素时，模型的拟合优度最好（Pseudo $R^2=0.1999$）。

具体而言，居民的年龄（age）和教育水平（$education$）显著影响对生活垃圾计量收费政策的接受程度。其中年龄越大（$\beta_{age}=0.511^{**}$）、家庭受教育水平越低者（$\beta_{education}=-1.308^{**}$）越支持生活垃圾计量收费政策，这与支付意愿影响因素的相关研究结论不一致。可能是因为对于北京等快速发展的城市，居民家庭中的年长者往往在家庭中担任垃圾分类的角色，对垃圾分类相关政策有更直接的体会，比年轻人更可能感知到计量收费政策对垃圾分类的有效性或公平性，从而提高对该政策的接受程度。而在受教育水平的影响上，一方面，在北京，家庭受教育水平高通常意味着家庭成员从事高节奏、繁忙的高薪工作，这些人更有可能反对计量收费政策，因为政策引入可能意味着其当前的精力和时间分配被显著改变，遵从政策会带来较高的机会成本；另一方面，随着垃圾分类知识进校园等措施的逐渐普及，目前正在接受小学、初中教育的群体更可能受到宣传教育措施的影响，对计量收费政策更可能持支持立场。收入因素（$perincome$）在不控制内在因素和外在因素的情况下是显著的。而其他因素，诸如投放习惯（$frequency$）、性别（$gender$）、政治面貌（$politicalstatus$）、是否为户主（$householder$）、家庭住房类型（$housetype$）、居住时间（$month$）、家庭人口数（$number$）等因素对计量收费公众接受度的影响不显著。这可能与目前中国计量收费政策实践处于萌芽阶段有关，家庭层面对该政策的了解不足，表现为相关变量对计量收费政策接受度的影响尚不具有统计学意义，同时也在一定程度上反映了支付意愿研究与计量收费接受度研究结论的差异性。

表 7-5　人口特征对计量收费接受度的影响

变量	(1)	(2)	(3)	(4)
$frequency$	−0.049（0.11）	−0.171（0.12）	−0.111（0.12）	−0.179（0.12）
$gender$	−0.090（0.18）	−0.009（0.21）	−0.008（0.19）	0.018（0.21）
age	0.372*（0.21）	0.488**（0.21）	0.414*（0.22）	0.511**（0.23）
$education$	−1.405***（0.45）	−1.477***（0.56）	−1.241**（0.54）	−1.308**（0.61）
$occupation$	0.131（0.18）	0.027（0.19）	0.149（0.18）	0.051（0.19）

续表

变量	(1)	(2)	(3)	(4)
politicalstatus	0.237 (0.19)	−0.151 (0.20)	0.017 (0.21)	−0.217 (0.21)
householder	0.020 (0.19)	0.226 (0.20)	−0.079 (0.20)	0.141 (0.21)
housetype	−0.050 (0.28)	−0.341 (0.27)	0.063 (0.29)	−0.246 (0.28)
month	−0.002 (0.08)	0.012 (0.07)	0.031 (0.07)	0.026 (0.07)
number	−0.014 (0.07)	−0.021 (0.08)	−0.004 (0.07)	−0.021 (0.07)
ln*perincom*	0.218* (0.13)	0.154 (0.13)	0.178 (0.12)	0.145 (0.13)
内在因素	No	Yes	No	Yes
外在因素	No	No	Yes	Yes
N	473	473	473	473
Pseudo R^2	0.014 0	0.181 4	0.057 2	0.199 9
Wald chi^2	18.49	198.02	74.16	222.21
Log pseudolikelihood	−675.668 42	−560.938 3	−646.056 45	−548.272 79

注：括号中为标准误统计量，$*p<0.1$，$**p<0.05$，$***p<0.01$。第（1）列是未控制外部因素和内在因素后的结果。（2）列是控制内在因素后的结果。第（3）列是控制外部因素后的结果。第（4）列是同时控制内在因素和外部因素后的结果。

第五节　稳健性检验

为了验证实证结果的稳定性，利用以下策略进行稳健性检验。第一，替换被解释变量。用生活垃圾处理收费的支持程度（*support*2）、公共服务付费意愿（*support*3）替代计量收费接受度（*support*），重新进行回归，并对比结果的变化。第二，替换解释变量。对部分解释变量，基于问卷中的其他同类问题进行构建，替代后进行新的回归。例如利用对分类收费公平性的认同（*fairness*2）代替多扔垃圾多付费（*fairness*）作为公平性变量；利用促进个人减量（*reduce*）和分类效果（*classify*）、对计量收费能够带来环境收益的认同（*benefit*）代替城市减量（*cityreduce*）和分类效果（*cityclassify*）作为有效性变量。第三，替换估计方法。利用有序 Probit 模型替代有序 Logit 模型进行检验。第四，去掉收入变量。受访者对收入这类个人信息比较敏感，部分数据缺失，数据质量受到一定影响，去掉收入变量可以明显增加有效样本容量。第五，使用子样本进行回归。使用明确支持生活垃圾计量收费政策的样本（*support* 取值为 3 至 5）重新进行有序 Logit 模型回归。

通过稳健性检验发现，一是当被解释变量替换为 *support*2 或 *support*3 时，受教育水平（*education*）、垃圾分类意愿（*classifywill*）、政策公平性（*fairness*）、对政府的信任度（*trust*）、对公共服务的满意度（*satisfaction*）、垃圾处理的成本承担者（*cost _ taker*）、成本估计（*costrange*）、宣传教育措施（*campaign*）、资金管理透明化（*transparent*）仍然保持统计显著性。同时家庭人口数（*number*）、政治面貌（*politicalstatus*）等因素也变得显著，一定程度上也反映出支付意愿和计量收费接受度的影响因素具有一定差异。二是在替换部分解释变量、换用有序 Probit 模型、去掉收入变量、使用子样本进行回归的情况下，模型中多数变量的显著性和影响方向未发生显著变化，与基础回归保持一致。

第六节　进一步讨论

一、支持原因与收费模式偏好

为进一步探究居民支持或不支持生活垃圾计量收费政策的原因，我们在调研过程中就该问题直接询问了受访对象，结果见表 7-6。在支持者中，多数居民认可计量收费政策的公平性（67.3%）以及促进垃圾减量（53.2%）、促进垃圾分类（62.5%）的效果。而居民不支持计量收费政策最主要的原因，一是认为垃圾处理成本的承担主体应为政府（48.4%），二是对物业不信任（48.4%）。其他不支持计量收费的原因还有担心可能会增加垃圾处理支出（43.1%）、处理成本公开不足（42.4%）、政策缺乏公众参与（35.3%）等。这些原因与前文实证研究结果具有内在一致性。

表 7-6　支持原因与收费模式偏好调研

问题	选项（多选）	频次	比例（%）
支持计量收费原因	更公平（多排放多付费）	181	67.3
	能够促进垃圾分类	168	62.5
	可以促进垃圾减量	143	53.2
	可以促进垃圾资源化	128	47.6
	降低垃圾处理社会负担	115	42.8
	缴费是公民应尽的责任义务	109	40.5
	响应政府政策	74	27.5
	其他	5	1.9

续表

问题	选项（多选）	频次	比例（%）
不支持垃圾计量收费原因	政府应承担垃圾处理成本	193	48.4
	对物业收费过程不信任	193	48.4
	可能会增加家庭垃圾处理支出	172	43.1
	处理成本信息公开不足	169	42.4
	政策制定过程缺乏公众参与	141	35.3
	不能促进垃圾分类、减量化、资源化	126	31.6
	其他	46	11.5
支持哪些垃圾收费模式	维持现状，每年定额收费	191	30.2
	定额收费后按分类效果返补奖励	165	26.1
	对"其他垃圾"按重量收费	156	24.7
	按家庭用水量收费	152	24.1
	购买"其他垃圾"垃圾袋，按袋（体积）收费	135	21.4
	按家庭住房面积收费	90	14.2
	每家平摊小区垃圾处理费	82	13.0
	购买贴于垃圾袋的标签，按标签收费	81	12.8
所选收费模式主要考虑因素	公平性	411	65.0
	有效性	332	52.5
	促进垃圾分类效果	276	43.7
	促进垃圾减量效果	226	35.8

由于计量收费存在多种具体模式，调研时还询问了居民对不同模式的偏好，结果见表7-6。在计量收费模式中，支持"定额收费后按分类效果返补奖励"的居民最多（26.1%），这种模式的特点是充分建立在已有定额收费基础之上，并且通过返补奖励给居民带来经济收益；获得居民较多支持的模式还包括"对'其他垃圾'按重量收费"（24.7%）、"按家庭用水量收费"（24.1%）、"购买'其他垃圾'垃圾袋，按袋（体积）收费"（21.4%）；居民对"按家庭住房面积收费"、"每家平摊小区垃圾处理费"、"购买贴于垃圾袋的标签，按标签收费"等收费模式的支持相对较少。值得强调的是，赞成"维持现状，每年定额收费"的居民占比仍达到30.2%，占比最高，反映出居民对生活垃圾计量

收费的重要作用和该政策的认识总体不足，希望维持现状以降低不确定性。

进一步地，我们对收费模式选择的考虑因素进行了调研。根据表 7-6，公平性（65.0%）和有效性（52.5%）是居民选择计量收费模式时的首要考虑因素，这与前文计量模型的结论是一致的，也与已有研究关于收费模式选择的结论基本一致。例如，Chung 和 Yeung（2019）对香港居民垃圾按量计费方式进行意愿调查后发现，67.6% 的受访者倾向于采用按家庭垃圾体积的收费方式，对政策公平性和有效性的关注影响收费方式的选择。现有研究发现，随袋收费或按清运频率收费等计量收费模式相较于其他收费模式更具有成本有效性（Alzamora et al.，2020；Dijkgraaf et al.，2015；Kinnaman，2009）。结合公众偏好与相关研究，随袋收费或按清运频率收费在节约成本上表现更佳，可能是潜在的更有效的计量收费模式。

二、与污水处理费的对比

北京污水处理收费制度已实施多年，采取的是标准的按用水量计征的计量收费模式，且污水与生活垃圾均是居民家庭消费的副产品，与二者的处理费相关的政策在属性上十分相似。调查显示，支持污水处理收费政策的居民占51.6%，高于生活垃圾计量收费接受度，从调查数据中我们观测到支持两种收费政策的居民的分布是十分接近的。但由于计量收费政策在全国尚未普遍实施，因此针对该政策的问卷调查基于假设情景展开。本节将被解释变量更换为污水处理费公众接受度（$sewage fee\_support$），与计量收费接受度进行对比，以剔除计量收费政策的假设偏差带来的影响（Hausman，2012；Kristrom et al.，1996），进一步验证前文结果的可靠性。

表 7-7 报告了以污水处理费公众接受度为解释变量的估计结果。（1）列至（4）列分别展示了只引入一类因素、引入两类因素、同时引入三类因素时的回归结果。分类发现，垃圾分类意愿（$classifywill$）、公民减量和分类责任感（$dutyreduce$、$dutyclassify$）较强的居民更倾向于支持缴纳污水处理费，同时政策公平性（$fairness$）、对政府的信任度（$trust$）以及他人付费行为的正影响（$pay11$）以及惩罚（$punish$）、宣传教育（$campaign$）也是影响二者的共同因素，且都具有正向作用，即内在因素和外在因素的影响与上文结果一致。与生活垃圾计量收费接受度不同的是，性别因素（$gender$）、居住时间（$month$）等人口特征会更为显著地影响居民对污水处理费的支持程度。一个可能的原因

是，用水量和污水产生量的价格弹性可能比生活垃圾的弹性小，污水的产生方式与居民的生活习惯和居住时间更密切相关。特别地，在中国，污水处理费包含在家庭自来水账单中，该费用收取方式已经实施了很长时间，实施成本相对较低。相比之下，生活垃圾计量收费政策需要单独引入，难以与通常按年征收的物业服务费一起捆绑收费。由此可见，生活垃圾计量收费政策的实施要复杂得多，在更大程度上依赖于公众的广泛接受和积极参与。

表 7-7　污水处理费公众接受度的影响因素分析

变量	（1）	（2）	（3）	（4）
个人特征				
frequency	−0.087 (0.08)	−0.133 (0.09)	−0.153* (0.09)	−0.170* (0.10)
gender	−0.180 (0.18)	−0.342* (0.20)	−0.164 (0.18)	−0.315 (0.20)
month	0.106* (0.06)	0.176*** (0.06)	0.153*** (0.06)	0.195*** (0.06)
内在因素	No	Yes	No	Yes
外在因素	No	No	Yes	Yes
内在因素				
classifywill	0.504*** (0.11)	0.405*** (0.12)	0.489*** (0.11)	0.403*** (0.13)
dutyreduce	0.204* (0.10)	0.200* (0.12)	0.214** (0.10)	0.197 (0.12)
dutyclassify	−0.255** (0.13)	−0.160 (0.14)	−0.291** (0.13)	−0.203 (0.15)
fairness	0.366*** (0.08)	0.351*** (0.10)	0.338*** (0.08)	0.333*** (0.10)
cost_taker	0.947*** (0.14)	1.004*** (0.17)	0.908*** (0.14)	0.950*** (0.18)
trust	0.283*** (0.11)	0.321** (0.13)	0.268** (0.11)	0.300** (0.13)
人口特征	No	Yes	No	Yes
外在因素	No	No	Yes	Yes
外界因素				
*attitude*00	−0.150** (0.06)	−0.093 (0.08)	−0.057 (0.07)	−0.011 (0.08)
*pay*11	0.267*** (0.06)	0.323*** (0.08)	0.085 (0.07)	0.113 (0.09)
punish	0.575*** (0.17)	0.572*** (0.20)	0.278 (0.18)	0.172 (0.21)
campaign	0.440*** (0.16)	0.612*** (0.19)	0.206 (0.16)	0.368* (0.20)
人口特征	No	Yes	No	Yes
内在因素	No	No	Yes	Yes

续表

变量	(1)	(2)	(3)	(4)
N	632	473	632	473
Pseudo R^2	—	—	—	0.153 0
Wald chi^2	—	—	—	174.90
Log pseudolikelihood	—	—	—	−579.727 58

注：被解释变量为 $sewagefee\_support$，调研问题为"您支持污水处理费政策吗？"，根据居民意愿程度构建有序变量（非常不支持=1，非常支持=5）。本表仅列出了较为显著的变量情况，未展示不显著的变量及其标准误。括号中为标准误统计量，* $p<0.1$，** $p<0.05$，*** $p<0.01$。第（1）列是仅控制三类因素中某一类因素的回归结果。第（2）列和第（3）列是控制三类因素中某两类因素的结果。第（4）列是同时控制所有三类因素的结果。报告第（4）列纳入全部因素的模型参数以说明回归结果的可靠性，其余列相关参数省略（以"—"表示）。

第七节　结论与启示

生活垃圾计量收费在中国等发展中国家成为趋势。与定额收费不同，计量收费政策的实施需要居民的广泛认可和配合，探讨其公众接受度及其背后的决定因素对政策设计和实施具有重要意义。本章以北京市为例，通过对北京市居民进行入户调查，分析了公众对生活垃圾计量收费政策的接受度及其决定因素，揭示了公众支持或反对计量收费政策的原因。结合计划行为理论与态度—行为—条件理论，本章构建了包含人口特征、内部因素、外在因素三类因素在内的分析框架。基于对北京市商品房社区 632 户家庭的调研数据，采用有序Logit 模型进行实证检验，并通过多种策略检验了结果的稳健性。本章将垃圾计量收费与污水处理费的接受度进行了对比分析，进一步验证了计量收费接受度的影响因素的可靠性。

研究得到如下主要结论：第一，人口特征以具有统计意义的方式决定计量收费接受度。年龄较大、家庭受教育水平较低的群体更倾向于支持生活垃圾计量收费政策，这与其他研究的发现存在差异，但可能更符合北京等超大城市的实际。第二，环境态度、政策认知、社会感受等内部因素对计量收费接受度产生显著影响。其中，分类意识越高、公民责任感越强、对收费政策越了解、认为处理成本越高、越认可政策有效性和公平性、对政府越信任的居民，对计量收费的接受度越高。第三，社会规范和外部干预等外在因素也会显著影响计量收费接受度。其中，容易受到他人规范付费行为影响的居民的计量收费接受度更高，而容易受到他人违规分类行为影响的居民更倾向于不接受计量收费政策；较好物业服务质量、对违规行为的惩罚措施、宣传教育措施、公开透明的资金机制等外部干预措施，能够显著提升居民对计量收费的接受度。

计量收费政策在中国的成功推行离不开广泛的公众支持。与一些经济发展水平较高的国家或地区（如日本和韩国）已经全面实施计量收费政策不同，北京市尚未实施生活垃圾计量收费政策。基于本次调研可知，北京市现阶段公众对计量收费的接受度可能低于50%，这意味着政策实施存在较大的来自社会层面的阻力，政策执行和遵从成本较高，更多外部干预措施的介入是有必要的。从这个意义上看，生活垃圾分类和减量压力大的城市应及时引入计量收费政策，该政策的落地实施有助于提升居民的计量收费接受度，至少可以部分避免社会遵从成本的快速提高。

为应对随收入增加日益严峻的垃圾分类管理挑战，凝聚全社会的计量收费共识，我们提出如下政策建议：第一，通过实施一系列外部政策措施，诱导内在因素转变，提高公众对计量收费的接受度。加强针对社区居民的宣传教育，提升居民垃圾分类参与度和对计量收费的认知度；通过召开居民讨论会、听证会、咨询会等方式保障居民在政策设计、费率制定环节的参与度；加强桶站垃圾投放的监管力度，对不缴费或者违规收费的行为进行处罚；建立透明的资金机制，公开各环节垃圾收费额和垃圾处理成本等；行业主管部门加强对物业企业提高服务质量的引导。

第二，从内在因素着手，提升计量收费接受度。例如：通过宣传教育着重提升居民的垃圾分类意识和公民减量责任意识；通过资金公开和公众参与引导居民客观认识垃圾处理的实际成本；通过宣传教育和监管机制提升居民对垃圾计量收费分类减量效果及政策公平性的认知；通过信息公开、公众参与和有效的激励约束措施，提升居民对政府的信任度。

第三，关注收入快速增长但垃圾分类和减量需求迫切地区，提升重点群体对计量收费的接受度。例如，可通过有针对性地宣传教育增进年轻人、高学历群体对计量收费政策的了解，提高其计量收费接受度。特别地，在选择具体的计量收费模式时，要充分考虑有效性和公平性，提高居民的接受度。

当然，本章的研究也存在一些局限性。首先，在社区选择方面可能仍然存在抽样偏差。由于缺乏所有社区的清单且受新冠疫情防控期间调研条件限制，在整个北京市社区名单中随机选择社区并进行调研较为困难。但是为了尽可能减少选择偏差，我们选择了北京市最大的物业公司所服务的六个小区，并将其分为两组，所选社区在地理位置、建造年份、住房类型、废物管理状况和居民特征等方面都具有代表性。其次，受严格的疫情防控管理措施和有限的调研预算影响，最终获得的样本量还不够大。但是我们亦采取了一些措施（例如，在社区内随机选择受访家庭，对调研团队成员进行培训，以及对问卷答复质量加以控制）来消除其他干扰，以保证相对较小的样本量也能较好代表北京市商品房社区的情况。未来，我们将在条件允许的情况进一步深化调研，以积累不同年份不同城市的数据，特别是在即将引入计量收费政策的国家或城市，跟踪公众对计量收费政策的接受度的动态变化。

第八章

北京市居民生活垃圾计量收费试点流程与方案

自 2020 年 12 月至 2021 年 12 月，在北京市城管部门的指导与协调下，本研究团队开展了北京市居民生活垃圾计量收费试点工作，旨在分析北京市居民生活垃圾处理收费现状，探索提出适用于北京市的垃圾清运及处理费收缴机制，形成可推广的经验模式，结合国内外先进经验提出面向居民的计量收费实施方案。试点工作包括选择试点小区、试点小区垃圾分类管理现状调研、试点方案设计、配套政策意愿与缴费调查、数据收集整理、试点效果评估、试点总结与政策建议等多个环节；主要措施包括确定垃圾清运单位、垃圾分类管理责任人等收缴费主体，明确计量收费试点模式，制定其他垃圾与厨余垃圾差异化收费标准，签订与管理清运合同，划分收集运输责任，明确支付与结算方式，进行排放登记管理与可回收物体系管理等。

第一节　试点背景与意义

在生活垃圾分类管理领域，实施计量收费政策可以为垃圾分类提供经济刺激，巩固垃圾分类成果；促进垃圾减量化，降低垃圾处理总成本；为垃圾处理服务筹集更多资金，缓解财政压力；培养居民垃圾减量化意识，优化消费结构，助力解决餐桌上的浪费问题，推动绿色发展。特别是对于减量化需求迫切的北京市来说，计量收费是生活垃圾分类减量治理长效机制的重要内容，对促进源头减量和养成垃圾分类习惯具有重要的现实意义。北京市作为首都，其垃圾分类管理工作在全国具有引领示范作用。

2020 年 9 月 25 日，新修订的《北京市生活垃圾管理条例》实施，北京市建立了以物业企业为主体的生活垃圾分类管理责任人制度，通过目标责任考核、监督检查处罚、宣传教育动员等政策手段，在厨余垃圾分出率、其他垃圾末端处理减量等方面取得了明显成效。然而调研发现：居民家庭垃圾分类习惯的养成是一个相对长期的过程。目前北京市居民源头分类不彻底、分类习惯尚未全面养成，垃圾分类一定程度上依赖物业企业在垃圾桶站的二次分拣。这给物业企业带来了较大成本压力，长期来看不具有经济可持续性。探索生活垃圾分类计价、计量收费，引入有效的、低成本的经济手段刺激源头分类减量，推动习惯养成，对建立生活垃圾分类减量治理长效机制具有至关重要的作用。

自 2020 年 12 月至 2021 年 12 月，在北京市城管部门的指导与协调下，本项目团队开展了北京市社区居民生活垃圾计量收费试点，分析了北京市居民生活垃圾处理收费现状，形成了北京市居民生活垃圾计量收费试点实施方案，设计了科学的试点评估技术方案，通过总结计量收费试点实践，提出了适用于北京市的收费模式，形成了第一手的经验，为北京市乃至全国推行生活垃圾计量收费政策提供了重要的决策依据。

第二节　试点实施的关键流程

自 2020 年 12 月至 2021 年 12 月，本项目团队在北京市城管部门的指导与协调下，通过文献研究、实地走访、调研访谈、座谈讨论等多种方式，依次开展了北京市物业企业调研与试点小区选择、试点小区垃圾分类管理现状调研、生活垃圾计量收费试点方案设计、配套政策与缴费意愿调查、试点小区生活垃圾数据信息收集整理、试点小区垃圾分类管理工作指导、试点小区政策干预效果初步评估等各项工作。

一、筛选确定试点小区

本项目团队在北京市城管部门的支持和协调下，进行试点小区选择工作，对北京市物业企业及其服务的居民区项目进行了筛选。试点小区选择按照小区及物业条件、垃圾分类管理现状两个维度确定标准，考虑的具体因素见表 8-1。其中，重点考虑以下几方面：第一，地理位置代表性。选择两组试点小区，应一南一北，分属北京市两个区，使试点效果更能反映市区情况。第二，建筑年代代表性。试点的小区应在建筑年代上具有差异，能代表不同年代小区生活垃圾分类管理情况。第三，居住类型代表性。两组试点组内小区应位置接近，人口结构、管理方式、小区格局相似，特别是自有住房和租房比例接近。第四，垃圾分类管理现状代表性。试点小区应具备比较健全的组织体系和中等的垃圾分类管理水平，既有一定管理基础又存在提升空间。第五，物业企业和属地部门积极性较高。首选国有性质的物业企业服务的小区，其所在区、街道和社区有信心和积极性承担试点工作，确保试点能够顺利推进。在此基础上，充分考虑物业企业的参与意愿，小区所在街道和社区相关工作支持力度，充分利用既有的生活垃圾管理体系和信息化条件，降低试点的增量成本。

表 8 - 1　试点小区选择标准

选择维度	具体因素	选择标准
小区及物业条件	人口规模	常住人口规模较大，每个小区 1 000 户以上
	物业费收缴率	物业费收缴率较高
	自有房屋占比	自有房屋居民占比较大
	小区代表性	中端小区，居民素质适中；同一物业公司管理
	小区信息水平	实施一户一码的小区优先
	物业公司规模	规模大、管理规范
垃圾分类管理现状	垃圾分类成效	已经实行垃圾分类，但成效有待提升
	垃圾分类组织体系是否健全	垃圾分类管理组织健全，已建立桶前值守制度
	垃圾分类基础信息是否完整	垃圾分类基础信息完整，具备垃圾产生量的统计能力
	是否实行"两网融合"	优先考虑"两网融合"好的小区，即资源回收体系较健全的小区

根据试点小区选择标准，在充分了解小区物业管理、地理位置、建筑类型、社区组织、垃圾分类管理等情况后，最终选择了北京市丰台区的小区Ⅰ、Ⅱ、Ⅲ和朝阳区的小区 A、B、C，六个小区的基本特征见表 8 - 2。六个小区同属北京市最大的国有物业企业管理。小区相似度方面，小区Ⅰ、Ⅱ、Ⅲ邻近且各方面特征较为接近，小区 A、B、C 邻近且较为相似，便于通过对比客观分析试点效果。

表 8-2   试点小区基本情况

所在区	小区名称	小区及物业基本情况							垃圾分类现状			
		户数	租住比例	小区位置	基层组织	物业企业	积极性	管理方式	分类现状	桶前值守	"两网融合"	垃圾费
丰台	小区Ⅰ	1 536	20%	距离相近	健全	首开物业公司	参与积极性高	封闭管理	中等	早7：00—9：00，晚6：00—8：00	有资源回收体系	包含在物业费中
	小区Ⅱ	691	10%						中等			
	小区Ⅲ	802	30%						中等			
朝阳	小区A	184	24%	距离相近	健全				中等			
	小区B	461	25%						中等			
	小区C	352	26%						中等			

二、调研试点小区相关管理现状

选定试点小区后，本项目团队通过座谈会、实地调研、访谈等方式，对试点小区垃圾分类及管理现状进行了深入摸底调研，调研内容主要包括家庭户数、人口规模、自住与租住比例等小区基本信息，生活垃圾产生量现状，覆盖桶前值守人员数量及工作情况、居民生活垃圾正确投放情况、生活垃圾收费政策执行情况等生活垃圾分类管理现状，以及垃圾分类管理工作成本（见表 8-3）。特别地，本项目团队对试点小区各品类垃圾流向情况进行了跟踪，明确了垃圾从小区内到垃圾处理单位全流程的各重要节点，包括垃圾收运方式、责任单位、垃圾收运点或待装点、下一级处理去向等信息。据调研，厨余垃圾、其他垃圾、有害垃圾一般由清运单位从小区垃圾收集点或待装点收集转运至处理单位。可回收物一般由可再生资源企业或环卫单位定时定点回收，再转运至可回收物中转站。

表 8-3   试点小区垃圾分类管理现状调研内容

调研维度	具体调研内容
小区基本信息	小区名称
	家庭户数
	人口规模
	常住人口比例
	自住与租住比例

续表

调研维度	具体调研内容
生活垃圾产生量现状	可回收物近一年产生量
	厨余垃圾近一年产生量
	其他垃圾近一年产生量
	有害垃圾近一年产生量
生活垃圾分类管理现状	现有桶站数量
	桶前值守人员数量及工作情况（保洁人员、桶前值守志愿者、垃圾分类指导员）
	居民生活垃圾正确投放情况
	生活垃圾清运流向情况
	生活垃圾收费政策执行情况（收缴方式、收缴时间、收缴率）
	生活垃圾分类宣传现状
生活垃圾分类管理成本	桶站建设及维护费用
	保洁人员年人工费
	桶前值守人员年人工费
	垃圾收运车辆购置费用
	垃圾收运人工费用
	其他相关费用

三、设计试点工作实施方案

本项目团队采取文献研究、社区调研、物业座谈、部门交流和生活体验等方式，总结了现有生活垃圾定额收费政策在费率设计、收费模式和收缴机制等方面存在的问题，编写了社区生活垃圾计量收费试点实施方案。首先，通过对市、区、街道各级垃圾分类主管部门及小区物业企业的调研座谈，把握北京市现行垃圾收费政策执行情况，聚焦政策制定和实施的关键环节。其次，通过对全球居民生活垃圾收费模式的梳理，对欧美发达国家、东亚地区发达城市已成功实施的生活垃圾计量收费政策进行归纳，结合北京市垃圾分类管理实际进行经验借鉴；从计量收费模式选择、配套措施、责任分工等方面形成北京市生活垃圾计量收费试点方案草案。最后，经过部门座谈、民意调研、专家研讨等方式进一步修改完善试点方案，最终形成社区生活垃圾计量收费方案。

四、获取试点小区相关数据

关注居民生活垃圾投放现状，跟踪试点期间小区各类垃圾产生情况，为分析计量收费试点成效奠定基础。第一，试点现状调查。试点前通过问卷调查了解小区生活垃圾分类和收费现状，居民分类意识和缴费意识等信息。此外，利用试点实施前的调研，对小区居民进行宣传教育，提升居民的垃圾分类意识。第二，试点期间数据记录。试点期间，桶前值守人员需对每类垃圾产生数量和违规投放情况进行记录。此外，试点过程中跟踪记录小区居民垃圾产生和投放情况，为分析试点前后垃圾分类和减量效果提供数据基础，具体包括清运垃圾的频率、当天产生和投放的各类垃圾量等信息。试点期间小区其他垃圾和厨余垃圾量数据由环卫部门提供。

五、实施相关试点政策干预

确定试点小区后，根据各小区特点，将小区Ⅰ、Ⅱ、Ⅲ和小区 A、B、C 归为两组，一组以小区Ⅲ为对照，对小区Ⅰ、Ⅱ实施干预，另一组以小区 A 为对照，对小区 B、C 实施干预，同时两组间也可进行对比。试点过程中，在北京市城管部门的组织协调下，对试点小区进行政策干预的具体措施有以下三方面：与物业企业、居民代表进行座谈，指出小区垃圾分类管理存在的问题并提出改进建议；物业企业和垃圾清运单位签订清运服务收费合同，明确计量收费标准；在小区内建立规范的可回收物回收体系，设置可回收物交投点，促进可回收物回收利用。

第一，与物业企业、社区居委会、居民代表开展深入的座谈会，提出提升社区生活垃圾分类管理效果的具体措施。2021 年 7 月至 8 月，在主管部门协调下，深入试点小区调研社区生活垃圾分类管理现状，同物业企业管理人员、保洁人员，居民代表等开展座谈研讨，提出优化试点小区垃圾分类管理措施的建议：（1）引导居民定时定点投放垃圾，降低桶前值守人员的工作强度和垃圾分类管理成本。结合居民垃圾投放习惯和意愿，考虑逐步推行定时定点投放垃圾。（2）提升设施便利性，综合考虑桶站垃圾桶数量与桶站位置，就如何在家中快速高效地进行垃圾分类进行实操指导。（3）通过多元化宣传教育手段，提高居民对社区垃圾分类宣传工作的感知度,提升邻里间垃圾分类的影响和带动作用。(4)充分利用经济或物质激励提升居民参与垃圾分类工作的积极性。结合现有条件,充分利用积分兑换奖品等手段,加大激励力度,使居民在参与垃圾分类过程中有更多的获得感。(5)进一步提升物业企业服务质量,提高服务的及时性。

第二,协调生活垃圾清运单位与物业企业签订小区其他垃圾和厨余垃圾的清运服务收费合同,在小区整体层面,由清运单位对小区物业企业实施真正意义上的计量收费。2021年8月上旬,在北京市城管部门的协调下,生活垃圾清运单位与物业企业签订处理组小区(Ⅰ、Ⅱ、B、C)生活垃圾清运服务合同,收费费率按其他垃圾与厨余垃圾之比为3∶1确定,并在合同中明确了支付与结算方式、垃圾清运地点和时间、分类质量要求等关键内容。

第三,试点期间推动物业企业投入资源进行可回收物体系建设,规范化运营社区内可回收物交投点,促进可回收物便捷化回收利用。2021年2月,北京市城市管理委员会等11部门发布《关于加强本市可回收物体系建设的意见》(京管发〔2021〕1号)提出,鼓励采用上门有偿回收可回收物方式,或在生活垃圾分类固定桶站合理设置可回收物收集容器,方便市民投放,引导市民养成可回收物分类习惯。居住小区(村)应优先结合生活垃圾分类驿站设置至少一处可回收物交投点,由生活垃圾分类管理责任人将可回收物交由可回收物经营者收集运输,并签订服务合同,具备条件的物业管理企业可自行开展可回收物回收经营,促进垃圾分类与再生资源回收"两网融合"。据此,物业企业在丰台区处理组小区(Ⅰ、Ⅱ)建设了规范的可回收物交投点,试点期间正式投入运营,小区居民可将废弃可回收物送至交投点换取相应积分,然后利用积分换取生活用品;朝阳区各小区未建设可回收物交投点,维持现状。

六、总结并提出工作建议

试点结束后,总结试点全程取得的经验和遇到的问题,指出北京市社区计量收费政策落地面临的主要挑战,提出符合北京市实际、可操作性强的居民生活垃圾计量收费实施方案,作为社区生活垃圾计量收费试点的关键产出,并在此基础上从政策趋势、推进策略、着力方向、重点环节等多维度提出完善北京市居民生活垃圾计量收费管理的工作建议。

第三节 北京市居民生活垃圾计量收费试点实施方案

为贯彻落实习近平总书记关于生活垃圾分类的重要指示批示精神，促进生活垃圾分类减量，规范居民生活垃圾计量收费管理工作，依据新修订的《北京市生活垃圾管理条例》，制定居民生活垃圾计量收费试点工作实施方案。

一、试点目标

第一，探索提出适用于北京市的社区生活垃圾计量收费管理机制。参考借鉴国内外垃圾计量收费成熟经验，通过试点进一步推动生活垃圾分类体系建设和完善，从清运单位与物业企业层面入手，探索适用于北京市的生活垃圾收费模式和收缴机制，积累政策实践经验，为全面建立面向居民的生活垃圾计量收费制度奠定基础。

第二，探索提高居民生活垃圾源头分类和物业企业分类管理积极性的经济激励机制。改变垃圾清运企业对物业企业的垃圾收费模式，从按年度定额收费向按生活垃圾清运量、各品类垃圾分类计价转变，推广实施多排放多缴费、分类排放少缴费，调动物业企业主动改进垃圾分类管理方式以提升分类品质和减少垃圾量的积极性，最终形成清运单位、物业企业良性互动、激励有效的生活垃圾分类减量治理长效机制。

第三，充分调研居民意愿，结合国内外先进经验提出面向居民的计量收费实施方案。掌握北京市居民生活垃圾处理费相关政策及执行现状，了解居民对生活垃圾处理费相关政策的感知度，对生活垃圾收费的主观态度与支付意愿，对生活垃圾分类计价、计量收费的支持程度及模式偏好等，系统梳理研究全球生活垃圾收费模式，提出面向居民的计量收费模式实施方案，为全面推行计量收费做好政策储备。

二、工作原则

第一，注重政策引导，实施计量收费。完善"多排放多付费、少排放少付费、混合垃圾多付费、分类垃圾少付费"的机制，实施清运单位向物业企业收费的计量收费政策，利用经济手段提升物业企业在社区内的生活垃圾分类质量，推动实现生活垃圾减量。

第二，注重便民利民，做好制度设计。考虑北京市生活垃圾管理实际，探索适宜的面向居民的计量收费模式，设计可行的收缴机制，采取正向激励和计量收费等机制，在试点期间不增加物业企业的负担，调动物业企业的积极性。

第三，注重统筹推进，做好政策储备。立足现状，着眼长远，制定居民生活垃圾计量收费试点工作实施方案，分阶段实施，与相关部门开展的生活垃圾成本监审、居住小区垃圾分类成本分担机制研究等工作互为支撑，做好政策储备。

三、主要措施

第一，收缴费主体。生活垃圾清运单位（居民小区其他垃圾清运单位、厨余垃圾清运单位）是收费主体，生活垃圾分类管理责任人（物业企业）是缴费主体。

第二，计量收费模式。生活垃圾清运单位面向生活垃圾分类管理责任人收费，采取称重收费模式。试点期间试点小区物业企业按照其他垃圾、厨余垃圾产生重量向清运单位付费。试点小区物业企业应积极探索对社区居民的计量收费模式，可采用定额收费后按分类效果返补奖励模式、随袋收费模式、贴签收费模式或称重收费模式等。

第三，收费标准设计。在不增加物业企业额外经济负担的前提下，测算其他垃圾收费标准，按其他垃圾价格高、厨余垃圾价格低的原则（例如，其他垃圾和厨余垃圾费率之比可为3∶1），测算得到每吨厨余垃圾清运单价。

第四，分类效果认定。物业企业应按照要求做好垃圾分类，清运单位应对生活垃圾的分类质量进行检查，判定合格后方可收运。

第五，清运合同管理。试点小区物业企业与垃圾清运单位签订生活垃圾清运服务收费合同。合同主要明确其他垃圾和厨余垃圾收费标准、支付和结算方式、垃圾清运地点和时间、分类质量要求等事项。

第六，收集运输责任划分。物业企业承担垃圾桶购置维护、桶车交接前的运桶等前端收集责任，垃圾清运单位承担垃圾运输责任。试点期间生活垃圾收费不包括前端收集环节，物业企业可委托垃圾清运单位或其他专业服务单位负责前端收集，所需费用由双方协商确定。

第七，支付与结算方式。双方在合同中约定生活垃圾处理费结算方式，可采取先按历史产生量预收费用，再按照实际产生量"多退少补"或结转到下一年度的方式。

第八，排放登记管理。物业企业要按照条例要求进行生活垃圾排放登记，记录责任范围内产生的生活垃圾种类、重量、运输者、去向等情况，定期向街道办事处报告。

第九，可回收物体系管理。鼓励物业企业参与小区可回收物体系建设和运行，通过建立小区分类驿站或可回收物交投点的方式，实现居民可回收物便捷化回收。物业企业可采用现金或积分兑换奖品等方式回收可回收物，对低价值可回收物以不低于市场价格的价格应收尽收。

四、责任分工与保障措施

（一）责任分工

（1）市城市管理委负责制定试点工作实施方案并统筹组织试点顺利实施。

（2）市发展改革委负责明确居民生活垃圾计量收费试点收费标准。

（3）市财政局负责指导生活垃圾收费资金管理及试点工作相关资金保障工作。

（4）市住房城乡建设委负责确定物业企业及试点小区，并指导物业企业开展收费试点工作。

（5）试点区政府协调属地街道做好试点工作，利用市财政以奖代补资金支持试点工作。

（6）试点街道办事处负责做好试点小区生活垃圾收费工作的具体组织实施及监管工作，利用以奖代补资金保障试点小区相关投入。

（7）生活垃圾清运单位负责按合同规定内容清运生活垃圾，并与物业企业签订收费合同。

（8）物业企业负责试点小区日常监督管理、垃圾收集工作，并负责统计试点小区垃圾产生情况。

（二）保障措施

（1）强化组织领导和实施推进。相关职能部门充分发挥领导协调职能，试点区政府按职责做好相关工作。属地街道充分调动物业企业、生活垃圾清运单位等各方在推进生活垃圾计量收费试点工作中的积极性，制定实施保障方案，专人负责、提供支撑，跟踪试点实施全过程。

（2）强化试点工作支撑。市级相关部门加强指导和服务，相关区政府充分利用现有政策条件，提供试点资金支持，将以奖代补资金用于试点期间相关费用投入。

（3）强化专业团队的技术咨询服务。在试点过程中由专业团队提供技术咨询服务，专业团队承担收费管理模式的梳理研究工作，负责指导面向物业企业的宣传动员工作，针对试点小区生活垃圾分类管理工作中出现的问题提供建议，做好过程跟踪与总结。

（4）强化宣传培训引导。试点启动前各级城管部门、街道办事处、专业团队应形成合力，向生活垃圾清运单位、物业企业就试点实施背景、收费模式、收缴机制开展专业的宣讲，凝聚参与主体的共识。

◀◀ 第九章 ▶▶

北京市居民生活垃圾计量收费试点的主要发现

　　本章基于北京市居民生活垃圾计量收费试点实践，总结了在此过程中的主要发现，结合北京市管理实际对四种潜在的面向居民的计量收费模式进行优劣分析。一方面，试点探索了社区生活垃圾计量收费机制，发现生活垃圾清运单位面向物业企业收费、物业企业面向居民收费的收缴机制符合北京市的实际情况；另一方面，试点促进了社区内部垃圾分类管理能力的提升。但是，现行收费政策对垃圾源头分类减量和资源化缺少经济激励和约束。推行面向居民的计量收费政策是一项系统性工程，面临的制约因素较多，在全市范围实施有一定难度。可回收物体系建设有助于推动物业企业和居民良性互动、促进资源再利用、提升居民垃圾分类质量，但低价值可回收物资源化仍面临收益较低的资金流瓶颈。北京市现行定额收费政策对相关主体不具有经济激励，精细化管理在数据基础、监管能力等方面还存在短板，居民分类减量意识与缴费意识有待进一步提升。

第一节　试点效果分析

一、试点政策执行情况

　　在北京市城管部门的组织和协调下，本次试点得到区城管部门、街道办事处、物业企业、社区居委会等关键主体的大力支持，探索建立了面向社区物业企业的可行的垃圾计量收费收缴机制，收费合同签订主体为生活垃圾清运单位和物业企业，分析了面向居民的计量收费模式在试点小区推行的可行性。在沟通试点方案、签订收费合同、建立规范的可回收物体系过程中，物业企业对收费标准、结算方式等关键内容表现出较高的关注度，说明生活垃圾清运单位面向社区物业企业的计量收费模式在一定程度上能够提高物业企业生活垃圾分类管理的积极性，促进其加强小区内垃圾分类管理，为进一步实施面向居民的垃圾分类减量政策奠定基础。总体上看，本次试点在生活垃圾计量收费方案执行机制、收费模式方面进行了探索，在一定程度上验证了方案的可行性。

二、试点干预效果分析

第一，与物业企业、社区居委会开展座谈会，提出提升社区生活垃圾分类管理成效的系列工作建议，生活垃圾排放量出现短暂下降后反弹，此类干预措施未提供内生激励，其效果不具有可持续性。2021 年 7 月 21 日和 23 日，在北京市城管部门的协调下，本项目团队分别深入小区 A、B、C 和小区 Ⅰ、Ⅱ、Ⅲ调研社区生活垃圾管理现状，充分宣讲计量收费政策趋势、总结社区垃圾分类管理存在的问题，从定时定点投放、基础设施建设、宣传教育、物业企业服务质量等方面提出改进建议，优化试点小区垃圾分类和减量管理措施。从处理组小区生活垃圾清运桶数看，在开展座谈会当周，垃圾清运量均出现了下降趋势，但之后部分小区出现明显反弹，在一定程度上反映了座谈研讨等临时性干预方式可能会引起物业企业、保洁人员等相关主体对生活垃圾分类和减量的重视，从而能在短期内对生活垃圾减量产生一定影响[①]。但是此干预措施并不能提供内生减量激励，作用时间一般较短，不具有可持续性。随着座谈研讨的结束，干预的影响逐渐下降，而后生活垃圾排放恢复原状。

第二，生活垃圾清运单位与物业企业签订清运服务收费合同，部分小区垃圾清运量出现小幅下降，其他小区生活垃圾减量效果不明显，原因可能在于计量收费试点政策的实际落地存在困难。2021 年 6 月 30 日和 8 月 9 日，生活垃圾清运单位分别与物业公司就处理组小区（小区 Ⅰ、Ⅱ、B、C）生活垃圾计量收费签订清运服务合同。从垃圾清运桶数看，签订合同后垃圾产生量出现了轻

---

① 例如：小区 Ⅰ 在座谈会前两周其他垃圾桶数分别为 349、376，座谈会当周其他垃圾桶数为 292，座谈会后一周为 369；小区 Ⅱ 在座谈会前两周其他垃圾桶数分别为 194、203，座谈会当周其他垃圾桶数为 165，座谈会后一周为 199；小区 C 在座谈会前一周其他垃圾桶数为 153，座谈会当周其他垃圾桶数为 148，座谈会后一周为 143。

微下降，但并不一定具有统计显著性[①]，生活垃圾清运单位对社区整体计量收费的减量效果并未得到有效验证。原因可能是，在现有收费政策约束较小和数据基础能力较为薄弱的情况下，进行标准意义上的计量收费存在较大难度，物业企业等主体按规定执行计量收费的积极性不高，主动进行分类减量的动力依然不足，导致试点期间收费合同的签订并未产生明显的分类减量效果。

第三，推动物业企业进行可回收物体系建设。2021 年 7 月，物业企业在丰台区处理组小区（Ⅰ、Ⅱ）建设规范的可回收物交投点，试点期间交投点正式投入使用，处理组小区居民可将家庭产生的废弃可回收物送至交投点换取积分奖励，积分可用于在交投点兑换生活用品。朝阳各小区尚未建设规范的可回收物交投点，可回收物清运维持现状。从垃圾清运桶数看，试点期间厨余垃圾产生量下降较为明显，但是其他垃圾产生量并未因可回收物体系的投入使用而出现明显的下降[②]。可能的原因是试点期间可回收物体系的运行尚处于起始阶段，回收奖励机制仍在探索，未对其他垃圾减量产生明显效果；此外，还存在宣传力度不足导致居民对可回收物体系的知晓率和参与率不高的问题，可回收物仍主要由保洁人员进行分拣和售卖，导致物业企业可回收物体系规范建设对垃圾分类减量并未产生显著影响。相比于未建设规范可回收物交投点的 A、B、C 和Ⅲ小区，Ⅰ、Ⅱ小区其他垃圾产生量的变化趋势并无明显差异。

三、试点干预效果总结

第一，从试点方案的可行性探索看，生活垃圾清运单位面向物业企业收费、物业企业面向居民收费的收缴机制符合北京市实际情况，本次试点期间探索建立了可行的垃圾处理费收缴机制。生活垃圾清运单位面向物业企业收费，双方通过签订清运服务收费合同，明确各类垃圾的收费和计量标准、排放登记程序，通过定期结算或先预缴费后"多退少补"的方式进行结算，能够实现物质流、信息流、资金流的畅通，与北京市现行垃圾清运费收缴机制可以有效衔接，实行分类计价、按量收费的缴费机制是可行的；物业企业面向居民收费，在现行收费政策下，由物业企业代收代缴生活垃圾处理费和清运费，已经建立

---

① 例如，小区Ⅱ在合同签订前一周其他垃圾桶数为 199，签订合同当周为 196。其他小区在生活垃圾桶数上未观察到明显的下降趋势。

② 例如，小区Ⅰ在可回收物交投点建设前一周其他垃圾和厨余垃圾桶数分别为 368、47，签订合同当周为 331、42，可回收物交投点投入使用后一周为 349、38。

了较为通畅的收缴机制，通过借鉴国内外成功经验，分析了定额收费后按分类效果返补奖励模式、随袋收费模式、贴签收费模式与称重收费模式等四种面向居民的计量收费模式的优缺点，为计量收费政策在居民家庭层面的落地奠定了较好的基础。

第二，从试点干预机制的作用看，通过本次试点提升了物业企业对生活垃圾分类管理的重视度，物业企业多措并举，加强了社区内部垃圾分类管理，分类质量得到一定的提升。逐步探索引导居民定时定点投放垃圾；继续完善社区内垃圾分类驿站建设，修缮更新垃圾桶等设施；继续发挥宣传教育的作用，继续加强居民垃圾分类意识，提升居民对计量收费政策的感知度；通过积分兑换奖品等激励措施提升居民参与垃圾分类的积极性；同时从诉求回应的及时性、服务态度等方面进一步提升物业企业服务质量。试点过程中，本项目团队与城管部门、住建部门等通力合作，区城管部门、街道办事处、物业企业、社区居委会等关键主体相互配合，使得生活垃圾产生量在短期有一定的下降趋势，其他垃圾量与厨余垃圾量之间产生了一定转换关系，说明处理组小区的垃圾分类质量得到了进一步提高。

此外，本次试点由于客观条件约束，仍存在一定的局限性。一是现行收费标准的制约。由于北京市现行的生活垃圾定额收费标准为 66 元/（户·年），调整价格标准涉及的部门、环节较多，调价程序相对复杂，局部试点期间生活垃圾清运单位向物业企业收取的清运费标准在既有标准的限制下难以进一步提高。因此，在低费率的条件下，物业企业主动参与垃圾分类减量治理的积极性虽有提升，但由于签订的清运服务收费合同中计量收费的费率尚未提升，不能产生更进一步的分类减量的经济激励效果。二是当前计量收费政策的公众接受度相对较低，面向居民家庭的计量收费流程复杂，试点期间虽深度分析了四种计量收费模式的优缺点，但并未实质性改变面向居民的收费政策，仍延续既有的年度定额收费模式，因此未产生直接作用于居民家庭的垃圾源头分类减量激励。三是物业企业建设的规范的可回收物体系尚处于试运行阶段，同时试点期间由于疫情防控政策等原因，居民参与可回收物回收的积极性相对较低，部分居民未实际参与到可回收物回收交易体系之中。结合对试点小区实际情况的调研，在可回收物交投点建设之前，高价值可回收物主要通过保洁人员售卖、居民自己售卖等方式处理，低价值可回收物分出比例较低，导致总体上可回收物体系建设并未对试点社区其他垃圾的减量产生显著促进作用，有待在可回收物体系运行规范后进一步考察该措施的效果。

第二节　试点主要结论

经过本次试点，得到如下主要结论：第一，从垃圾分类管理政策趋势和改革方向看，计量收费政策是促进垃圾源头分类减量、降低管理成本的重要手段，是建立经济可持续、各主体激励有效的生活垃圾分类减量治理长效机制的重要内容。2020 年 9 月实施的《中华人民共和国固体废物污染环境防治法（修订版）》、2018 年 7 月国家发展改革委发布的《关于创新和完善促进绿色发展价格机制的意见》、2020 年 9 月北京市新修订的《北京市生活垃圾管理条例》等法律法规和多个政策文件中均明确指出，要根据各地实际，结合本地生活垃圾分类情况，逐步探索建立以"产生者付费""多排放多付费、少排放少付费，混合垃圾多付费、分类垃圾少付费"为原则，体现差别化管理，分类计价、计量收费、易于收缴的生活垃圾处理收费制度。试点过程中也进一步发现，北京市家庭生活垃圾的产生量缺少有效的约束措施，北京市垃圾分类减量治理当前的工作重心在于促进分类，但从源头减少生活垃圾排放量还未得到应有重视。在生活垃圾分类管理领域，计量收费具有提供经济刺激、培养居民垃圾分类与减量化意识、优化消费结构、降低垃圾处理总成本、缓解财政压力等诸多功能，是激发垃圾分类减量相关主体积极性的重要手段，也是推动建立生活垃圾分类减量治理长效机制的重要措施。

第二，从垃圾分类管理政策效果看，现行垃圾收费政策对垃圾源头分类、减量和资源化缺少必要的经济激励和约束，北京市现行的生活垃圾定额收费机制迫切需要改革。北京市垃圾分类管理虽取得重大进展，但是在政策工具选择上，以计量收费为代表的经济激励机制建设仍需大力加强。一是目前北京市垃圾分类成效是党政协同、齐抓共管的结果，主要通过考核评价、检查处罚、宣传教育等手段，建立起上级对下级、职能部门对垃圾分类管理责任人的约束机制，而这些手段的作用可能因政府关注重点的变化、政策资源的重新配置、"战时机制"的阶段性而明显弱化，从而影响垃圾分类效果的持续性。二是对居民和物业企业均缺少有效的经济刺激手段。现行的 66 元/（户·年）的定额收费方式存在三个明显的缺陷：（1）该政策于 20 余年前颁布，费率至今未调整；（2）垃圾处理费和垃圾清运费分别由街道、物业征收，征收主体多、征收成本高，导致多数居民的垃圾处理费基本没有征收；（3）定额收费方式与居民分类与否和排放量大小没有关联，对垃圾源头分类和减量无激励作用，而诸如计量收费等市场化常态性的经济激励手段运用明显不足。

第三，从计量收费涉及的关键主体看，仍需对生活垃圾清运单位与生活垃圾垃圾分类管理责任人、生活垃圾垃圾分类管理责任人与小区居民之间如何建立有效的收费机制进行进一步探索，关键是需要突破相关政策约束保障计量收费政策的落地。本次试点启动前，本项目团队通过对居民缴费意识的调研发现，居民对计量收费政策的理解和接受度总体不够，缴费意识不足，加之现有收费政策标准不容易突破，试点仅围绕生活垃圾清运单位与生活垃圾垃圾分类管理责任人之间的计量收费进行了探索。同时由于现行政策约束，生活垃圾清运单位与物业企业签订清运服务收费合同后，物业企业进行垃圾分类减量的动力依然不足，导致试点相关措施对垃圾分类减量的干预效果总体较弱。由于生活垃圾收费最终的缴费主体为社区居民，政策作用对象主要是居民，旨在激励垃圾源头分类减量，但本次试点未验证四种计量收费模式在家庭层面的可行性，从这个角度上看，相关政策需要进一步的探索与实践。

第四，从政策实施角度看，全面推行面向居民的计量收费政策是一项系统性很强的工程，其全面实施在现阶段有较大的难度，面临的制约因素较多，因此并不能在短期内一蹴而就。试点前期调研发现，在现行垃圾分类管理体系下，北京市的垃圾分类取得了一定成效，但经济激励手段发挥的作用不足，面向居民和物业企业推行真正意义上的计量收费仍存在多重挑战和制约。

一是社区和家庭层面尚不具备相对成熟的数据计量系统。北京市在小区垃圾产生数据方面投入了一定资源，但目前掌握的数据仅有社区层面各类垃圾产生的桶数，该数据还相对粗糙，不足以支撑面向家庭的计量收费。特别是，针对家庭的计量收费对生活垃圾产生量的精准计量要求很高，而现阶段在实现对家庭生活垃圾产生量的精准计量方面存在明显短板。在社区层面由于不能精细掌握和动态监测各类垃圾产生情况，因此计量收费政策费率、政策效果无法精确量化，从而限制了计量收费政策相关措施的设计和推行。

二是面向居民的计量收费政策涉及民生问题，需要综合考虑居民的分类意识与支付意愿、对计量收费政策的接受度等多方面因素，同时，实施计量收费政策涉及垃圾收费费率调整，需要经过审批、听证等一系列程序，短时间内难以改变现行费率。计量收费可能增加居民家庭支出负担，其实施可能面临政策可行性的挑战，因此需要在居民垃圾分类意识和支付意愿进一步提高，更加充分认识到计量收费政策对于降低垃圾处理社会成本的重要作用之后，再进一步推行面向居民的计量收费政策。

三是计量收费政策实施涉及居民、物业企业、生活垃圾清运单位、生活垃圾处理单位等诸多主体，需要城管、发展改革、住建、财政、税务等多个管理部门的通力协作，需要协调支持的事项较多，是一项工作难度较大、系统性很强的工作。一方面，居民数量大，差异性大，管理难度较大。北京市现有居民社区上万个，不同社区居民的垃圾分类意识、对计量收费政策的接受度可能存在差异，导致政策推行过程中面临的政策理解、政策落实、居民配合、收费监管等问题较多，从而加大管理难度。另一方面，北京市物业企业的经营性质也具有差异性，国有企业和私营企业兼有，不同性质的物业企业在垃圾分类管理上面临的约束有区别，例如私营企业面临着行业主管部门、垃圾分类管理部门的约束，国有企业还面临着国资委考核的约束，这些因素导致计量收费政策实施的难度不一，需要统筹考虑。此外，目前相关主体和管理部门推动计量收费政策的意愿不足，管理部门间联动性不强，垃圾分类管理能力较实施计量收费政策的要求仍有较大的提升空间。

第五，从可回收物体系建设与垃圾分类管理关系上看，可回收物体系的建设有助于推动物业企业和居民良性互动，促进资源再利用，同时提升居民垃圾分类质量，但低价值可回收物资源化仍面临收益较低的资金流瓶颈。试点在Ⅰ、Ⅱ、Ⅲ小区均建设有规范的可回收物交投点，吸引居民利用家庭产生的可回收物在交投点换取相应的积分奖励，累计一定积分后可兑换生活用品，从而激励居民更多地将可回收物分出，以减少其他垃圾、厨余垃圾中混入可回收物的现象。但是，由于目前北京市可回收物资源化方面重市场机制的作用、轻政府政策的引导，可回收物体系主要依赖市场化机制，而价格机制目前仅对高价值可回收物的资源化发挥较大作用，物业企业对低价值可回收物的回收利用缺少动力，而政府对低价值可回收物的回收缺少必要的政策介入，尚不足以实现可回收物的"应收尽收"。

第三节　试点中发现的问题

试点过程中发现的主要问题如下：第一，现行的定额收费模式对相关主体不具有激励有效性。物业企业与生活垃圾清运单位签订的垃圾清运服务收费合同多为按户收费或定额收费，清运垃圾量与付出的经济成本无直接关联；面向居民的垃圾收费政策也为定额标准，30 元/（户·年）的垃圾清运费和36 元/（户·年）的垃圾处理费未与垃圾产生量挂钩，起不到促进垃圾源头分类减量的作用。

第二，按照计量收费对生活垃圾管理能力要求，生活垃圾管理体系在精细化管理、监管力量等方面还存在明显的短板。北京市垃圾分类管理体系建设虽然取得重大进展，但是针对居民的源头分类制度还存在薄弱环节，主要体现在数据信息基础、桶前值守等方面。

一是数据信息基础薄弱，精细化管理水平有待提升。计量收费政策的设计有赖于详细可靠的社区、家庭层面的垃圾分类数据。居民层面的各品类垃圾产生重量、垃圾分类投放正确率，社区层面的各品类垃圾清运重量、清运频次等数据是计量收费费率和配套措施设计的重要依据。计量收费政策的实施亦有赖于精细的数据统计系统，收费效果的评估准确性也取决于数据的可靠性。试点过程中，由于与试点小区对接的生活垃圾清运单位运输车辆尚未安装计量设备或计量设备误差较大，对于计量收费效果的分析主要基于小区Ⅰ、Ⅱ、Ⅲ和小区A、B、C物业企业、垃圾中转站点工作人员记录的各品类垃圾桶数，数据较为粗糙、质量有待提高。

二是北京市尚未全面推行生活垃圾定时定点投放政策，实施计量收费需要的桶前值守力量相对不足，面向居民的生活垃圾分类监管能力有待提升。桶站数据的记录、判断居民投放是否合规等工作是计量收费政策落地的基础，也是进行政策效果评估的重要依据，对桶前值守人员的要求较高。而北京市社区桶前值守工作一般由物业保洁人员负责，部分社区安排居民志愿者协助，少部分社区由街道直接分派工作人员担任桶前值守指导员，由于物业企业雇用保洁人员数量有限，且人工成本较高，加之保洁人员文化素质和工作能力可能有限，完全由物业保洁人员组成的桶前值守队伍可能并不能完全满足计量收费政策落地的要求。此外，北京市目前在垃圾分类管理政策作用对象上，重垃圾分类管理责任人、轻垃圾分类责任人。目前的检查处罚主要针对物业企业等垃圾分类管理责任人，而物业企业对居民无相关惩戒权力，"城管执法进社区"力度相对不足，导致对居民违规投放、随意倾倒垃圾的行为处罚相对较少、威慑力度不够。

第三，居民生活垃圾源头分类减量意识、缴费意识和支付意愿总体不足，有待进一步培养和提高。在分类减量意识上，居民源头分类习惯尚未普遍养成，分类精细化程度还有待提高。居民垃圾分类知识掌握不扎实、桶前值守劝导力度和约束性不足、违规投放成本较低等是主要原因。此外，部分居民认为垃圾分类与垃圾清运工作一样，均属于物业企业的服务范畴，忽略了自身作为垃圾产生者负有的法定分类义务，成为实现普遍垃圾分类的"后进"群体。由于北京市较高的经济发展水平、较高的人均收入水平，居民进行准确垃圾分类的机会成本较高，导致现行垃圾分类管理措施对居民的激励作用打了折扣。在缴费意识和支付意愿上，多数居民对生活垃圾收费政策缺少直观的感知，对于垃圾处理费和垃圾清运费欠缺应有的了解。调研发现，居民对缴纳与垃圾处理相关的费用并不排斥，并且认同多扔垃圾应该多付费，认为有必要改成多扔多付的收费方式，但当问及愿意为自己产生的垃圾支付的最高金额时，相当一部分居民却不愿意付较高的费用。由此可见，在对城市环境公共服务付费方面，居民的缴费意识还存在较大提升空间。

第四，物业企业作为垃圾分类管理责任人，承担了垃圾分类管理的相当一部分成本，在不改变费率时，垃圾处理收费转变为计量收费可能产生增量管理成本，从而影响物业企业参与垃圾分类管理的积极性。垃圾分类管理责任人实际支付了新版《北京市生活垃圾管理条例》实施以来垃圾分类管理的部分成本。通过对北京四家大型物业企业的调研发现，其垃圾分类管理成本包括桶站改造（如垃圾桶更换、标识制作、地面处理、设施搭建、垃圾分类运输车购置及改装等）、垃圾分类转运、桶前值守和二次分拣人员雇用、垃圾分类宣传等。调研数据表明，垃圾分类政策实施后，因垃圾分类管理而产生的成本占物业企业经营总成本的3%~6%，物业企业向垃圾清运单位缴纳的费用占其经营成本的2.5%~5%。而物业企业仅向居民收取1999年确定的30元/（户·年）的垃圾清运费，部分物业企业代收36元/（户·年）的垃圾处理费，收费标准偏低，导致物业企业收取的垃圾相关费用与实际支出的费用出现倒挂。物业企业是政府生活垃圾分类检查处罚的主要对象，而其作为社区服务企业，对居民分类行为缺少实质性约束，导致物业企业在垃圾分类管理中承受了较大的政府压力和不可持续的经济压力。若取消定额收费政策转而实施计量收费政策，则物业企业将在目前已承担较高的垃圾分类管理成本的基础上，因桶前加强值守力量，设施更新，物资管理、费用征收难度加大等因素而产生新的增量成本和转换成本，这必然会导致其对实施计量收费政策的接受度和积极性不足。

第四节　面向居民的计量收费模式优劣分析

在试点基础上，结合北京市生活垃圾分类管理现状，我们认为面向居民的计量收费模式可考虑定额收费后按分类效果返补奖励模式、随袋收费模式、贴签收费模式或称重收费模式，四种模式在具体实施过程中各有优劣。

一、定额收费后按分类效果返补奖励模式

该模式的优点如下：一是可激励居民定时定点投放垃圾。该模式需要居民主动申报分类质量信息，有助于引导居民在规定时间内前往桶站投放垃圾，进一步规范居民垃圾投放行为。二是操作相对方便，在居民每次投放垃圾时只需判断其分类情况并发放分类质量凭证，实施过程相对简单。三是总成本相对较低，收费环节沿用既有的定额收费模式，不改变既有的收费流程，由物业代收时收缴相对容易；新增成本相对较小，除桶前值守人员雇用费用和质量凭证购置费用外基本不增加其他成本，总成本相对较低。四是通过返补奖励机制，刺激居民积极进行源头分类。五是返补额度与分类质量紧密挂钩，有利于提高居民进行垃圾分类和准确投放的积极性。六是有利于将管理权下放至基层，降低管理成本。

该模式的缺点如下：一是存在过度装袋风险。由于费率与垃圾袋规范容积挂钩，随袋收费可能导致部分居民恶意装袋，出现实际垃圾投放量大于垃圾袋的规范容积的现象。二是对桶前值守人员要求较高。在居民投放垃圾时由桶前值守人员判定其垃圾分类质量，需要桶前值守人员对垃圾分类的标准有精准的理解和掌握，能对居民垃圾分类质量快速做出较为公平公正的判定。三是返补形式和金额难以确定。此方式促进居民源头分类的效果依赖于充分的返补激励，需确定有效的返补形式和合理的激励额度。太低的返补额度无法产生有效的激励，太高的返补额度可能刺激居民产生和投放更多的垃圾。

二、随袋收费模式

该模式的优点如下：一是收费和投放程序相对简单。该模式下，居民可在物业企业或超市购买专用垃圾袋，垃圾处理费包含在专用垃圾袋购买费用中，垃圾袋费率由垃圾类型和垃圾袋容积决定，收费模式易于理解，投放程序简单。二是可促进垃圾源头分类减量。购买垃圾袋需要支付相应费用，多排放多付费，分类排放少付费。通过设置合理的垃圾袋价格，有利于激励居民主动进行垃圾分类和减少垃圾产生量。三是有助于推广使用"可降解垃圾袋"。随袋收费模式可以有效结合"可降解垃圾袋"的推广，既能解决垃圾袋统一规格的

问题，又能够减少物业企业的"厨余垃圾破袋"工作。四是可兼容垃圾自动化收集。随袋收费模式成熟后，可与智能垃圾桶等自动收集垃圾的设备兼容。

该模式的缺点如下：一是存在过度装袋风险。由于费率与垃圾袋容积挂钩，因此可能导致恶意装袋，出现实际垃圾投放量与垃圾袋容积不符的现象。二是监管要求较高。需健全桶前值守制度，对居民垃圾投放行为进行严格监管，包括对是否使用专用垃圾袋和垃圾分类的准确性进行检查。三是对专用垃圾袋要求较高。原则上要求该类专用垃圾袋透明度较好，以方便桶前值守人员检查分类情况，同时还要求垃圾袋具有防伪功能，防止居民或非法企业通过伪造从中牟利。四是可能会刺激居民违规投放垃圾。居民可能倾向于选择在非值守时间、非规定地点投放垃圾，易产生随意丢弃垃圾的行为。

三、贴签收费模式

该模式的优点如下：一是投放程序比较简单，不改变居民原有的垃圾袋使用习惯。居民投放垃圾时只需在自备垃圾袋上贴上专用标签，不改变既有的垃圾袋使用习惯，根据垃圾种类和实际垃圾产生量，贴上相应的标签即可在桶站投放垃圾。二是可促进垃圾源头分类减量。标签的购买需要支付垃圾处理费用，多排放多付费，分类排放少付费。通过设置合理的标签价格，有利于激励居民主动进行垃圾分类和减少垃圾产生量。三是收费程序易于理解。标签费率由垃圾类型和垃圾袋容积决定，收费模式易于理解。四是可兼容自动化收集。贴签收费模式成熟后，可利用技术手段制作专用标签（设定好允许投放的最大容积，精准到居民家庭信息），结合智能垃圾桶，可实现垃圾自动化投放及收费。

该模式的缺点如下：一是标签范围难以精确，存在过度装袋的风险。当采取按照垃圾袋大小（容积）确定标签的方式时，可能出现恶意装袋导致实际垃圾投放量与标签规定量不符的现象。二是技术要求较高，存在伪造风险。实施该模式时，将标签与垃圾袋容积精准对应难度大，容易刺激部分商家通过伪造从中牟利。三是前期监管要求较高。前期需建立桶前值守制度对居民垃圾投放行为进行严格监管，检查贴签标识的允许排放量和垃圾袋大小是否匹配。四是可能会刺激居民违规投放垃圾。居民可能会选择在非值守时间、非规定地点投放垃圾，易产生随意丢弃垃圾的行为。

四、称重收费模式

该模式的优点如下：一可促进垃圾源头分类减量。在垃圾投放时，对垃圾质量进行计量，按照特定的费率，重量大的多缴费，重量小的少缴费，并对不同种类生活垃圾差异化收费。通过设置合理的费率，能够有效激励居民主动进行垃圾分类和减少垃圾产生量。二是对垃圾量变化敏感，精细化程度高。称重收费模式最为精确，能够捕捉家庭垃圾产生量的波动，便于精准到户进行分类减量行为的统计。三是收费程序易于理解。以各类垃圾重量为付费标准，易于各方理解执行。四是不需要居民做前期准备。不改变居民既有的垃圾袋使用行为，也不需要进行前期准备，只需在每次垃圾投放时进行称重付费。

该模式的缺点如下：一是宣传动员和监管要求较高。宣传动员阶段需要向居民提倡定时定点投放垃圾，并建立严格的桶前值守制度和监管制度，约束居民在固定投放时间进行垃圾投放并参与称重收费。二是新增成本高。需要在每个桶站配备称重设备，在居民投放时安排专人进行称重，随着技术进步，对智能化称重设备会产生较高的需求。三是可能会造成拥堵。在垃圾投放高峰，比如上班时段，可能会造成一定程度的拥挤，增加居民的等待时间，产生机会成本。四是可能会刺激居民违规投放垃圾。居民可能倾向于选择在非值守时间、非规定地点投放垃圾，易产生随意丢弃垃圾的行为。

◀◀◀ 第十章 ▶▶▶

基于试点的北京市生活垃圾计量
收费管理制度设计 *

　　北京市是我国的首都,其人均收入水平较高,居民环保意识较强,在生活垃圾分类管理上具有较强的政治优势,能发挥较大的示范作用,具备率先启动计量收费实践的条件。基于理论框架和试点实践,综合考虑随袋收费、称重收费、定额收费后按分类效果返补奖励等模式的减量化效果,政策实施后的新增成本,与现行管理体制的衔接,以及北京市人口特征、居民垃圾投放习惯、生活垃圾管理能力等因素,本章认为随袋收费模式更具优势。基于北京市生活垃圾管理现状,本章认为计量收费应采用分级管理、以基层为主的分权管理体制,针对不同品类的生活垃圾实施差异化费率,例如其他垃圾应采取高于厨余垃圾的费率,费率制定以政策净收益最大化为原则,可回收物和有害垃圾可不收费;经初步核算,一个典型的居民家庭垃圾处理费的推荐范围为 100～608 元/年。

第一节　问题的提出与相关研究评述

　　自 20 世纪 80 年代以来,中国城市生活垃圾管理政策逐渐从"末端治理"转向"源头防治"过渡(万筠 等,2020)。计量收费以经济激励方式发挥行为调节功能,有利于促进居民减少垃圾产生量,从而实现垃圾减量化、资源化、无害化的管理目标,是城市生活垃圾管理现代化的重要方向。新修订的《中华人民共和国固体废物环境污染防治法》规定生活垃圾处理收费应"体现分类计价、计量收费等差别化管理"。作为促进垃圾处理服务公平付费的一项政策,

---

　　* 本章内容发表于《科学发展》,基于本书框架进行了相应调整。

计量收费在欧美、大洋洲、日本、韩国等地得到了广泛应用，垃圾源头减量和资源化效果明显（Alzamora et al.，2020；Bel et al.，2016；Nahman et al.，2010）。而中国城市仍然以定额收费为主，全国 90.3％的省份实施定额征收政策，随着垃圾产生量持续提高、减量压力增大，定额收费向计量收费的转变和升级势在必行。

诸多文献研究了生活垃圾分类行为，特别是在计量收费方面，国外丰富的实践研究主要关注效果评估（Park et al.，2015；Sasao et al.，2021；Wright et al.，2018）。针对国内城市的计量收费实践的研究较少，虽然部分学者研究了中国的生活垃圾计量收费，但其主要关注不同收费模式下费率的确定（Chu et al.，2017；褚祝杰 等，2012；周长玲 等，2012）、垃圾处理成本核算及支付意愿调查（厉金燕 等，2020；宋国君 等，2015；宋国君 等，2017）等。计量收费涉及城市的每个家庭、每个市民，涉及面广、管理成本高，政策落地对精细化管理提出了新的更高要求。而目前的研究很少从管理制度设计角度探索实施计量收费政策时城市不同层级管理机构间的分工协作，从而难以为计量收费政策在中国城市落地提供制度保障方面的政策建议。

本章构建了城市生活垃圾计量收费管理制度设计理论框架，并结合实地调研和问卷调查，面向计量收费的实践应用和落地，对北京市生活垃圾计量收费管理体制、收费模式选择、费率确定等进行了系统化的设计，旨在为全国地级及以上城市实施计量收费政策提供制度设计参考。

第二节　计量收费管理制度设计理论分析

一、全市统一与分区管理的优劣

多层级政府间的纵向分权是中国经济社会发展成就的重要推动力量（李凤华，2019）。中国城市管理责任在市、区（县）、街道（乡镇）、社区等不同层级间的划分，是较为复杂的基础性制度。中国城市分布广、类型多样，城市规模、多层级管理能力等方面均存在较大差异，且城市尤其是大城市的社区管理水平各异，合理的管理责任划分尤为重要。

全市统一的管理体制更具规模效益，便于规范化管理，政策协调成本较低，但当其与基层情况不完全契合时不利于相关政策落地，且需要较强的市级

城市生活垃圾分类减量治理研究：北京分类实践与计量收费探索

Classification and Reduction Governance of Municipal Domestic Waste in China: Focusing on Classification Practice and Unit Pricing Exploration of Beijing

管理能力。第一，城市公共服务能产生环境保护等公共收益，提供公共服务的动力主要来自市级政府，由较高层级的政府负责能够把收益内部化。第二，全市统一的管理体制具有良好的跨区衔接性，更能体现权威性，可降低政策协调成本。但全市统一的管理体制也有不足，比如不同社区差异较大，包括楼宇类型、社区规模、人口密度、居民素质、社区管理能力等方面，单一的体制很难具有普适性；再如市级政府受到资源或信息获取能力的制约，对复杂且分散的全市居民群体，可能没有足够的管理能力。

理论上，由各区分别负责的分权化管理体制具有信息优势，政策执行力也更强，能够促进基层政策创新，提高管理效率。第一，下级负责通常具有信息优势（Adler，2005）。地方管理机构往往具有更强的信息获取能力（刘鹏，2020）。比如，在生活垃圾处理与管理方面，不同街道在物业企业服务覆盖范围、社区管理能力和文明程度、物业企业与居民关系、社区居民收入水平、居民生活偏好和分类行为等方面存在较大差异，由街道负责制定具体管理模式可缩小决策者与信息源的空间距离，更可能作出与居民特征契合的高质量决策。第二，分权有助于政策差异化和基层政策创新。当政策实施成本出现较大的空间差异时，相对于全市"一刀切"的政策，政策差异化可增进经济福利（Ulph，2000）；分权让基层管理有更大的自主性和灵活性，有利于计量收费政策创新（Oates，1999）。第三，分权更可能保证政策执行的人员资源配备相对充足，监管能力相对较强，提高政策实施效果（刘鹏，2020）。当然，分权管理也有不足，比如增大了基层管理部门各自为政的可能性，可能出现执行中协调难度大、步调不一致等问题。

二、收费模式设计经验证据

作为一项公共政策，计量收费模式选择应综合考虑政策实施成本和收益，实现政策净收益最大化。综合国内外对不同计量收费模式的理论与实践研究发现：第一，随袋收费或贴签收费，减量和资源回收效果显著（钟锦文 等，2020）。专用垃圾袋和标签的生产成本较低，与称重收费相比，随袋收费的实施成本也较低（Dijkgraaf et al.，2004），且可以通过使用不同规格的垃圾袋选择服务水平，更具灵活性（Skumatz，2002）；但该收费模式规制难度大，尤其是在监管不完善的条件下可能导致超量装袋、非法丢弃等问题（Alzamora et al.，2020）。实施随袋收费政策要综合考虑多种因素，主要包括人口统计特征和垃圾管理需求、政策成本、减量效果、垃圾分类与回收等配套政策、社会接受程度、垃圾处理费收入的稳定性、非法倾倒和焚烧的可能、与现行管理体制的相容性等（Dresner et al.，2010；Van Beukering et al.，2009；Welivita et al.，2015）。随袋收费模式适合面积较小、人口密度较大、位于城市中心区域的公寓式社区（康伟 等，2011）。

第二，称重收费、按垃圾桶容积收费或按清运频率收费。称重收费可以提供更准确的价格信号，促进减量（Gellynck et al.，2007）；该模式需要复杂的垃圾收集系统，成本增加可能引致居民反对，同时会导致非法倾倒，政策实施、管理及监督成本较高（Dresner et al.，2010）。发展中国家生活垃圾有机物含量高，称重收费并不是最优选择，不太适合人口密度较高的中国城市，特别是在引入计量收费的初始阶段（Welivita et al.，2015）。按垃圾桶容积收费模式下，城市政府须掌握社区住户数量、空置房屋数量、垃圾产生量、垃圾桶数量以及垃圾桶所属情况等基本信息。该模式适合占地面积大、人口密度小的城市或社区别墅区（康伟 等，2011）。

第三，押金返还模式。其适用范围有限，主要针对个人消费领域，产品一般是固体形态，具有潜在污染性强、使用后不具有或具有很少的经济价值、分散性强等特征，比如玻璃容器、塑料饮料瓶和钢制饮料罐，对环境有害的电子产品、电池、轮胎等（褚祝杰 等，2021）。该模式可从经济激励角度使个人主动采取环境友好的行为，进而降低政府监管成本（王建明，2009）。

三、费率制定基本思路

计量收费费率制定应以不增加居民广义税收负担为原则，通过设计合理的费率，促进垃圾减量化、资源化、无害化。高费率减量效果显著，但可能降低居民接受度，使非法倾倒行为增加；低费率减量效果有限，政府兜底垃圾处理的成本高。费率制定应摒弃全成本定价理念。部分学者核算了生活垃圾管理的全社会成本（陈思琪 等，2020；宋国君 等，2017；孙月阳 等，2019），将生活垃圾管理的全成本作为确定计量收费费率的依据，包括固定成本和可变成本、显性成本和隐性成本等，但将城市国有土地成本等隐性费用、政府财政负担的垃圾处理设施固定成本等计入费率并不合理。

计量收费费率应综合考虑政策制定和执行成本、居民遵从成本（居民接受度）、非预期监管成本、减量和资源化效果等多方面因素。计量收费政策净收益为费率的函数，政策净收益最大时所确定的费率为最优费率。一方面，对其他垃圾和厨余垃圾均应计量收费，但要执行差异化费率，以更好激励分类投放、降低混装可能。如宋国君等（2020）主张对其他垃圾征收处理费，对可回收垃圾和厨余垃圾不征收或少征收处理费。另一方面，其他垃圾和厨余垃圾的费率须分别制定，从政策制定、执行、遵从成本和政策收益的关系来看，确定的费率下应有政策净收益，费率具体数值应根据各品类垃圾的价格减量弹性和减量收益分别核算。

第二节　北京市计量收费制度设计实证研究

一、案例选择、管理现状与调研方法

第一，案例选择。选择北京市作为案例进行管理制度设计研究，主要原因如下：一是北京市作为全国 46 个分类试点城市之一，自 2020 年 9 月修订版《北京市生活垃圾管理条例》实施以来，垃圾分类和减量成效显著，在此实施计量收费政策具有一定的社会基础。根据北京市城管部门数据，2021 年 11 月，全市家庭厨余垃圾分出量达 3 740 吨/日，是 2020 年 4 月的 12.9 倍；其他垃圾日清运量降为 1.62 万吨，比 2020 年 5 月减少 0.56 万吨。二是围绕北京市垃圾分类和计量收费试点，我们了解到北京市对垃圾减量需求迫切，对计量收费制度落地具有现实需求；对生活垃圾管理相关职能部门、物业企业、社区居民代表等开展的大量调研、访谈与问卷调查使我们对北京市生活垃圾管理现状有了更为清晰深入的认识，有利于使政策设计更好地契合北京市的实际情况。三是北京市实行市、区、街道、社区（物业公司）四级管理体制，在体制上与全国其他地级及以上城市具有相似性，北京市的计量收费制度设计对中国其他城市具有较大的借鉴价值。

第二，管理现状。北京市生活垃圾分为厨余垃圾、可回收物、其他垃圾、有害垃圾、大件垃圾、装修垃圾。在垃圾收费方面，北京市对居民生活垃圾仍然采用定额收费模式，按 1999 年的相关规定收取 36 元/（户·年）的垃圾处理费和 30 元/（户·年）的垃圾清运费。

在垃圾分类管理上，北京市构建了长效管理机制。一是成立了市级统筹协调和领导机构，即生活垃圾分类推进工作指挥部，形成了每日调度、督导检

查、政策研究、统筹指导机制，对统筹协调推动全市生活垃圾分类工作发挥了核心作用。二是建立了分类管理责任人制度。针对居民小区，建立了以物业企业为主的垃圾分类管理责任人制度，这一制度将垃圾分类管理与基层治理相融合，是垃圾分类政策落地的基础性制度。物业企业与社区居委会分工协作，承担了社区桶站建设、桶前值守、社区宣传动员、垃圾清运和收费等相关职能。三是形成了上级考核下级的目标责任机制。建立了"市—区—街乡镇—社区/村"的考核评价机制，压实生活垃圾分类管理目标责任，形成了规范的考核指标和评价体系。四是形成了垃圾分类监督检查与处罚机制。针对居民等分类主体、物业企业等分类管理责任主体，建立了常态化的监督检查和处罚机制。五是形成了宣传教育动员与信息提供机制。北京市建立了多元化的宣传教育动员制度，通过信息提供、劝说鼓励推动了居民分类习惯养成，构建了广泛的社会动员体系。

第三，调研方法。自 2020 年 12 月至 2021 年 12 月，本课题组通过调研访谈、座谈讨论等多种方式，依次开展了北京市物业企业调研与垃圾计量收费试点小区选择、试点小区垃圾分类管理现状调研、垃圾处理费收缴机制试点方案设计、配套政策与缴费意愿调查、试点小区生活垃圾数据信息收集整理、试点小区政策干预效果初步评估等各项工作。过程中，深入试点小区对物业企业和居民进行调查和访谈 100 余人次；计量收费试点前通过问卷调查方式初步了解小区垃圾分类和收费现状、居民分类意识和缴费意识等信息，获得有效问卷 632 份。

二、管理机构责任划分

北京市生活垃圾管理能力呈现出典型的"金字塔"结构，市级管理能力严重不足[①]，且北京市人口众多、地域广大，各区居民收入水平[②]、垃圾分类与缴费意识、学历层次等诸多方面差异性较大。综合考虑全市统一管理与各区分权管理的优缺点，以及生活垃圾现行管理制度和管理架构，北京市生活垃圾计量

---

① 北京市城管部门负责指导和管理生活垃圾分类、清运、处理等工作，具体工作主要由固体废弃物管理处承担，该处在编人员仅有 8 人；在区级，如海淀区城管部门固体废弃物管理科，其在编人员 4～5 人；在街道（乡镇）层面由城市管理办公室（城管监督分中心）负责，海淀区相应部门在编人员 20～25 人；在社区层面，全市物业服务覆盖率达到 74.2%，物业企业队伍庞大。

② 2020 年北京市西城区人均可支配收入为 90 286 元，延庆区为 37 385 元。

收费更适合采用"市级顶层设计与监管＋区级具体实施"的较为分权的管理体制，并明确不同层级管理机构责权清单。其中，市级部门主要负责制定计量收费政策并综合协调、统筹规划，对各区进行收费模式选择的指导；明确全市统一的计量收费费率，比如随袋收费要测算专用垃圾袋定价、与专用垃圾袋生产商洽谈备货等；明确计量收费资金机制，包括资金流向和如何分配使用；同时，市级部门通过制度化的手段明确考核任务，不断提高各项考核指标科学化水平，将工作任务下派到区级政府，只负责考核和监管。

区级部门负责本区内的生活垃圾计量收费政策解读、宣传，协调属地街道（乡镇）对物业企业（没有物业企业的社区由管理/自管单位负责）进行指导以及对投放行为和费用收缴进行执法监督与惩罚，重点是监督和处罚非法倾倒行为、打击仿制垃圾袋等违法行为。

街道（乡镇）负责做好小区生活垃圾收费工作的具体组织实施及监管工作。在社区层面，主要由物业企业负责日常监督管理、垃圾收集、垃圾量统计，承担所服务的小区计量收费政策的具体实施工作，包括在具体收费模式下，按照上级部门要求对社区居民进行宣传指导，确定居民投放垃圾的时间、地点、购买专用垃圾袋的渠道，安排桶前值守，监督居民投放行为，向清运单位缴纳清运费等。

三、收费模式设计

2020 年实施的《北京市生活垃圾管理条例》第八条规定，"本市按照多排放多付费、少排放少付费，混合垃圾多付费、分类垃圾少付费的原则，逐步建立计量收费、分类计价、易于收缴的生活垃圾处理收费制度"。结合北京市具体情况以及计量收费的国外实践，我们梳理了三种可能在北京市推行的计量收费模式：随袋收费、称重收费、定额收费后按分类效果返补奖励。第一，随袋收费更适合北京实施计量收费政策的起始阶段。一是随袋收费与市民生活习惯契合度高。当前居民习惯以袋装形式投放垃圾，随袋收费基本不改变居民装袋习惯、投放方式，执行成本相对较低。二是北京市城区人口密度高，社区公用垃圾桶使用人数众多，采用随袋收费模式，可避免其他收费模式下的排队缴费环节，垃圾投放便捷，监管难度小。三是随袋收费对公用垃圾桶智能化、信息化要求低，可避免其他收费方式置换智能垃圾桶的较高初始投资。问卷调查显示，89.2%的人支持生活垃圾处理网络缴费（微信、支付宝、银行转账等），

53.6％的人支持两周缴费一次。随袋收费能够很好地满足居民的缴费需求。四是专用垃圾袋生产成本低。2008 年我国台湾省台北市针对家庭其他垃圾的专用垃圾袋相关成本只占政府和居民承担成本总和的 6％（杜倩倩 等，2014b）。但随袋收费也有其不足，如易导致居民过度装袋、收入不稳定、与自动化收集不兼容、可能导致伪造专用垃圾袋现象等。

第二，称重收费是现场称重并即时缴费的一种付费模式，减量效果好；但由于计量要求非常精确，需要配套智能称重设备，征收过程复杂，征收成本高，且筹集收入不稳定。同时，对违规排放行为的监管成本也很高。北京市人口密度高，在社区层面需要大量的人力物力和资金投入，其实施的新增成本高，在北京市探索生活垃圾计量收费的初期不适宜推行。

第三，定额收费后按分类效果返补奖励是在预付费模式下，随物业费征收垃圾处理费，然后根据居民垃圾分类效果进行费用返还，类似于押金返还制度，可以有效激励垃圾分类。因这种模式改变了监管方式，居民需要主动申报分类效果，不存在偷排行为，所以其监管成本大幅降低。但该模式需要桶前值守人员具备较高的核验操作能力，间接增加了物业企业人工成本；同时，由于随地丢弃垃圾将导致记录的垃圾排放量为零，因此该模式很难精准测算居民垃圾减量效果，不易对源头减量产生激励效果。因为该模式下愿意分类的居民会主动申报分类结果，所以改变信息提供方式可极大降低监管成本。但该模式的作用效果与当前北京减量化压力大的情况不匹配，可将押金返还作为随袋收费的一种辅助手段，主要针对可回收物促分类促回收。

基于北京市人口特征、区域差异、生活垃圾管理实际，从不同收费模式的优势劣势来考察，我们认为随袋收费更有可能成为北京市实施计量收费的首选模式。问卷调查显示，若按照产生者付费原则，24.5％的居民不愿意为自己产生的垃圾支付处理费用，22.8％的居民不支持生活垃圾分类计价、计量收费。因此，在政策实施前期需要开展广泛深入的宣传教育，提高公众接受度，降低政策遵从和执行成本。

四、分类计价费率设计

根据北京市生活垃圾类别来进行分类计价费率设计。第一，厨余垃圾和其他垃圾是计量收费的主要对象。厨余垃圾广义上属于资源，但资源化处理成本较高，不包括前端的分类收集、清运、转运成本，仅堆肥成本就达 121.6

元/吨（孙月阳 等，2019），从减量角度来说应对其采取计量收费模式；若不对其收费，则一方面不利于厨余垃圾减量，另一方面，当其他垃圾计量收费时，厨余垃圾中可能混进其他垃圾，影响分类效果。其他垃圾是计量收费的重点对象（宋国君 等，2020），是减量潜力最大的品类，应征收较高费率刺激分类和减量。对于高价值可回收物来说，其因受到市场认可，可以带来直接的市场经济价值，无须收费便可回收再利用。有害垃圾会对人体健康或自然环境产生危害，应全部免费回收，体现政府对环境质量和公众健康等的负责。大件垃圾应按照《关于加强本市大件垃圾管理的指导意见的通知》（市垃圾分类指办〔2021〕57 号）的要求，采取市场机制计量收费。对于居民装修过程产生的装修垃圾，即装饰装修房屋过程中产生的砖石砌块、石膏瓷砖、卫浴台盆、木质板材等，按照《北京市建筑垃圾处置管理规定》进行管理和收费。

第二，宜实行其他垃圾高费率、厨余垃圾低费率的差异化费率，且费率确定应摒弃全成本定价理念。首先，计量收费的目的是促进垃圾减量并巩固分类效果，费率的确定应以政策净收益为衡量标准，而非垃圾处理的全成本思维。已有研究核算出北京市生活垃圾"收集—转运—卫生填埋"的全过程社会成本达 1 530.7 元/吨，生活垃圾"收集—转运—焚烧"全过程社会成本为 1 088.5 元/吨（宋国君 等，2015；宋国君 等，2017；孙月阳 等，2019）。无论哪种无害化处理方式，全过程社会成本均超过 1 000 元/吨。较高的垃圾处理成本并不是费率确定的依据，费率过高不容易被居民接受，且可能不符合收费促减量的主要目的，还可能导致重复收费、过度收费、不合理收费等问题。特别是，国有土地成本的隐性费用不应计算在内，政府财政负担的垃圾处理设施固定成本也不宜作为收费的依据。从公共政策视角，最优的费率应当是使计量收费政策净收益最大时的费率。

第三，按照成本收益原则，其他垃圾应采用较高费率，厨余垃圾应采用较低费率。费率的确定是复杂的动态过程，一方面要考虑政策制定和执行成本、政策遵从成本、非预期成本，另一方面要看费率所带来的减量效益，包括经济收益、环境收益和社会收益。具体来说，应跟踪评估居民对费率的敏感程度，研究费率的减量弹性，评估其他垃圾和厨余垃圾的不同费率组合以取得最佳减量效果，实现政策净收益最大化。

第四，费率高低也应参照其他公共服务项目收费标准，目的在于观测居民对费率的接受态度，如污水处理费。目前，污水处理费是随水费缴纳，居民不容易产生对缴费的抵触心理。但生活垃圾处理计量收费是独立的高频次收费，需要居民配合才能落地实施，若居民不支持，则政策遵从成本将比较高。

此外，参照北京市 1999 年执行的垃圾收费标准（处理费和清运费）66
元/（户·年），根据居民消费价格指数折算，2020 年此收费标准应为 100
元/（户·年）。按照居民负担不变原则，1999 年 66 元/（户·年）的标准相当于
当年人均可支配收入的 0.81%[①]；2021 年北京市人均可支配收入为 75 002 元，其
生活垃圾处理费应为 608 元/（户·年）。因此，可初步判断，北京市生活垃圾计
量收费额的可接受范围为 100～608 元/（户·年），但具体数额要根据减量效果
做进一步科学评估和测算。

第四节　结论与启示

计量收费是促进垃圾源头分类减量的重要手段，是建立经济可持续、分类
主体激励有效的生活垃圾分类减量治理长效机制的重要内容，是中国城市生活
垃圾管理的重要政策工具。生活垃圾管理涉及城市多层级政府的管理责任划
分，中国城市分布广、类型多样，城市规模、多层级管理能力等方面均存在较
大差异，且城市尤其是大城市的基层管理也存在差异，合理的管理责任划分对
于提升政策落地效率至关重要。收费模式选择和具体费率制定要以成本收益为
原则，考虑政策制定和执行成本、政策遵从成本、非预期成本，实现政策净收
益最大化。

以北京市为例根据理论分析框架进行实践应用设计。北京市以其首都区
位、较高的收入水平和较强的居民环保意识，在垃圾分类管理上具有较强的政
治优势和较大的示范作用，具备较好的启动计量收费实践的制度和条件。鉴于
北京市生活垃圾管理现状，计量收费适宜采用分级管理、以基层为主的分权管
理体制。综合考虑随袋收费、称重收费、定额收费后按分类效果返补奖励三种
模式的减量效果，政策实施后的新增成本、与现行管理体制的衔接，以及北京
的人口特征、居民垃圾投放习惯、生活垃圾管理能力等因素，随袋收费相比其
他两种收费模式可能更具优势，适合北京实施计量收费政策的起始阶段。实施

[①] 北京市综合水费包括阶梯水费、水资源费改税（1.57 元/立方米）、污水处理费（1.36 元/立方
米）。第一阶梯为 180 立方米（2.07 元/立方米），第二阶梯为 181～260 立方米（4.07 元/立方米），第三
阶梯为 260 立方米以上（6.07 元/立方米）。以第一阶梯为例，若一个三口之家每年最多用满第一阶梯的额
度，则其家庭污水处理费为 244.8 元/年，2021 年北京市人均可支配收入为 75 002 元，家庭污水处理费占
比 0.33%。数据来源于《北京市统计年鉴 2021》。

随袋收费，厨余垃圾和其他垃圾是主要对象，其他垃圾应采取高于厨余垃圾的费率，可回收物和有害垃圾可以不收费。参照北京市污水处理费的收缴标准，初步核算出 100～608 元/（户·年）的垃圾处理费为居民家庭的可接受范围。

　　本章基于公共政策视角和成本收益分析框架，从理论上对北京市生活垃圾计量收费管理体制和模式的选择进行了较为深入的探讨，提出了适用于北京的计量收费管理制度。未来北京市应分步、分区域开展计量收费探索，总结经验，逐步在全市推广实施；费率的研究与确定是计量收费的关键工作，需要在更多的实践中跟踪评估减量效果，分析政策的成本收益，为中国城市计量收费政策落地和推广应用提供理论和实践支撑。

第十一章

北京市生活垃圾分类与计量收费改革推进策略

生活垃圾分类事关民生福祉、城市文明和首都形象。生活垃圾分类减量治理已成为北京市深化城市精细化管理的一个生动实践。基于理论分析和实践探索，本章提出北京市生活垃圾分类与计量收费改革推进策略。首先，明确了完善生活垃圾分类减量治理的总体思路，包括垃圾分类减量工作的着力点、多元共治优化思路，以及政策工具完善建议；而后，针对社区生活垃圾分类减量治理长效机制建设提出了着力方向和具体建议；接着，指出了生活垃圾计量收费改革的着力方向、重点工作内容，并提出了收费性质改革的具体建议；最后，总结了非居民单位垃圾计量收费的重要意义，梳理了实施现状，据此提出了政策完善建议，为北京市稳妥推进全领域生活垃圾计量收费提供了决策参考。北京市生活垃圾分类减量治理的实践与探索也可为其他同类型城市提供一定的借鉴。

第一节　北京市生活垃圾分类减量治理的总体思路

为进一步完善生活垃圾分类减量治理长效机制，首先，应充分认识垃圾分类管理的难度，梳理垃圾分类工作的薄弱环节，持续优化垃圾分类管理的考核与监督机制、信息与宣传机制、资金机制，保障北京市垃圾分类管理持续落地见效。其次，应建立健全生活垃圾减量与分类协同机制，将多元主体纳入治理框架，形成共建共治共享的城市生活垃圾治理格局。在政策工具选择上，继续发挥命令控制工具的核心作用，优化垃圾分类目标责任制和考核制度；充分发挥经济激励工具的作用，设立专项资金推动垃圾分类，科学定位并探索生活垃圾分类计价、计量收费制度，加强可回收物统计监测并探索低价值可回收物补

城市生活垃圾分类减量治理研究：北京分类实践与计量收费探索

Classification and Reduction Governance of Municipal Domestic Waste in China: Focusing on Classification Practice and Unit Pricing Exploration of Beijing

贴制度；使用宣传教育培训等信息提供工具需持之以恒、深入到户，适时将其纳入考核范围，建立可靠的计量信息制度。

一、垃圾分类减量工作的着力点

新修订的《北京市生活垃圾管理条例》履行以来，北京市认真贯彻落实生活垃圾分类工作，践行精治共治法治原则，坚持党建引领，推动社会协同多元参与，坚持系统治理，聚焦"加强科学管理、形成长效机制、推动习惯养成"，狠抓《北京市生活垃圾管理条例》落地实施。经过多年努力，北京市生活垃圾分类工作成效显著，垃圾分类的法治基础不断夯实，制度体系不断完善，硬件设施水平不断提升。推进垃圾分类减量如逆水行舟，不进则退，需正视问题，直面不足，进一步强化部门协同，完善政策标准，在参与主体长效激励机制方面寻求突破，推进垃圾分类工作进入常态化运行轨道，助力实现改善社区人居环境、推动居民习惯养成、提高基层社会治理效能、提升社会文明水平的目标。

（一）充分认识垃圾分类减量治理的难度

垃圾分类是民生"关键小事"，是基层社会治理的内容，事小但难度不小。一是管理对象众多且差异大，管理难度大。垃圾分类涉及每位市民，数量庞大且个体在环保意识、收入水平、行为习惯等方面差异明显，管理要覆盖各类居民小区、各类公共机构，监管难度大。二是意识转变和习惯养成是长期过程，见效所需时间长。生活垃圾普遍分类需要居民培养环保意识、养成分类习惯，不是一朝一夕就能成功的。三是强制性手段应用的潜力受限，垃圾分类的经济激励不足。与对企业采取停产限产、淘汰落后产能等行政手段推动节能环保有所不同，居民的意识、行为存在很大差异，监管成本高，垃圾分类不能完全依赖行政指令与罚款，而经济激励手段尚未到位，这对政府公共治理能力提出更高要求。四是垃圾分类是系统工程，需要多部门、各流程统筹协调，系统推进。垃圾分类涉及投放、收集、运输和处理的全过程，涵盖居民分类意识培养、废品回收、资源再生利用、垃圾末端处理等众多环节，利益相关者众多，是一项系统性工程，极度考验政府的统筹协调能力。

（二）北京市垃圾分类减量工作的薄弱环节

第一，缺少有效的直达居民的垃圾分类减量责任落实机制。生活垃圾分类是自上而下推行的生态文明建设新举措。北京市建立了分类管理责任人制度。考虑到生活垃圾分类有助于垃圾减量化、资源化，能够降低垃圾处理的社会成本，其社会意义通常大于个人意义。因此其动力主要来自城市政府，而不是居民个体。政府明确界定分类责任及其落实机制是垃圾分类落地见效的基础。由于生活垃圾分类管理的重心在基层，因此居民小区是生活垃圾管理的重点和难点。特别是在基层的责任单元，垃圾分类涉及每个居民，基层管理涉及基层管理机构与社区居民的复杂关系，监督管理难度大；普遍垃圾分类需要居民意识转变和习惯养成，见效所需时间一般较长；缺少垃圾分类计价和计量收费手段，经济激励弱，基层政府在推动垃圾分类减量时面临较多约束和较大压力，缺少面向居民的有效责任机制和落实机制。

第二，既有的生活垃圾相关统计信息难以满足精细化管理的需求。生活垃圾计量信息是管理和考核的依据，是监测垃圾分类成效的基础，是实施垃圾分类计价、计量收费的保障，对于生活垃圾分类管理具有十分重要的意义。当前，北京市生活垃圾统计信息主要包括城市总体和市辖区垃圾产生量、清运量、无害化处理量、无害化处理能力等数据，没有公开的区级以下数据，缺少反映生活垃圾物质流和资金流的系统信息，生活垃圾清运和处理成本信息核算和公开不足。特别是社区层面生活垃圾管理的信息基础较为薄弱，智能化称重技术的应用尚待加强，涉及的生活垃圾分类管理信息有待向楼栋、单元甚至家庭户延伸，目前的信息管理难以支撑垃圾源头分类减量及精细化管理的需求。

第三，已采取的宣传教育培训措施对垃圾分类减量的支持作用不充分。行为转变意识先行，宣传教育对于居民垃圾分类习惯的养成至关重要。北京市实施垃圾分类政策以来，采取了多种形式的宣传教育措施，比如制作垃圾分类宣传视频和读本、在社区和街道拉横幅、在公交车站投放公益广告、制作微信小程序、建设垃圾分类主题公园、开展垃圾分类知识进校园进课堂活动等，但宣传教育措施持续性不足，在《北京市生活垃圾管理条例》实施后前两年内力度较大，而后力度明显下降，总体上未能持续覆盖到每一位市民，尚未形成一对一的可持续的宣传教育长效机制。

第四，当前的公共资金支出结构不足以支撑垃圾源头分类管理的需要。生活垃圾分类需要持续的资金投入，既包括与日常的生活垃圾清运、处理等相关的公共服务支出（设备购置与维护支出、人员工资等费用），也包括垃圾处理的城市土地供给等隐性投入。除此之外，在生活垃圾产生端进行分类宣传教育、信息平台建设和管理、监督考核、计量收费管理体系建设、资源再利用等均需要公共资金支持。生活垃圾的物质流优化需要资金流驱动，而目前，大部分资金被投入生活垃圾末端处理环节，生活垃圾分类减量前端的资金投入相对不足。从这个角度看，当前生活垃圾资金支出结构难以适应生活垃圾源头分类减量目标的要求。

第五，缺少面向居民家庭的垃圾源头分类减量经济激励机制是明显短板。国内外垃圾分类的成功经验表明：计量收费是推动垃圾分类的必要配套措施。1999年中国台湾省台北市采用专用垃圾袋计征垃圾处理费；2001年德国实施计量收费的区域占全国的26.0%，瑞士、捷克、奥地利等国达到40%以上；截至2006年底，美国26.3%的社区实施了计量收费。北京市的垃圾收费仍采用定额的初始方式。按年定额收费与垃圾排放量无关，不具备减量化效应，对垃圾分类没有促进作用。推行垃圾强制分类主要依赖"强制分类＋违法罚款"的行政监管。其结果是，居民缺少垃圾分类的经济激励，不容易将分类行为内在化，对居民垃圾分类减量的积极性产生不利影响。

二、垃圾分类减量多元共治优化思路

生活垃圾分类工作涉及政府、社区、非居民单位等多元主体，应建立健全生活垃圾减量与分类协同机制，将更广泛的主体纳入治理框架，构建垃圾分类的多元共治新模式，融入共建共治共享的城市治理格局。

（一）社区治理

社区是城市治理的基础单元，也是生活垃圾的主要产出地，推进城市生活垃圾分类减量，有效管理社区生活垃圾是关键。对于有规范物业企业和社区居委会等管理主体的社区，一是充分利用基层社区的党建体系，在宣传生活垃圾分类知识的同时，通过党员先行、树立典型等方式充分动员居民参与社区生活垃圾共治，通过居民间相互监督、相互学习等方式形成社区生活垃圾分类减量的良好氛围；二是完善社区生活垃圾管理基础设施，通过设置垃圾分类驿站定期收购大件垃圾、可回收物，建立垃圾分类积分兑换制度等，让社区居民产生参与垃圾分类的获得感；三是健全社区层面的生活垃圾管理制度，与街道、区层面的政策做好衔接，进一步提升对生活垃圾分类减量指导员的培训和激励力度，例如采取"片区负责制"，将垃圾分类质量与值守人员的工资挂钩，进一步发挥其在指导监督居民垃圾分类、宣传政策知识方面的作用。特别地，对于老旧小区等无物业管理的社区，在积极引入物业管理的同时，应在属地街道办事处主导下，进一步完善社区垃圾分类、运输、处理体系建设，充分发挥居民自治体系和党建引领的作用，推进垃圾分类减量工作，对效果显著的社区予以表彰和奖励，形成社区层面生活垃圾分类管理争优比先的氛围，进一步凝聚垃圾分类和绿色消费共识。

（二）非居民单位治理

非居民单位包括餐饮企业、机关、部队、学校、企业事业单位等诸多主体，是生活垃圾重要的产生者。应鼓励非居民单位主动探索有效的管理机制，主动进行生活垃圾源头减量，不断降低生活垃圾管理成本。

其中，学校作为非居民单位中的垃圾产生量"大户"之一，在全面落实生活垃圾分类投放、收集、贮存、运输等环节任务的同时，应充分利用学校资源和平台，大力普及生活垃圾分类知识，将生活垃圾分类教育纳入学生生态文明教育体系，培育青少年生活垃圾分类管理实践社团或志愿者队伍，开展形式多样、内容丰富的生活垃圾分类相关的综合实践活动，充分调动学生参与生活垃圾管理的主动性和积极性，形成"教育一个学生、影响一个家庭、带动一个社区、引领整个社会"的良好氛围。同时，应积极利用学校在科学研究和社会服务方面的传统优势，积极组织开展生活垃圾分类和减量管理相关的科学研究。加大对生活垃圾分类科研项目立项、经费支持力度，大力开展垃圾减量化、资源化、无害化研究，推动生活垃圾处理技术创新，促进科研成果转化，提高生活垃圾分类处理能力和生活垃圾资源化率，力争为社会提供可借鉴、可推广的生活垃圾分类处理实用技术和管理模式。

餐饮企业作为厨余垃圾等生活垃圾的重要排放主体之一，应在主动配合履行垃圾分类管理义务的同时，积极探索生活垃圾源头处理、再生利用的有益经验，持续降低生活垃圾管理成本。一是以多样化的方式进行源头减量，例如通过引进厨余垃圾处理设备、与再生资源企业展开合作等方式，减少源头产生的生活垃圾，并通过市场化方式进行再生资源交易弥补一定的管理成本；二是积极与生活垃圾清运企业、环卫中心等开展垃圾计量收费工作，落实非居民单位厨余垃圾计量收费制度，通过计量收费等经济手段激发企业垃圾源头分类减量动力；三是加强餐饮企业之间生活垃圾源头减量经验交流，分享有效的生活垃圾分类管理模式，在全行业形成生活垃圾分类和减量争先创优、交流互鉴的氛围。

（三）街道和区政府治理

作为辖区生活垃圾管理部门，区政府、街道办事处（乡镇政府）应加强对生活垃圾分类管理各环节、各主体的统筹协调。一方面，提升辖区生活垃圾收集、转运、处理全流程管理水平。综合考虑居民诉求和作业要求，协调环卫中心、第三方清运公司、垃圾中转站、垃圾处理厂等主体，推进垃圾收集、转运和处理设施建设，提高垃圾分类运输及处理能力。另一方面，健全垃圾分类管理相关部门间的联动机制。针对居民反映强烈的垃圾清运不及时、大件垃圾无处堆放等问题，依托"接诉即办"机制，推进部门协同、市区联动、政企互动，协调相关责任主体，及时解决群众关心的重点和难点问题。此外，日常管理中应充分运用宣传教育、定期巡查、有奖举报等多种方式，开展垃圾分类宣传教育和监督检查工作，进一步凝聚全社会的垃圾分类减量共识，主动发现垃圾分类管理过程中的问题，及时协调督促居民、企业等落实主体责任。

三、垃圾分类减量治理的政策工具完善建议

为巩固提升北京市垃圾分类工作成效，持续提升垃圾分类减量治理效能，从政策工具选择与优化组合的角度，提出以下建议。

（一）继续发挥命令控制工具的"压舱石"的核心作用

第一，建议继续发挥考核、检查执法等命令控制工具在垃圾分类减量治理中的"压舱石"的核心作用。充分利用体制特点，发挥命令控制工具确定性强、见效快的优势，确保政府垃圾分类管理工作的资源投入，为巩固和提升垃圾分类成效奠定政策工具基础。需要指出的是，通过违法处罚的方式对居民垃圾源头分类进行强力约束，适用于针对少数"后进"居民，该政策手段的全面实施需要以大多数居民不违法为前提。在这个过程中，建议城管执法部门明确判定垃圾分类效果的技术标准、探索并降低分类效果判定成本、积极储备执法资源，为全面执行居民垃圾分类违法处罚奠定能力基础。

第二，建议北京市持续健全垃圾分类减量的目标责任制和考核制度。结合我国在节能减排领域目标责任制的成功实践，为更好落实垃圾分类"一把手"工程的要求，在垃圾分类管理责任人制度基础上，建议北京市建立健全"市→区→街道/村→责任人"的目标责任制和考核机制。为确保考核的规范性，考

核结果应向社会公布、接受社会监督，同时建立与考核结果相配套的奖惩机制，提高考核对象完成目标的积极性。考核指标的确定可考虑如下原则：指标尽量简单、明确，确定少数核心指标，包括管理指标（如分类垃圾桶是否到位、垃圾分类知晓率、参与率等）和效果指标（如垃圾分类比例、人均排放量等），定量指标（如正确投放率）和定性指标（如垃圾桶布局合理）。行政区层面指标涵盖垃圾分类的各个环节。目标确定可考虑如下原则：垃圾分类起步期以管理目标为主，管理基础设施到位后以分类效果目标为主；年度目标以实现"2025年原生垃圾零填埋"目标为导向；目标制定应符合实际，具有良好的数据支持，具备考核的条件。

第三，建议北京市完善考核与监督机制，持续压实基层分类减量治理责任。建立健全垃圾分类减量多元化、全方位的监督机制；为有效缓解政府监管压力，可充分调动社会监督力量，构建多元化、多层次、全方位的监督机制；上级政府对下级的监督，可通过专项督察的方式实现；强化市民、媒体和社会组织对政府的监督，促进基层政府垃圾分类管理履责；持续优化政府管理部门对企业的监督，确保企业垃圾清运、处理的规范化和可持续；重视市民之间的相互监督，促进形成垃圾分类光荣、不分类可耻的社会氛围。

（二）建议信息提供持之以恒，增强宣传教育的针对性

第一，使用垃圾分类宣传教育等信息提供工具要持之以恒，发挥其长期效果好的特点，对居民源头垃圾分类减量起到"润滑剂"作用。在信息质量上，建议增强信息提供的鲜活性和针对性。特别是要让居民了解生活垃圾处理的成本信息，使居民意识到自身的排放行为对社会造成的经济负担，助推垃圾分类减量行为转变，也为计量收费等相关配套政策的制定营造更好的社会条件。

第二，建议北京市加大宣传教育培训力度，并将其纳入各级垃圾分类管理考核指标。垃圾分类是一项持久战，需常抓不懈，宣传教育应贯穿垃圾分类管理的全过程。宣传教育的内容要更"走心"，确保"进社区、进家庭、进课堂"覆盖到每位市民。其他城市的成功经验亦表明，持之以恒、一对一的宣传教育对于居民垃圾分类习惯的养成十分重要。台北市从1999年开始推进垃圾分类，公务人员深入社区一线，进行了长达七八年的社区分类宣传教育，而后垃圾分类才深入人心，引致持久的行为转变，实现了生活垃圾大幅减量。建议北京市印制生活垃圾分类教育读本，广泛分发。在垃圾投放过程中，对分类不当的行为进行及时纠正，使违规者在实践中接受教育。为确保宣传教育培训落到实

城市生活垃圾分类减量治理研究：北京分类实践与计量收费探索

Classification and Reduction Governance of Municipal Domestic Waste in China: Focusing on Classification Practice and Unit Pricing Exploration of Beijing

处，保持力度不减、连续不断，建议将宣传教育培训措施具体化，纳入垃圾分类管理考核指标。

第三，建议北京市建立服务于垃圾分类管理的生活垃圾计量和信息公开制度。根据生活垃圾分类管理需求，设计生活垃圾分类管理统计指标。以日为最小统计周期，涵盖"城市→区→街道/村→责任人"四个层面，延伸到每个微观的管理单元。监测生活垃圾分类的物质流全程，包括垃圾的成分、流向，产生→投放→收集→运输→处理等环节和进入资源再生利用的物质流。监测生活垃圾分类的资金流，包括居民缴纳的垃圾处理费，垃圾分类管理投入，垃圾分类投放、清运、处理投入，资源再生利用投入等。统计生活垃圾分类管理的监督执法信息，包括处罚次数等。重视相关信息的统计、储存、共享和使用，充分发挥精准化信息对生活垃圾精细化管理的支撑作用。

第四，建议北京市构建完备的信息机制确保数据准确可靠。利用信息技术和制度设计尽可能避免垃圾分类和减量相关信息出现失真。由于生活垃圾信息需要垃圾分类管理责任人填报或汇总，为避免"考生判卷"导致的信息失真，建议充分利用信息技术和制度设计避免信息扭曲，保障数据质量。利用信息技术，建立北京市生活垃圾管理信息平台，实现数据终端的信息直报和共享。利用生活垃圾管理物质流，通过"数据链条"的方式进行数据质量交叉验证。在数据填报时，建立数据质量责任人制度，加大数据违法处罚的力度。强化信息公开，引入社会监督，通过社会力量对可能的数据弄虚作假行为形成威慑。

（三）大幅提升经济激励工具在垃圾分类减量治理中的作用

第一，建议北京市设立生活垃圾管理专项资金制度，推动垃圾分类减量常态化。考虑到垃圾强制分类的经济激励不足，专项资金是优化垃圾物质流的必备要素。垃圾分类产生减量化效果后，末端的垃圾处理费将大幅减少，可将节省的资金用于推动前端的垃圾分类减量。从这个意义上看，专项资金的设立并不是政府财政的新增负担。由于资金涉及面广，建议成立专门的资金管理委员会，负责资金收入和支出的规范化管理。资金来源包括按生产者责任延伸原则对生产商征收的回收资金、针对垃圾排放者的定额收费或计量收费收入、政府公共财政的拨款、各类垃圾分类罚款等。资金用途包括补贴资源再生企业的附加成本，垃圾分类、清运、处理基础设施建设，垃圾末端处理费用，垃圾分类宣传教育培训支出，信息平台和交互终端建设支出，日常管理和考核等垃圾分类管理支出，居民家庭分类垃圾桶配置支出，垃圾分类奖励支出等。

第二，建议北京市科学定位并积极探索实施生活垃圾分类计价、计量收费制度。建议北京市垃圾收费改革从非居民单位向居民社区、从厨余垃圾向其他垃圾逐步推行。考虑到居民社区管理对象多、政策推行难度大，建议采取由易到难、分步推进的生活垃圾计量收费改革策略。北京市已实施非居民单位厨余垃圾计量收费，为消除非居民单位将厨余垃圾混入其他垃圾的动机，有必要尽快开展非居民单位其他垃圾计量收费政策储备研究。待非居民单位计量收费政策趋于成熟稳定后，随着政策实践经验的积累，可进一步全面启动居民社区生活垃圾计量收费改革。

居民社区是生活垃圾的主要来源，建议持续在社区层面探索适合北京市的生活垃圾计量收费制度。实践经验表明，针对社区居民的计量收费模式不是唯一的。台北市通过购买专用垃圾袋实现计量收费；德国一个 200 万人口的城市，同时存在多种垃圾收费的方式，且不同收费方式与社区单元的结构直接相关。北京市人口超过 2 000 万，流动人口多、居民小区类型多元，已探索多种垃圾分类投放模式（包括专人值守、智能投放、上门回收和定时定点收集等），理想的分类计价、计量收费政策可能并不局限于一种模式。由于分类计价、计量收费政策的执行成本通常较高，因此分类计价、计量收费政策设计需要仔细论证和深入研究。对社区计量收费费率的确定有如下建议：一是费率的确定要充分考虑公众接受度，费率应尽可能低。由于城市公共服务定价涉及宏观税负、央地税收分成、地方财政支出结构等因素，传统意义上的全成本或边际定价理论并不适用。调查显示，有88.1%的居民认可生活垃圾处理成本由政府完全承担或承担大部分。以促进分类减量为主要功能的计量收费，建议采用尽可能低的费率，以尽可能提高公众接受度。二是在较低的费率下应产生明显的促进垃圾源头分类减量效果。建议研究不同费率对居民源头分类减量的影响，为选择居民可接受、减量化效果显著、能最大限度降低垃圾处理社会总成本的最优费率奠定基础，形成垃圾处理成本由居民和政府共同承担的分担机制。

第三，在小范围试点的基础上，建议北京市适时在更大范围开展社区生活垃圾分类计价、计量收费试点。在垃圾分类取得阶段性成效的节点，建议北京市积极探索采用以计量收费为代表的经济激励工具，发挥其持续巩固和提升垃圾分类效果的"加油站"功能。针对非居民单位生活垃圾，逐步完善厨余垃圾计量收费政策，分步推动其切实实施到位，适时启动非居民单位其他垃圾计量收费。为巩固提升社区垃圾分类成效，在前述 6 个小区计量收费试点的基础上，建议在更大范围开展居民社区生活垃圾计量收费试点，在实践中充分检验

城市生活垃圾分类减量治理研究：北京分类实践与计量收费探索

Classification and Reduction Governance of Municipal Domestic Waste in China: Focusing on Classification Practice and Unit Pricing Exploration of Beijing

面向居民的计量收费模式的适用性。生活垃圾分类定价、计量收费制度的建立对于建立居民家庭源头分类减量经济激励机制至关重要，在垃圾分类已经取得阶段性成效的基础上显得更具现实紧迫性。借鉴国内外成功经验，计量收费在北京市的试点和实施应当根据不同社区的结构单元特点、人口流动性等特征先易后难、逐步推广。

第四，为有序推进生活垃圾计量收费政策落地，建议强化生活垃圾计量收费政策储备研究、加强公众舆论引导、进一步提升精细化管理水平。一是核算生活垃圾清运处理成本。针对焚烧、填埋、生化处理等处理方式，分别核算从清运到处理的总成本，以及各类垃圾减量后的成本变化；二是推进不同计量收费模式、收费费率的减量化效果研究，分领域设计有效的收费模式和费率；三是加大计量收费减量化功能和收费理念的宣传力度，通过成本核算、信息公开等方式，引导公众舆论、凝聚社会共识，提高计量收费接受度；四是将生活垃圾管理与城市精细化管理结合起来，完善覆盖非居民单位、社区、居民家庭等层面生活垃圾数据信息系统；五是完善贯穿生活垃圾清运、处理过程的计量体系，配套必要的称重设备和管理信息系统，减少信息误差；六是计量收费政策实施初期，需加大对包括垃圾清运、处理、缴费和清算等在内的各环节的监管力度。

第五，建议北京市加强可回收物统计监测，研究建立低价值可回收物补贴制度。建立便捷化的可回收物体系是激励居民源头分类减量的重要保障措施。由于市场机制在低价值可回收物回收方面存在失灵，政府必须在此方面承担更大责任，可考虑两种支持方式：一是用回收高价值可回收物的利润平衡回收低价值可回收物的成本；二是政府对回收低价值回收物进行补贴，该方式在中国台湾省台北市有成功实践。建议分品类加强对可回收物的监测和统计，跟踪监测每种可回收物的物质流和价值流，为补贴政策的制定奠定坚实的数据基础；同时要注重机制设计，解决政府和回收企业间的信息不对称问题，确保补贴政策实施的效率。

第二节　北京市社区生活垃圾分类减量治理长效机制完善建议

当前垃圾分类管理政策对社区居民源头分类、减量和资源化的经济激励不足、持续性不够、约束性不强。应致力于建立有前瞻性、直达源头、经济可持续的促进源头行为转变的常态化激励约束机制。鉴于此，本节提出完善社区生活垃圾分类减量治理、长效机制的建议，其着力方向包括引入经济激励工具促进居民源头分类减量，更好发挥政府在资源回收体系建设中的作用，理顺资金流，提升物业企业分类管理的可持续性。此外，应注重核算生活垃圾成本，探索建立科学分担机制；分步探索实行社区垃圾分类计价、计量收费；理顺市场和政府的关系，建设规范的可回收物体系；综合施策，实现物业企业垃圾管理的资金平衡；强化生活垃圾分类精细化管理能力建设。

一、社区生活垃圾分类减量治理长效机制的着力方向

推动居民养成源头分类减量习惯是生活垃圾分类减量治理长效机制建设的出发点和落脚点，也是生活垃圾分类减量政策取得成功的关键。虽然北京市垃圾分类减量治理长效机制建设已取得重大进展，但针对居民的源头分类制度还存在薄弱环节，表现为垃圾分类效果较多依赖垃圾桶站的二次分拣，现有政策机制对居民源头分类减量的经济激励不足、促进作用有限，存在较大提升空间。

当前垃圾分类政策对居民源头分类、减量和资源化的经济激励不足，持续性不够，约束性不强。第一，政策工具选择上，重行政手段，轻经济手段。北京市垃圾分类成效的取得是党政协同、齐抓共管的结果，通过考核评价、检查处罚等手段，建立起了上级对下级、职能部门对垃圾分类管理责任人的约束机制，但对居民和物业企业均缺少有效的经济激励工具。第二，政策的时间尺度上，重临时性手段，轻常态化手段。当前北京市垃圾分类依赖的行政考核、检查处罚、宣传教育等手段，可能因政府关注重点变化、政策资源的重新配置、"战时机制"的阶段性调整而明显弱化；而诸如计量收费等常态化的市场型政策工具明显不足，此类手段具有自运行、持续性和稳定性强的特点，一旦实施可持续发挥作用。第三，政策作用对象上，重垃圾分类管理责任人，轻垃圾分类责任人。目前的检查处罚主要针对物业企业等垃圾分类管理责任人，而对居民的处罚相对较少，缺少直达居民的垃圾分类减量约束机制；从公开披露的数据看，2020 年 8 月后未继续查处个人垃圾分类违法行为。第四，可回收物资源化方面，重市场机制的作用，轻政府政策的引导作用。将可回收物从垃圾中分离，是垃圾源头分类的重要内容。当前北京市可回收物体系过度依赖市场化机制，价格机制能对高价值可回收物的资源化发挥作用，而低价值可回收物的资源化缺少必要的政策介入，不足以实现可回收物的"应收尽收"。

居民在家庭内垃圾分类减量习惯的养成，是一个相对长期的过程，长效机

城市生活垃圾分类减量治理研究：北京分类实践与计量收费探索

Classification and Reduction Governance of Municipal Domestic Waste in China: Focusing on Classification Practice and Unit Pricing Exploration of Beijing

制建设尤为重要。北京市应立足当下、着眼未来，致力于建立起有前瞻性、直达源头、经济可持续、能促进垃圾分类源头行为转变的常态化激励约束机制。据此提出如下构建长效机制的着力方向。

（一）引入经济激励工具促进居民源头分类和减量

北京市居民生活垃圾收费采取年度定额制，包括垃圾处理费和清运费，两者征收主体不一致，垃圾处理费基本没有征收，对居民源头分类减量无激励作用。根据京政办发〔1999〕68号文件，对本市居民征收3元/（户·月）、对外地来京人员征收2元/（人·月）的生活垃圾处理费，征收主体是街道办事处或乡镇人民政府；根据京价（收）字〔1999〕第253号文件，对本市房屋产权人收取30元/（户·年）的生活垃圾清运费，由垃圾清运单位向委托其清运的物业企业收取，物业企业通过计入物业费或单列的方式向居民收取。该定额收费模式对居民源头分类减量无任何激励。一是该政策颁布于20多年前，费率至今未调整。二是垃圾处理费和清运费分别由街道、物业企业征收，征收主体多、政策成本高。通过对覆盖505个小区的13家物业企业调研发现，垃圾处理费的征收率仅10%，且由物业企业收取，征收主体与政策规定不一致。垃圾清运服务收费合同签订率平均为91.7%，实际收费率平均为65.1%。三是定额收费模式与居民分类减量与否没有关联。因此，调整当前的垃圾收费科目、费率、收费模式，引入经济激励工具促进居民源头分类减量是长效机制建设的必要内容。

（二）更好发挥政府在资源回收体系建设中的作用

通过"两网融合"实现可回收物"应收尽收"是生活垃圾分类减量治理长效机制建设的重要内容。社区调查发现，居民最关注可回收物体系的便捷性及其收益。当前，北京市可回收物体系主要依赖市场机制自发建立，与"应收尽收"的"两网融合"体系还有不小差距，表现为：（1）回收渠道多元，对回收主体的管理不规范，回收体系较为混乱。调研发现，小区物业不掌握可回收物的种类、数量、去向等相关信息，居民、保洁员、拾荒者在其中均扮演一定角色，资源回收体系不规范。（2）市场化回收体系排斥低价值可回收物。调查发现，在《北京市可回收物指导目录2021年版》中，纸板、金属、易拉罐、塑料瓶等属于高价值可回收物；废玻璃、一次性饭盒、塑料泡沫、衣物等属于典型的低价值可回收物。在市场化资源回收体系中，经济利益驱动下市场天然地排斥低价值可回收物，难以实现全品类可回收物的"兜底"回收，政府应当在资源回收体系建设中扮演更重要的角色。

（三）理顺资金流，促进物业企业分类管理的可持续性

物业企业作为垃圾分类管理责任人，实际承担了新版《北京市生活垃圾管理条例》实施以来垃圾分类管理的部分增量成本。对北京市四家大型物业企业的调研发现，其垃圾分类成本包括桶站改造（如垃圾桶更换、标识制作、地面处理、设施搭建、垃圾分类运输车购置及改装等）、垃圾分类转运、桶前值守和二次分拣人员雇用、垃圾分类宣传等。调研数据表明，垃圾分类政策实施后，因垃圾分类管理而产生的成本占物业企业经营总成本的 3%～6%，物业企业向垃圾清运单位缴纳的费用占其经营成本的 2.5%～5%。而物业企业向居民收取的是 1999 年确定的 30 元/（户·年）的垃圾清运费，部分物业企业代收 36 元/（户·年）的垃圾处理费，收费标准偏低，导致物业企业收取的垃圾相关费用与实际支出的费用出现倒挂。物业企业是政府生活垃圾分类检查处罚的主要对象，而其作为社区服务企业，对居民分类行为缺少实质性约束，导致物业企业在垃圾分类管理中承受了较大的政府压力和不可持续的经济压力。

二、社区生活垃圾分类减量治理长效机制的完善建议

（一）核算生活垃圾成本，探索建立科学分担机制

新版《北京市生活垃圾管理条例》实施后北京市垃圾分类取得了重大进展，物质流的优化伴随着价值流的深刻调整。为建立经济可持续、相关主体激励有效的生活垃圾分类减量治理长效机制，需要在物质流的基础上核算北京市垃圾处理和资源再生的价值流，分析相关利益主体的经济可持续性，探索建立科学的成本分担机制。垃圾处理成本核算的要点是：（1）核算不同垃圾处理方式的成本。针对焚烧、填埋、生化处理，分别核算从清运到处理的全流程成本，特别是其他垃圾减量化后带来的总成本、单位垃圾处理成本的变化。（2）成本核算应区分机会成本、环境成本、财务成本、固定成本和可变成本。对于土地利用等机会成本、环境成本单独核算或不核算，重点关注财务成本，并将财务成本划分为投资成本和运行成本。（3）核算低价值可回收物的处理成本。明确低价值可回收物范围，低价值可回收物至少包括废玻璃、一次性饭

盒、塑料泡沫、衣物等，核算包括收集、运输、再生利用等在内的全流程成本。（4）核算不同主体成本的变化。在核算总量成本的基础上，分别针对居民、保洁员、物业企业、回收企业、清运企业、处理企业，核算垃圾分类政策实施后各自经济成本的变化。

研究生活垃圾处理成本由居民和政府共同承担的分担机制。在生产者责任延伸制度普遍推行前，垃圾处理成本主要由居民和政府承担。生活垃圾处理成本不应由居民全部承担，理由如下：（1）土地是公共资源，土地利用等机会成本不应由居民承担；（2）由财政负担的垃圾处理设施不应向居民重复收费；（3）垃圾计量收费成为趋势，随着垃圾分类减量的深入推进，其收入功能随行为改变而显著削弱，将导致资金不可持续。建议对垃圾处理成本核算方法、成本分担机制开展系统性研究。可参照污水处理费征收标准的测算办法，设定垃圾处理费的居民分担比例，超出一定额度的处理成本可考虑由政府通过公共财政承担。

（二）分步探索实行社区垃圾分类计价、计量收费

建议在核算生活垃圾处理成本的基础上，简化收费政策、探索计量收费模式、制定合适的收费费率，提升对相关主体的激励有效性和经济可持续性。推动居民养成源头分类习惯是垃圾分类减量长效机制建设的出发点和落脚点，也是生活垃圾分类政策取得成功的关键。要在垃圾处理成本核算、分担机制的基础上，测算居民生活垃圾处理收费的平均费率，使居民承担合理的垃圾处理成本，培养其缴费意识，激励其采取源头分类减量行为。在定额收费政策下，66元/（户·年）的收费标准明显偏低，对物业企业生活垃圾分类减量治理的积极性带来了不利影响，同时缺少对居民源头分类减量的经济激励功能，应简化垃圾收费科目、优化征收方式、调整费率、探索实施计量收费，创造直接作用于居民源头分类减量的常态化经济激励政策工具。这是生活垃圾分类减量治理长效机制建设的重要内容之一。

建议将垃圾清运费、处理费合并征收，可明确垃圾分类管理责任人为统一征收主体，以降低征收成本、提高征收率。在垃圾处理成本核算、分担机制的基础上，测算居民生活垃圾收费的平均费率，适度提高收费标准，通过使居民承担合理的垃圾处理成本，调动其参与源头分类减量的积极性。参考污水处理费标准，根据居民支付能力，建议将垃圾收费标准由目前的 66 元/（户·年）调整至 100～608 元/（户·年），可进一步根据分类减量效果确定具体的收费

标准。建议其他垃圾采用较高费率，厨余垃圾采用低费率，可回收物不收费并在政策实施初期给予奖励补贴。费率根据垃圾分类减量效果进行动态调整，费率的确定需注重与公众沟通并提高各环节的公众参与度，需公开核算结果以提高公众对计量收费政策的接受度。

（三）理顺市场和政府的关系，建设规范的可回收物体系

建议强化政府在可回收物体系建设、资源再生利用等领域的职能，构建政府主导下的可回收物市场体系，实现"应分尽分""应收尽收"目标下的"两网融合"。

建议北京市加强对资源回收企业的规范化管理。建议通过加强行业管理、完善行业标准等方式，实现资源回收企业的规范化运营；对回收企业的行为进行严格监管，规范市场秩序，防止恶性竞争；通过招投标等方式，选择资质好的回收企业作为"正规军"，承担可回收物"应收尽收"的"兜底"功能。在政府主导下，通过建立便捷化、价格具有竞争力的资源回收体系，促进回收企业的规范化建设。加强不同品类可回收物产生量、资源化量等物质流和价值流的监测和统计。

建议北京市通过补贴低价值可回收物的方式实现"应收尽收"。基于低价值可回收物回收成本的核算，制定政府对低价值可回收物的补贴标准；在短期内，可将垃圾分类减量后节省的末端处理资金用于补贴可回收物的回收利用。同时，鼓励具有资质、满足产业发展要求的高附加值资源再生企业落户北京，畅通内循环，降低资源回收利用的物流成本。中长期可通过建立生产者责任延伸制度，使生产者承担产品废弃后的回收责任，通过供需平衡的资金机制，减轻政府财政负担。

（四）综合施策，实现物业企业垃圾管理的资金平衡

物业企业在垃圾分类管理中，直接承担了垃圾分类设施建设、宣传、桶前值守、二次分拣等成本。实现物业企业的资金平衡，是生活垃圾分类减量治理长效机制建设的关键一环。

建议采取综合措施，实现物业企业生活垃圾管理的资金平衡，推动物业企业回归垃圾分类管理责任人而非垃圾分类责任人的定位。（1）通过调整生活垃圾收费费率、降低征收成本，解决物业企业垃圾相关费用收支倒挂的问题；（2）通过建立分类计价、计量收费体系，促进居民开展垃圾源头分类减量，降

城市生活垃圾分类减量治理研究：北京分类实践与计量收费探索

Classification and Reduction Governance of Municipal Domestic Waste in China: Focusing on Classification Practice and Unit Pricing Exploration of Beijing

低物业企业垃圾桶站二次分拣的成本；（3）利用物业企业与社区的密切关系，鼓励物业企业参与社区可回收物站点建设，并作为可回收物体系建设中的一环，配合政府做到可回收物"应收尽收"，通过政府资金补贴实现合理盈利；（4）改变垃圾清运企业与物业企业的结算方式，通过建立"多清运多缴费，分类垃圾少缴费"的计费机制，激发物业企业推动社区垃圾分类减量的积极性，减少物业企业缴费支出。

（五）加强生活垃圾分类精细化管理能力建设

在基础数据方面，应依托信息化系统、智能设备等加强对社区内部和居民家庭各品类生活垃圾的数据记录，较为精准掌握垃圾产生数据、居民垃圾投放行为等信息，提升精细化管理水平。随着技术进步，垃圾清运单位应为运输车辆加装计量称重和卫星定位等配套设备，为服务区域内的非居民单位提供身份识别标识安装和维护服务，保证其正常使用，建立非居民单位厨余垃圾运输电子联单（包括时间地点、非居民单位及代码、称重量、分类质量、现场拍照、车辆等信息），相关数据实时接入各区生活垃圾管理信息系统，为计量收费政策设计和管理提供可靠的数据支撑。在监督监管方面，物业企业等作为生活垃圾分类管理责任人负有计量收费监督劝导责任，应加强桶前值守力量，对居民非法装袋、非法倾倒等行为进行劝导。区、街道等各级生活垃圾主管部门应在物资、人力方面对物业企业提供充分支持，配套专项资金用于物资准备，在政策实施初期通过党建引领等多种方式增加桶前值守志愿者；加强对专用物资的生产的监管，防范和处罚可能的造假行为；引入公众监督、媒体监督等社会监督力量，对非法行为初期以教育为主，而后进行处罚，综合利用红黑榜、"城管执法进社区"等多种措施，加强社区内部的垃圾分类投放监督管理。

第三节　北京市社区生活垃圾计量收费改革建议①

为推动社区生活垃圾计量收费政策的实施，本节从政策的着力方向、重点工作内容、垃圾处理费的收费性质三方面提出具体建议。着力方向上，凝聚社会共识，着力推动计量收费政策实践；先易后难、分步探索，最终实现政策全覆盖；

---

① 本节前两部分内容发表于《城市管理与科技》2022年第23卷第2期，基于本书框架进行了相应调整。

系统性加强生活垃圾计量收费相关研究。重点工作内容包括：综合考虑各关键主体间关系，理顺资金流、物质流和信息流；将计量收费接受度、公众获得感作为重中之重；理顺市场和政府的关系，探索建立低价值可回收物支持政策；加强部门联动，消除制约计量收费政策落地实施的因素；优先考虑随袋收费或定额收费后按分类效果返补奖励的计量收费模式。基于国家政策改革方向、计量收费政策趋势和现行垃圾收费性质特点，本节建议将北京市垃圾处理费收费性质定位为经营服务性收费，进一步优化征收过程，为收费政策的顺利过渡创造条件。

一、社区垃圾计量收费政策的着力方向

（一）凝聚社会共识，着力推动计量收费政策实践

建设社区生活垃圾分类减量治理长效机制应立足当下、着眼未来，致力于建立起有前瞻性、直达源头、经济可持续的常态化机制。随着垃圾分类政策的深入推进，北京市垃圾分类管理体系已基本成熟，为进一步探索实施计量收费政策提供了较好的条件。然而目前以行政手段为主的垃圾分类管理措施，对居民源头分类减量的促进作用有限。根据国家政策与垃圾分类管理实践趋势，要推动健全垃圾分类减量治理体系、提升垃圾分类减量治理能力和治理体系现代化水平，由行政手段向以经济激励为主的手段转型、从自上而下压实行政责任到激发各主体内在主动性转变，是生活垃圾管理政策改革的重要方向。因此调整当前的生活垃圾收费科目、费率和模式，引入经济激励工具促进垃圾源头分类减量是长效机制建设的必要内容。未来，应充分发挥计量收费政策等环境经济手段的作用，这类手段具有自运行、持续性和稳定性强的特点，兼具收入和行为激励两种功能，可持续性、常态化发挥作用。

（二）先易后难、分步探索，最终实现政策全覆盖

计量收费政策的实施涉及的关键主体和重要环节较多，对配套政策要求较高，是一项较为复杂的系统性工程，不能一蹴而就，需要深入研究、审慎决策、先易后难、分步推行。首先，建议城管、发展改革等相关部门与专业团队合作，启动面向居民的生活垃圾计量收费研究，确定符合北京市垃圾分类管理实际的收费模式、收费费率、收费模式；其次，依托数据记录、成本监审等工作，在计量收费政策制定全过程注重信息公开、公众参与，研究确定合理的、

可广泛应用于北京市各小区的计量收费实施机制，在全市推广实施。

特别地，要重点关注收费环节设计，统筹考虑管理难度，建立分层次、可操作性强的收费机制。建议分两个层面，逐步建立覆盖垃圾分类各相关主体的收费机制。第一层面，优先探索垃圾清运（处理）单位面向垃圾分类管理责任人（即物业企业）的收费政策，政策作用对象仅考虑垃圾分类管理责任人的情况下，优势是可操作性强，制约因素少，能够同时兼顾不同类型物业企业管理模式的多样性，充分调动物业企业的积极性，激励其主动进行垃圾分类管理以降低支出成本；同时，仅考虑垃圾分类管理责任人也存在一定的局限性，例如面向居民的垃圾分类减量无统一的激励政策，致使无法判断垃圾分类管理责任人是否真正开展了直达居民的垃圾源头分类减量治理，并且物业企业对居民的约束能力较弱，无权对居民违规行为进行惩罚，这可能影响社区垃圾分类减量的效果。

第二层面，在第一层面的基础上，考虑垃圾分类管理责任人面向居民的收费政策，优势是收费政策直达源头，直接作用于生活垃圾的产生者，经济激励的行为改变作用较为明显。经过广泛调查研究，建议优先采用随袋收费或定额收费后按分类效果返补奖励的收费模式。随袋收费模式在韩国、中国台湾省台北市等地有成熟的实践经验，收费和投放程序简单，易于为居民和收费主体理解和操作，促分类减量作用显著，可兼容垃圾自动化收集，但是该模式具有存在过度装袋风险、对专用垃圾袋制作和防伪要求高、对监督监管能力要求较高、政策执行成本高等局限性。定额收费后按分类效果返补奖励模式是在现有收费政策基础上的创新，收费过程相对方便，新增管理成本很低，同时通过奖励返补机制，能够激励居民定时定点投放，积极申报源头分类效果，然而该模式与居民垃圾产生量难以挂钩，不能达到促进垃圾减量的目的，此外还存在返补形式和金额难以确定、对桶前值守人员监管能力要求较高等问题。

北京市已于2021年9月对非居民单位的厨余垃圾实施计量收费，在实际推进过程中遵循先易后难、分步推进的原则。在已经实施计量收费的领域，应当积极开展政策效果评估，总结政策在促分类减量方面的成功经验，逐步对薄弱环节进行完善，确保政策执行达到预期目标。与非居民单位相比，由于面向居民的计量收费政策管理对象更多、对社区生活垃圾管理基础能力要求更高，涉及的部门和环节更多，在社会接受度和居民缴费意识有待提高、精细化管理能力存在短板的条件下，面向居民的计量收费政策的全面实施仍面临较大的制约。因此，全覆盖的计量收费政策要在全市上下达成共识、相关配套支持政策到位、生活垃圾管理能力显著提升、居民垃圾分类和缴费意识大幅提升后分步探索、稳妥实施。

（三）系统性加强生活垃圾计量收费相关研究

从全国范围内看，生活垃圾计量收费政策，特别是针对社区的计量收费政策是一项新政策。尽管在全球有诸多计量收费实践，但由于社会、文化等各方面的差异，其经验不足以完全支撑北京等城市的政策实践。因此，需要加强对计量收费关键环节的研究，特别是要针对计量收费定价理论、计量收费模式、费率确定、减量化效果等进行系统深入的研究，从理论和经验上为计量收费的全面覆盖奠定科学基础。具体而言，需要深入研究的主题包括：第一，计量收费接受度的动态跟踪研究。针对居民和非居民单位，分析其对计量收费政策的接受度及其影响因素，总体判断公众对计量收费政策的认知和态度，为相关干预措施的制定实施提供数据基础。第二，计量收费模式的选择。深入分析随袋收费等模式的适用性，设计与中国城市特征相适应的收费模式。当城市规模很大时，城市内部的收费模式可能不唯一。第三，计量收费费率确定机制。基本原则是费率应能够使计量收费政策净收益为正值且最大化，这个过程涉及生活垃圾处理责任在生产者、消费者和公共部门之间的合理分配，不同品类生活垃圾收费费率的差异化等。第四，计量收费政策的垃圾减量化、资源化效果。计量收费政策的促减量促分类效果是核心目标，因此需要对已经实施计量收费政策的领域进行动态化的科学评估；对拟实施计量收费政策领域的垃圾减量化、资源化效果进行模拟评估，充分借鉴国内外经验，为政策制定和实施提供坚实的支撑。

二、社区垃圾计量收费的重点工作内容

（一）综合考虑各关键主体间关系，理顺资金流、物质流和信息流

生活垃圾计量收费的主要作用对象为居民，费用的使用主体为垃圾清运单位和垃圾处理部门，物业企业等垃圾分类管理责任人可以承担代收代缴功能。由此产生两个层面的收费机制设计问题，即物业企业面向居民的计量收费机制设计问题和垃圾清运（处理）单位面向物业企业的计量收费机制设计问题。应通过合理界定各主体在计量收费管理中的责任，理顺各主体间的资金流、物质

流和信息流，使计量收费和相关干预政策能够切实作用到生活垃圾产生和排放的源头——居民家庭，同时鼓励物业企业通过自身机制创新、资源再利用等多种方式降低生活垃圾管理成本，实现常态化的净收益，最终构建起各主体良性互动、互相促进的垃圾分类减量长效机制。

（二）将计量收费接受度、公众获得感作为重中之重

考虑到当前北京社区垃圾收费费率的起点较低，计量收费改革很可能增加居民垃圾处理费支出，应格外重视公众对计量收费的接受度。社会公众对计量收费政策的普遍接受，是该政策落地实施的前提。需要通过公开成本信息、提高程序透明度、宣传教育等举措，增进公众对计量收费政策目标和功能的理解。同时，建议将计量收费实施后节省的垃圾末端处理财政资金专项用于改善民生，如免费分发分类垃圾桶等，使公众在承担更多垃圾处理费的同时，通过享受到其他方面的税费减免或获得实物补偿，产生实实在在的获得感。

（三）理顺市场和政府的关系，探索建立低价值可回收物支持政策

建议强化政府在可回收物体系建设、资源再生利用等领域的职能，构建政府主导下的可回收物市场体系，实现"应分尽分""应收尽收"目标下的"两网融合"，特别是应注重将可回收体系建设与计量收费政策有效衔接。例如统筹考虑补贴和收费标准，将可回收物奖励标准与厨余垃圾、其他垃圾的计量收费标准结合起来，提升其对物业企业和居民的经济激励联动作用；管理体系上也可进行融合，例如依托可回收物站点进行专用垃圾袋等相关物资的购置或分发等。

（四）加强部门联动，消除制约计量收费政策落地实施的因素

推行面向居民的生活垃圾计量收费政策涉及的主体较多，需要各方形成合力持续提升垃圾管理能力、凝聚广泛的社会共识、提高各方对政策的支持力度，为计量收费政策的落地实施创造有利条件。首先，持续对垃圾分类进行宣传，增加内容的鲜活性和针对性，通过信息公开增进各关键主体对北京市生活垃圾处理成本的了解，促进各方对垃圾计量收费政策形成共识。北京市在垃圾分类管理实践中已建立多元化宣传教育动员体系，包括上门宣传、发放宣传单、拉横幅、贴海报、投放公益广告、建设垃圾分类主题公园、开展垃圾分类知识进校园进课堂活动等多种形式。通过党建引领、社会组织动员等形式，充

分激发党员、团员、学生、离退休干部等的参与积极性，构建广泛的社会动员体系。可借助现有宣传教育动员体系，向居民提供垃圾处理成本信息，明确计量收费促分类促减量、实现社会总成本最小化的功能，提升居民、物业企业等主体对计量收费政策的接受度，为政策落地实施凝聚社会共识。

其次，注重垃圾分类管理责任人、垃圾清运单位、垃圾处理单位等管理主体的能力建设，提升社区精细化管理水平。由各级城管部门、财政部门等统筹协调，配套专项经费，加强相关技术研究，一是将生活垃圾管理与社区精细化管理工作结合起来，完善生活垃圾数据信息系统；二是建立健全贯穿生活垃圾清运处理过程的计量体系，配套必要的称重设备和管理信息系统；三是在政策实施初期，加强对包括桶前值守、垃圾清运、垃圾处理、缴费和清算等在内的计量收费各环节的监管力度。

最后，通过政策建议、座谈讨论、走访调研等多种方式凝聚政策共识，突破计量收费政策推行过程中面临的既有政策约束，消除制约计量收费政策落地实施的因素，在相关职能部门成立领导协调机制，制定并发布专项支持政策，包括允许费率适度上调、配套专项经费、探索成本较低的收费模式、采取可推广的配套政策措施等。

（五）优先考虑随袋收费或定额收费后按分类效果返补奖励的计量收费模式

面向居民的收费模式选择是实施生活垃圾计量收费的关键。通过对全球垃圾收费模式与北京实际的综合分析，建议北京市优先考虑随袋收费或定额收费后按分类效果返补奖励的计量收费模式。（1）北京具备实施社区垃圾计量收费的社会基础和制度基础。一是北京市 2023 年人均地区生产总值 20 万元人民币，约合 3 万美元，远超韩国、中国台湾省台北市实行计量收费时的水平，这意味着北京市具备实施计量收费的公共治理能力、公众素质。垃圾产生量大、减量化需求迫切为北京实施计量收费提供了重要前提。二是北京市有物业管理的社区初步建立了垃圾桶值守制度，为检查专用垃圾袋的使用提供了管理基础。垃圾分类政策的实施对培养居民环保意识、使居民认识垃圾减量重要性具有促进作用，为计量收费的实施奠定了较为牢固的社会基础。（2）随袋收费与北京市居民的生活习惯契合度高。北京市居民日常是用垃圾袋投放垃圾的，随袋收费不改变居民习惯、执行成本相对较低。北京市城区人口密度高，社区公用垃圾桶使用人数众多，随袋收费可投放垃圾时无须排队缴费，更为简便。随袋收费对公用垃圾桶智能化、信息化水平要求低，可避免其他收费方式因需置换智能垃圾桶而产生的较高的投资成本。（3）东亚城市随袋收费的成功实践可为北京市提供借鉴。东亚地区文化相近，住房结构和饮食习惯相似，人口密度均较高，韩国、日本、中国台湾省台北市随袋收费的成功实践意味着这种模式适合东亚地区，对北京市具有较大借鉴价值。（4）除了随袋收费模式外，还有定额收费后按分类效果返补奖励的模式，该模式能对居民垃圾分类行为产生正向激励，激励居民主动报告垃圾分类效果，促进居民垃圾分类习惯的养成，有助于引导居民定时定点投放垃圾；这种模式下，收缴费用相同但返补额度与分类质量紧密挂钩，可激励居民提高垃圾分类的准确度和积极性；收费环节不改变既有的收费流程，收缴相对容易、新增成本相对较小。

三、生活垃圾处理费的收费性质与政策建议

（一）当前的收费性质定位成为计量收费升级的制约因素

现行收费政策下，生活垃圾处理费和清运费两类收费科目性质不同，征收主体不一致，管理成本较高。依据京政办发〔1999〕68 号和京价（收）字〔1999〕第 253 号，生活垃圾处理费（36 元/（户·年））属于行政事业性收费，应由街道办事处或乡镇人民政府征收；生活垃圾清运费（30 元/（户·年））属于经营服务性收费，应由垃圾清运单位向委托其清运的物业企业收取，物业企业通过计入物业费或单列的方式向居民收取。而收费现状是部分有物业管理的小区由物业统一代收代缴两类垃圾费，实质上不符合政策规定；无物业管理的小区由街道兜底，政府负担相关成本。

在生活垃圾处理费等行政事业性收费改由税务部门征收的政策背景下，应对北京市的生活垃圾收费性质做进一步的梳理和科学界定。2021 年 3 月由财政部发布的《财政部关于土地闲置费、城镇垃圾处理费划转税务部门征收的通知》（财税〔2021〕8 号）明确提出"自 2021 年 7 月 1 日起，将自然资源部门负责征收的土地闲置费、住房城乡建设等部门负责征收的按行政事业性收费管理的城镇垃圾处理费划转至税务部门征收"，征收对象是"缴纳义务人或代征单位"。北京市城镇生活垃圾处理费缴纳义务人为居民，代征单位理论上为街道办事处或乡镇人民政府，实际上为物业企业。因此按照政策要求，现行属于行政事业性收费的 36 元/（户·年）的垃圾处理费将划转至税务部门征收，未

按时缴纳的，由税务部门出具催缴通知，并通过涉税渠道及时追缴。

基于收费性质对比和北京市收费实际，若是出于降低征收成本和提高收缴率的目的，将生活垃圾处理费等行政事业性收费划转税务部门征收，则未必有助于政策目标的实现。同时，在与计量收费政策的兼容方面，由税务部门征收垃圾处理费之后可能出现物业企业面向居民的垃圾分类管理与税务部门面向居民的计量收费不兼容的问题，从而增加政策执行成本，收费机制是否能够畅通也值得进一步研究。换句话说，在生活垃圾计量收费政策已经成为趋势的情形下，一旦税务部门成为收费主体，就会给居民垃圾收费向计量收费的升级带来不便和不确定性。从这个意义上看，将垃圾处理费划转税务部门征收可能不利于计量收费政策的推动实施。

（二）建议将生活垃圾收费性质定位为经营服务性收费，优化征收过程

基于国家政策改革方向、北京市计量收费的趋势、现行生活垃圾收费性质特点，我们认为将生活垃圾收费性质定位为经营服务性收费更为合理。一是根据北京市现状，面向居民的生活垃圾收费征收成本较高，费率相对较低，不论哪个部门收取都有可能面临困难；同时，属于经营服务性收费的生活垃圾清运费往往与物业费一并收取，收缴率较高，而属于行政事业性收费的生活垃圾处理费由街道办事处或乡镇政府负责收取，征收成本高、收缴难度大、收缴率低。从中可以看出，将收费性质定位为行政事业性收费并不意味着可以提高收缴率。二是为未来拟实施的居民社区计量收费政策预留空间。计量收费政策的实施要求费用的收取和使用具有相当的灵活性。在部门属性上，若改由税务部门征收，则生活垃圾处理费收取的刚性将会加强，收取的费用将进入公共财政，将导致垃圾清运单位与物业企业、物业企业与居民之间的资金流不畅通，与计量收费政策需要的垃圾清运单位、物业企业按量灵活进行收费管理的要求存在冲突。

综合来看，需进一步深入分析垃圾处理费改由税务部门征收的政策目的，研究改革前后收缴流程的变化，充分调研相关主体的利益诉求、相关部门执行政策面临的困难，在此基础上建立符合北京市实际、易于收缴、同时能够与生活垃圾计量收费政策实施有效衔接的收缴机制。此外，根据北京市生活垃圾管理实际和计量收费政策改革方向，促垃圾减量和源头分类是垃圾计量收费的主要需求，而减量效果会削弱经营服务性收费的收入功能，在仅依靠经营服务性垃圾计量收费的情况下，当减量效果明显时将不足以确保垃圾清运处理环节实

现合理盈利，长期来看，政府财政仍不能免于责任，一定程度的政府财政兜底补贴应成为常态。

综合考虑可行性和政策执行成本，建议北京市合并垃圾处理费和垃圾清运费，统一收费性质为经营服务性收费，在此基础上采用适合本地实际的代收代缴方式，为计量收费政策在社区的全面推行预留空间。同时进一步研究计量收费的减量效果、费率确定、政府公共财政的新职能，从经济可持续、社会成本最小化、管理体系和管理能力现代化角度，综合推进生活垃圾相关领域的改革。

第四节　北京市非居民单位垃圾计量收费改革建议

相比于居民社区垃圾计量收费政策，非居民单位垃圾计量收费政策实施成本相对较低，同时能够为居民社区垃圾计量收费政策的实施积累经验。非居民单位垃圾计量收费能够为非居民单位垃圾排放提供有效经济约束，对于垃圾源头分类减量具有重要的现实意义。促减量应是非居民单位垃圾计量收费的首要功能，费率设置应使得非居民单位垃圾计量收费政策净收益最大化。为完善非居民单位垃圾计量收费政策和稳妥推进生活垃圾全领域计量收费，本节认为需要淡化全成本定价理念，简化费率并引入费率调整机制；开展专业化政策解读和宣传，提高公众接受度；动态监测垃圾量，建立数据质量交叉核验机制；构建垃圾量数据库，适时开展定额分档计费的量化研究；城管执法应注重对非预期减量行为的检查处罚；专项评估非居民单位厨余垃圾计量收费实施效果；积极稳妥推进非居民单位其他垃圾计量收费政策落地。

一、非居民单位垃圾计量收费的重要意义与内涵分析

（一）非居民单位垃圾计量收费具有重要的现实意义

第一，为非居民单位垃圾排放提供有效经济约束。非居民单位生活垃圾是经济活动的副产品，一般而言，经营业绩越好的企业，厨余垃圾产生量越多。若非居民单位垃圾清运和处理成本由财政承担，则将导致垃圾的过度排放。计量收费将排放量与缴费额挂钩，能够有效约束非居民单位的垃圾排放。第二，非居民单位垃圾计量收费具有较大政策空间。在征收污水处理费的情境中，用

水量受到水价调控,不存在大的浪费,污水过度排放问题不严重。针对工业企业产生的废水废气,国家制定了排放标准,即污染物须经过预处理达到要求后才允许排放;与工业废水废气相比,非居民单位生活垃圾没有相应的排放标准,因此从这个意义看,计量收费政策对非居民厨余垃圾减量具有较大的作用空间。

(二)促减量是非居民单位垃圾计量收费的首要功能

非居民单位垃圾计量收费具有两大功能:一是收入功能;二是减量功能。第一,收入不稳定,可能仅占实际处理成本的不足四成。以非居民单位厨余垃圾为例,以 2019 年非居民单位厨余垃圾清运量 67.89 万吨为基数进行测算。按照 300 元/吨的费率,足额征收可得 2.04 亿元;由于对非居民单位实行定额分档计费(定额 50% 以内,200 元/吨;定额 50%～100%,300 元/吨),在定额范围内的实际费率为 250 元/吨,且实施计量收费后非居民单位厨余垃圾排放量将减少,因此若按照减量 20%、实际征收率 80% 计算,则实际征收所得在 1.09 亿～1.30 亿元之间,仅占实际处理成本 3.23 亿元的 33.7%～40.2%。第二,垃圾减量是非居民单位垃圾计量收费政策应追求的首要功能。垃圾减量意味着费率不变时,收入减少;在定额分档计费模式下,减量会导致收入更大幅度下降。在计量收费政策设置的费率下,收入可能不足总处理成本的40%,因此政府财政仍不能免于责任。在北京市生活垃圾处理能力几近饱和、末端处理压力较大的背景下,应把收费政策的促减量作用定位为首要功能。

(三)应追求非居民单位垃圾计量收费政策净收益最大化

作为一项公共政策,非居民单位垃圾计量收费政策既有成本,也有收益。收益大于成本即净收益大于零的政策,在经济上具有可行性。因此,要尽可能提高政策收益、控制政策成本,追求政策净收益最大化。政策的收益包括:第一,垃圾减量带来的费用节约,特别是垃圾末端处理设施建设支出及运行维护支出的降低。提高政策收益的关键是最大限度发挥垃圾计量收费对非居民单位生活垃圾减量的作用。从这个角度看,较高的费率可能产生更大的减量效果。最新一轮提价后,垃圾计量收费平均费率从 100 元/吨提高到 300 元/吨,预期可产生更为明显的减量化效果。定额分档计费将进一步加大垃圾减量刺激力度。第二,净化环境的收益。第三,提高社会文明风尚的社会效益。需要指出的是，政策收入是财富转移，从社会角度看并不是政策收益。

政策的成本包括：第一，政策制定和执行成本。计量收费需要基于精确的计量和完善的收费体系，与建立在用水计量基础上的污水处理费相比，非居民单位垃圾计量收费目前没有基础载体，其政策制定和执行成本较高。第二，政策遵从成本。政策对象的遵从成本主要受费率高低影响；高费率将增加非居民单位实施该政策的遵从成本。因此，在产生显著减量化效果的前提下，费率应适当调低；同时，要讲究政策宣传和解读的策略，使政策对象接受政策，降低遵从成本。第三，政策的非预期成本。高费率更可能引起非预期行为，比如非居民单位为了少缴纳垃圾处理费，可能将部分厨余垃圾混入其他垃圾、排入下水道等，导致其他垃圾和污水的处理成本增加。

二、非居民单位厨余垃圾计量收费实施现状

（一）非居民单位厨余垃圾计量收费政策要点

调整收费费率，全面实施计量收费，探索定额分档管理。自 2021 年 9 月 30 日起，北京市非居民厨余垃圾收费标准调整至 300 元/吨。自 2022 年 9 月 30 日起，机关、部队、学校、企业事业等单位集体食堂实施厨余垃圾定额管理和差别化收费（具体标准为定额 50% 以内，200 元/吨；定额 50%～100%，300 元/吨；超过部分，600 元/吨），餐饮企业等其他非居民单位待条件成熟后适时实施。新版服务合同签订与运输环节称重计量是实施关键点。清运单位应与非居民单位、处理单位分别签订新版清运、处理服务合同，政策落地情况因各区收费基础设施情况而异；为运输车辆加装计量称重设备，建立非居民单位厨余垃圾运输电子联单，相关数据实时接入各区生活垃圾管理信息系统，为精准计量提供关键信息。

（二）非居民单位厨余垃圾计量收费实施情况

计量收费政策的落地包括垃圾排放登记、清运服务合同签订、运输服务提供、称重计量、收费结算、费用清分等环节。收费政策的落地实施以非居民单位与清运单位的合同签订为标志。因此，各区计量收费落地时间依不同类型非居民单位的垃圾分类管理基础、合同签订时间而异。据调研，由于计量收费管理难度较大、各区管理基础不同，非居民单位与清运单位签订合同的时间从

2021年10月一直持续到2022年底（见表11-1）。

表11-1 北京市部分区非居民单位厨余垃圾计量收费落地情况

行政区	实际落地时间	政策执行情况
东城区	2022年10月	2022年10月开始组织合同签订
朝阳区	2022年9月	2022年9月合同签订率不足50%
密云区	2022年8月以后	2022年8月发布实施方案
丰台区	2022年1—6月	2022上半年推进合同签订
大兴区	2022年1—6月	2022上半年全部签订合同
海淀区	2022年4月	2022年4月组织合同签订
房山区	2022年3月	2022年3月组织合同签订
门头沟区	2022年3月以后	2022年3月完成信息收集
石景山区	2022年1月	2022年1月正式实施计量收费
顺义区	2021年12月	2021年12月合同签订
怀柔区	2021年10月以后	2021年10月印发实施方案
延庆区	2021年9月以后	2021年9月完成排放登记
西城区	2021年9月以后	2021年9月完成排放登记

注：根据北京市各区政府官网整理。平谷区、昌平区、通州区暂无相关公开信息。

（三）非居民单位厨余垃圾计量收费评估情况

《关于调整本市非居民厨余垃圾处理费有关事项的通知》（京发改〔2021〕1277号）提出，"加强对非居民厨余垃圾计量管理及收费政策执行情况的跟踪评估"。截至2022年底，由于各区非居民单位厨余垃圾计量收费前期准备基础、收费执行时间不同，因此对政策效果的系统化专项评估尚未开展。评估非居民单位厨余垃圾计量收费的减量化效果、分析政策的成本收益是优化现行政策、开展其他垃圾计量收费改革的重要基础。一方面，计量收费效果可能由于各行政区垃圾分类管理基础、政策落地时间、疫情影响大小而存在差异，政策效果和实施过程存在的问题和形成的经验需要系统深入的评估；另一方面，对已实施政策的评估可以为优化非居民单位厨余垃圾计量收费提供丰富的资料，更为重要的是，也可以为制定实施非居民单位其他垃圾计量收费政策提供直接参考。

三、非居民单位垃圾计量收费政策完善建议

（一）淡化全成本定价理念，简化费率并引入调整机制

全成本概念意味着垃圾处理费由产废单位全部承担，其费率通常较高，不利于社会对该政策的普遍接受；同时意味着收入功能是政策的首要功能，甚至是唯一功能。因此，全成本概念与生活垃圾计量收费的政策目的、实际费率设定均有明显偏差，建议在政策制定、宣传、执行的全过程淡化全成本定价理念。当然，基于全成本测算的费率可作为实际费率的参考上限。

在非居民单位生活垃圾计量收费政策实施初期，建议采用单一化费率，降低对基础数据精细化程度的依赖；待获得充足的基础数据后，可考虑实行定额分档计费模式，建议优先采用"定额内＋定额外"的二元定额分档计费模式，以简化费率，降低征收管理难度。同时，可通过定额管理，根据减量趋势动态调整定额，更好、更有效地激励非居民单位开展垃圾减量工作。比如，动态定额可基于上年度清运量的90％核定等。

（二）开展专业化政策解读和宣传，提高计量收费接受度

实施非居民单位垃圾计量收费政策，专业的政策解读和宣传对于提高计量收费接受度至关重要。在政策实施前，建议相关部门编制专业的政策宣传资料，邀请领域内权威专家进行专业性政策解读，重点介绍政策制定背后的逻辑，营造更加公开、透明、亲民、便民的政策实施社会氛围。

在政策解读和宣传上，费率制定的依据应是能否产生显著的减量化效果，不应把全成本作为费率制定的主要依据；可将厨余垃圾或其他垃圾基于全成本测算的费率与政策的实际费率对比，以突出政府降费让利，居民和政府共同承担成本、但政府承担大部分的政策导向，最大限度消除社会对计量收费的抵触情绪；突出政策促减量、优化管理的重要功能，强调增加收入不是该项政策的主要功能，测算收费额占该类生活垃圾处理总支出的比重，说明政府仍然会承担大部分成本的客观事实。

（三）动态监测垃圾量，建立数据质量交叉核验机制

较高的数据质量是计量收费实施的一个关键基础。非居民单位垃圾排放量

与费用挂钩后，非居民单位有动力降低垃圾实际排放量，以减少缴费额。因此，有必要建立非居民单位厨余垃圾、其他垃圾排放量的动态监测机制，及时掌握排放量数据。

建议对非居民单位的垃圾排放量建立数据质量交叉核验机制。通过对累积数据的时间序列、同类型单位的横向对比，开展数据质量的内部和外部交叉验证，识别异常值，判定数据的可靠性和真实性。比如，对同一区域、同一类型的100家餐饮企业月均厨余垃圾排放量进行统计分析，识别出位于三倍标准差之外的离群点，其数据质量很可能存在问题，可通过现场核查的方式判断其数据真实性。

（四）构建垃圾量数据库，适时开展定额分档计费的量化研究

建议建立垃圾量数据库，在非居民单位垃圾量相关数据积累近一年时，开展定额分档计费的量化研究。其要点包括：一是基于数据特征，研究哪些类型的单位适合定额分档计费；二是明确定额的标准如何确定，比如，与上一年度相同，还是以特定比例逐年降低配额；三是基于数据分析"定额内＋定额外"模式和其他更加精细的定额分档计费模式的优劣和减量化效果，并提出关于定额分档计费的建议；四是对经营规模发生重大变化的单位，需考虑建立定额的调整机制，明确调整的触发条件和程序。

（五）城管执法应注重对非预期减量行为的检查处罚

非居民单位垃圾计量收费目标主要是促进垃圾减量，包括通过净菜进城、提升饭菜品质、优化餐饮管理、采用油水分离、控水控杂或就地处理等措施实现厨余垃圾排放量减少，也包括通过各种措施降低其他垃圾排放量。但与此同时，政策可能触发非预期减量行为，带来成本的转移。可能的行为包括：一是非居民单位将厨余垃圾混入其他垃圾，导致垃圾混合；二是非居民单位将垃圾通过非法转移等方式混入社区生活垃圾，或倒入公共垃圾桶或公共空间；三是非居民单位将垃圾排入下水道，加大生活污水处理负荷。建议城管执法部门注重对非预期减量行为的监督检查，对发现的非法行为进行处罚，规范单位的厨余垃圾和其他垃圾减量行为，防止非预期减量行为的大范围发生。

（六）专项评估非居民单位厨余垃圾计量收费实施效果

建议建立政策效果的跟踪评估制度。可委托第三方专业评估机构，开展对

非居民单位垃圾计量收费效果的评估；在政策实施初期，建议以一年为周期开展及时评估，待政策相对成熟后，评估周期可适当延长。

建议对非居民单位厨余垃圾计量收费效果开展专项评估。该政策已于2022年底在北京市全市落地，为进行专业、深入的政策评估创造了条件。一是对计量收费政策的减量化效果、减量措施及其成本、垃圾分类成效进行评估；二是对政策实施各环节以及城市精细化管理水平提升效果评估。可委托第三方专业评估机构，针对全市、各区、不同类型单位进行专项评估。

建议以上述政策评估为契机，建立计量收费管理的跟踪评估机制和基于效果的反馈调节机制，为实施和持续优化其他垃圾计量收费政策奠定坚实基础。建立政策评估效果的反馈调节机制，以评估结果为依据，对政策实施过程中的薄弱环节进行及时的修正和加强，有助于进一步发挥政策促减量、提升精细化管理水平的作用。

（七）积极稳妥推进非居民单位其他垃圾计量收费政策落地

为避免非居民单位将厨余垃圾混入其他垃圾，充分发挥差异化费率促进垃圾分类的政策效果，建议积极开展非居民其他垃圾计量收费政策的相关研究。通常，其他垃圾费率应高于厨余垃圾，从而鼓励非居民单位将厨余垃圾从其他垃圾中分离。其他垃圾计量收费费率的制定应综合考虑垃圾分类效果、减量潜力、公众接受度等因素。

建议稳妥推进非居民其他垃圾计量收费政策落地。其他垃圾量大，单位类型多，管理基础相对薄弱，相关政策执行难度大，政策制定和执行需更加审慎。特别是，非居民单位其他垃圾计量收费实施时间要综合研判宏观经济恢复形势。随着宏观经济发展呈现向好趋势，待餐饮等服务行业元气进一步恢复后再颁布实施其他垃圾计量收费政策，有助于提高非居民单位对计量收费政策的接受度；在这个过程中，建议做好非居民单位其他垃圾计量收费的政策研究储备，开展非居民单位其他垃圾计量收费费率和定额管理的量化研究。费率选择的依据是是否能产生显著的减量化效果，应综合考虑其他垃圾处理成本、非居民单位的不同属性和经营状况，制定与厨余垃圾有所差异的费率。在此基础上，参照非居民单位厨余垃圾收费政策，进一步开展非居民单位其他垃圾的定额管理研究。需要特别指出的是，在计量收费实施过程中，市场监管部门应依法查处不按规定收费、非法扩展收费范围、议价收费等各类违法行为。

◀◀ 附　录 ▶▶

附件1：北京市居民生活垃圾分类与配套政策意愿调查表

调查方式（请根据实际调查的方式选择一项画"√"）：

（1）调查员入户访谈 （2）召集居民集中填写 （3）发放到居民家中填写

一、居民垃圾分类现状

1. 您家庭扔垃圾的频率是［单选］

①一天两次　②一天一次　③两天一次　④三天一次　⑤四天一次

⑥五天一次　⑦六天一次　⑧一周一次　⑨其他

2. 您家庭扔垃圾的时段通常为［选两项］

①早上7点之前　②早上7点至9点　③早上9点至晚上6点

④晚上6点至8点　⑤晚上8点之后

3. 为了更好地提供垃圾清运和处理服务，如果政府全面推行定时定点（早上7点至9点，晚上6点至8点）投放垃圾，您家庭是否愿意［单选］

①非常愿意　②比较愿意　③一般　④比较不愿意　⑤非常不愿意

4. 以下描述哪些符合您家庭垃圾分类情况［多选］

①分出可回收物　②分出厨余垃圾　③分出有害垃圾　④未特意分类

5. 您家庭目前（预期）每天垃圾分类花费的时间合计为＿＿＿＿分钟［填空］

6. 下列因素对于您家庭垃圾分类效果的影响大小［请勾选数字］

（1：没任何影响；5：影响很大；数字越大，影响越大）

　○对垃圾分类知识了解情况　　　　　　1・2・3・4・5

223

○垃圾分类的操作便捷程度   1·2·3·4·5

○垃圾分类的时间成本   1·2·3·4·5

○垃圾分类带来的收益   1·2·3·4·5

○桶前值守监管   1·2·3·4·5

○处罚措施（如罚款、通报）   1·2·3·4·5

○激励措施（如积分奖励、商品兑换）   1·2·3·4·5

○广泛的宣传教育   1·2·3·4·5

○设施便利性（如公共垃圾桶的数量、位置）   1·2·3·4·5

○公民责任意识   1·2·3·4·5

○他人垃圾分类行为   1·2·3·4·5

○垃圾后续是否分类运输   1·2·3·4·5

○环保意识   1·2·3·4·5

7. 您家庭的主要"可回收物"为［多选］

①快递包装盒　②其他包装盒　③塑料瓶　④易拉罐

⑤玻璃瓶　⑥旧衣物　⑦报纸、书本、杂志　⑧其他_____

8. 您家庭可回收物的主要处理方式为［单选］

①小区保洁人员回收　②上门回收　③自己拿到回收点售卖

④直接扔可回收物垃圾桶　⑤直接扔到任意垃圾桶

9. 哪些因素影响您家庭对可回收物的售卖？［多选］

①不知道售卖的途径　②售卖点太远　③价格太低不值得

④每天量太少不值得　⑤占地方，家里没有空间储存　⑥其他_____

10. 对于可回收物的处理，您关注哪些因素？［多选］

①处理前分类的便捷性　②处理方式的便捷性　③处理收益的大小

④可回收物储存便捷性　⑤其他_____

11. 您家庭处理可回收物的频率为_____次/月［填空］

12. 您家庭处理可回收物的收益为_____元/月［填空］

13. 您对大件垃圾（包括废家用电器或家具、废桌子、废床垫等）收费的支持程度为［单选］

①非常支持　②比较支持　③一般　④比较不支持　⑤非常不支持

二、垃圾分类管理与收费措施评价和意愿

14. 您参与垃圾分类的意愿如何？［单选］

①非常愿意　②比较愿意　③一般　④比较不愿意　⑤非常不愿意

15. 您认为您所在小区垃圾分类效果如何？〔单选〕

①很好　②较好　③一般　④较差　⑤很差

16. 您认为他人的行为对自己的影响符合哪些情形？〔多选〕

①周围人垃圾分类，会促进我分类

②周围人不进行垃圾分类，我也倾向于不进行分类

③周围人垃圾分类与否，对我是否分类没有影响

17. 您了解垃圾分类信息的途径为〔多选〕

①工作单位宣传　②社区宣传　③微信微博等新媒体　④互联网

⑤广告牌　⑥报纸杂志　⑦广播电视　⑧亲朋好友　⑨其他途径_____

⑩无了解途径

18. 您所在小区垃圾分类宣传措施有哪些？〔多选〕

①发放宣传资料　②张贴海报标语　③入户签订承诺书

④发放"两桶一袋"　⑤微信推送　⑥开展系列主题活动

⑦桶前值守志愿者　⑧无宣传教育措施　⑨其他_____

19. 您所在小区垃圾分类管理措施有哪些？〔多选〕

①有桶站值守人员督促分类

②对未分类的行为罚款

③对未分类的行为曝光、上黑名单

④参与小区义务劳动

⑤无监管处罚措施

⑥其他_____

20. 您所在小区垃圾分类激励措施有哪些？〔多选〕

①积分奖励　②物品兑换　③公开表扬　④无激励措施　⑤其他_____

21. 以下费用您知道哪些？〔多选〕

①垃圾清运费　②垃圾处理费　③保洁费或卫生费　④污水处理费

⑤公区照明费　⑥都不知道

22. 您家庭每年缴纳与垃圾处理相关费用的金额为〔单选〕

①30元　②36元　③66元　④其他_____　⑤没交过　⑥不知道

23. 您愿意缴纳与垃圾处理相关的费用吗？〔单选〕

①非常愿意　②比较愿意　③一般　④比较不愿意　⑤非常不愿意

2019年，北京市居民生活垃圾产生量为每人每天1.2千克，按此计算，三口之家年生活垃圾产生量为1.3吨。

24. 按产生者付费原则，您家庭愿意为产生的垃圾支付处理费用的最高金额_____元/年［填空］（若填 0 请答 25 题，否则跳至 26 题）

25. 您不愿意为垃圾处理支付费用的原因为［多选］

①政府应承担垃圾处理成本

②增加家庭垃圾处理支出

③对收费过程和用途不信任

④处理成本信息公开不足

⑤处理效果不理想

⑥支付金额多少与是否垃圾分类、减量化、资源化无关

⑦其他_____

26. 您认为北京市每吨垃圾的处理成本在哪个区间？［单选］

①100 元以下　②100～300 元　③300～500 元

④500～700 元　⑤700～900 元　⑥900～1 100 元

⑦1 100～13 00 元　⑧1 300～1 500 元　⑨1 500 元以上

27. 您认为生活垃圾处理成本应该由谁承担？［单选］

①政府完全承担　②政府承担大部分　③个人承担大部分

④个人完全承担

28. 您家庭每月用水量为_____吨［填空］

29. 您知道您家庭每年需要缴纳污水处理费吗？［单选］

①知道　②不知道

30. 您愿意缴纳污水处理费吗？［单选］

①非常愿意　②比较愿意　③一般　④比较不愿意　⑤非常不愿意

假设北京市生活垃圾"收集—转运—处理"的总成本为 600～800 元/吨，请您回答以下问题：

31. 您家庭愿意为自己产生的垃圾支付处理费用的最高金额为_____元/年［填空］

北京生活垃圾目前采用按户定额收费，《北京市生活垃圾管理条例》提出要逐步建立计量收费、分类计价的生活垃圾处理收费制度，即按家庭垃圾排放量收费，多排放多付费、少排放少付费，混合垃圾多付费、分类垃圾少付费。

32. 您对政府的信任程度为［单选］

①非常信任　②比较信任　③一般　④比较不信任　⑤非常不信任

33. 您对本市公共服务的整体满意度为［单选］

①非常满意　②比较满意　③一般　④比较不满意　⑤非常不满意

34. 您认为目前我国税收负担如何？[单选]

①非常高　②比较高　③合适　④比较低　⑤非常低

35. 您认为公众应该为享受的公共服务付费吗？[单选]

①非常应该　②比较应该　③一般　④比较不应该　⑤非常不应该

36. 您对生活垃圾分类计价、计量收费的支持程度为[单选]

①非常支持［答 37 题］　②比较支持［答 37 题］　③一般［答 38 题］
④比较不支持［答 38 题］　⑤非常不支持［答 38 题］

37. 您支持计量收费原因为[多选]

①缴费是公民应尽的责任义务

②更公平（多排放多付费）

③能够促进垃圾分类

④可以促进垃圾减量

⑤可以促进垃圾资源化

⑥降低垃圾处理社会负担

⑦响应政府政策

⑧其他_____

38. 您不支持垃圾计量收费原因为[多选]

①政府应承担垃圾处理成本

②可能会增加家庭垃圾处理支出

③政策制定过程缺乏公众参与

④对物业收费过程不信任

⑤处理成本信息公开不足

⑥不能促进垃圾分类、减量化、资源化

⑦其他_____

39. 您支持下列哪些垃圾计量收费方式[多选]

①按家庭住房面积收费

②按家庭用水量收费

③每家平摊小区垃圾处理费

④购买"其他垃圾"垃圾袋，按袋（体积）收费

⑤对"其他垃圾"按重量收费

⑥定额收费后按分类效果返补奖励

⑦购买贴于垃圾袋的标签，按标签收费

⑧维持现状，每年定额收费

40. 您 39 题所选收费方式主要考虑因素为 [多选]

①公平性　②有效性　③促进垃圾分类效果　④促进垃圾减量效果

41. 哪些因素会提高您对垃圾计量收费的支持程度？[多选]

①分类计价收费

②处罚不按规定缴费行为

③广泛的宣传教育

④垃圾处理成本信息公开

⑤资金管埋规范透明

⑥建立政府奖励机制

⑦提高政策制定过程的公众参与（听证会）

⑧提高物业服务质量

⑨收费能够促进分类

⑩收费能够带来环境收益

⑪其他＿＿＿＿＿＿＿

若您所在小区即将开展垃圾计量收费试点，请您根据这一背景回答问题：

42. 您最支持以下哪种缴费方式？[单选]

①网络支付（微信、支付宝、银行转账等）　②现金支付　③刷卡支付

43. 您最支持以下哪种缴费频率？[单选]

①随扔随缴　②一天一次　③三天一次　④一周一次　⑤两周一次

44. 您最支持以下哪种奖励机制？[单选]

①发放奖金　②积分累计　③物品兑换　④公开表彰

⑤部分物业费减免　⑥其他（选填）

45. 您对缴费信息公开情况的接受程度 [多选]

①允许自己的缴费状态公开（已缴/未缴）

②允许自己的缴费信息公开（次数、金额等）

③不允许公开相关信息

46. 您认为他人缴费行为是否会影响您的缴费行为？[单选]

①是　②否

47. 您对物业日常管理的满意程度 [1：很不满意；5：非常满意]

①物业人员服务及时性　　　　　　　　　　1・2・3・4・5

②物业人员服务态度　　　　　　　　　　　1・2・3・4・5

③物业人员服务质量　　　　　　　　　　　1・2・3・4・5

48. 您对下列说法的认同程度为［1：很不认同；5：非常认同］

环境态度

○当前城市生活垃圾污染很严重　　　　　　1・2・3・4・5

○我有责任减少垃圾产生量　　　　　　　　1・2・3・4・5

○我有责任对垃圾分类　　　　　　　　　　1・2・3・4・5

缴费价值观

○扔垃圾的人应该支付处理费　　　　　　　1・2・3・4・5

○扔垃圾多的人应该多付费　　　　　　　　1・2・3・4・5

○有必要改成多扔多付的收费方式　　　　　1・2・3・4・5

行为认知

○计量收费会促使我减少垃圾产生量　　　　1・2・3・4・5

○计量收费会促使我对垃圾分类　　　　　　1・2・3・4・5

○计量收费会促使城市垃圾减量　　　　　　1・2・3・4・5

○计量收费会促使城市垃圾分类　　　　　　1・2・3・4・5

○计量收费会促使偷倒垃圾、不缴费　　　　1・2・3・4・5

主观态度

○别人会偷倒垃圾、不按量缴费　　　　　　1・2・3・4・5

○如果别人偷倒垃圾，我也会偷倒垃圾　　　1・2・3・4・5

○即使别人偷倒垃圾，我也不会偷倒垃圾　　1・2・3・4・5

○我会受到他人良好付费行为的影响　　　　1・2・3・4・5

○我会受到他人不良付费行为的影响　　　　1・2・3・4・5

○我喜欢现有的收费方式　　　　　　　　　1・2・3・4・5

○我喜欢用自己的袋子装垃圾　　　　　　　1・2・3・4・5

三、居民基本信息

49. 您的性别［单选］

①男　②女

50. 您的年龄［单选］

①18岁以下　②18～30岁　③31～45岁　④46～60岁　⑤60岁以上

51. 您的受教育程度［单选］

①小学及以下　②初中　③高中/职高/中专　④大学专科

城市生活垃圾分类减量治理研究：北京分类实践与计量收费探索

Classification and Reduction Governance of Municipal Domestic Waste in China: Focusing on Classification Practice and Unit-Pricing Exploration of Beijing

⑦大学本科　⑥研究生及以上

52. 您家庭成员的最高学历为［单选］

①小学及以下　②初中　③高中/职高/中专　④大学专科

⑤大学本科　⑥研究生及以上

53. 您家中是否有学龄前儿童？［单选］

①是　②否

54. 您家中是否有 60 岁以上老人？［单选］

①是　②否

55. 您的职业所属行业为［单选］

①农、林、牧、渔、水利业

②工业

③地质普查和勘探业

④建筑业

⑤房地产管理、公用事业、居民服务和咨询服务业

⑥商业、公共饮食业、物资供应和仓储业

⑦交通运输业、邮电通信业

⑧卫生、体育和社会福利事业

⑨教育、文化艺术和广播电视业

⑩科学研究和综合技术服务业

⑪金融、保险业

⑫国家机关、党政机关和社会团体

⑬其他行业_____

56. 您的政治面貌为［单选］

①中共党员　②其他

57. 您是户主吗？［单选］

①是　②不是

58. 您的住房类型是［单选］

①自有房　②租住房　③其他

59. 您一年在北京居住的时间大概为_____个月。［填空］

60. 您住房内日常一起生活的总人数_____人。［填空］

61. 您家庭 2020 年的总收入是_____万元；您个人 2020 年的总收入为_____万元［填空］

62. 您所在小区_____，_____号楼，_____单元，房号为_____
[填空]

您好，北京市开展生活垃圾计量收费试点期间，我们将邀请热心居民记录家庭垃圾产生量数据，并送上精美纪念品。如果您有意向参与这项工作，请填写下列信息。

63. 您是否愿意在整个试点期间连续进行家庭各类垃圾数据记录？
○是　　○否

64. 您更倾向于用何种方式进行数据记录？
○线上方式：手机填写问卷　○线下方式：填写数据记录表

65. 请留下您的联系电话_____，便于后续发放手提秤等物资。

附件2：北京市居民生活垃圾计量收费实施方案（建议稿）

一、必要性和意义

1. 促进源头减量

通过实施面向居民的生活垃圾计量收费政策，有效发挥其经济激励作用，推动物业企业等生活垃圾分类管理责任人采取减排和管理措施，引导居民践行绿色低碳生活方式，促进源头减量，弘扬文明风尚。

2. 完善收缴机制

参考借鉴国内外成熟经验，建立适用于北京市的收费模式和收缴机制，评估政策效果，积累政策实践经验，进一步完善居民生活垃圾计量收费制度。

3. 提升基层动力

从便民、利民角度出发，在收缴机制设计上，探索在前端投放和收集环节"两网融合"，调动居民和物业企业分类减量积极性。

4. 发挥示范引领效应

居民生活垃圾计量收费工作在国内尚未建立较为科学完善的机制，北京市优先启动计量收费模式、收缴机制实践，规范行业管理流程，有望在全国发挥示范引领效应。

二、工作原则

1. 注重政策引导，实施计量收费

强化排放者付费的责任意识，完善"多排放多付费、少排放少付费，混合垃圾多付费、分类垃圾少付费"的机制，实施按质计量收费，激励生活垃圾源头分类减量。

2. 注重便民利民，做好制度设计

结合北京市居民生活垃圾管理实际，选择适宜的收费模式，设计可行的收缴机制，在小区内挖掘物业企业和居民在可回收物回收利用方面的潜能，采取正向激励和计量收费等机制，调动物业企业和居民的积极性。

3. 注重统筹推进，做好政策储备

着眼长远，立足现状，制定居民生活垃圾处理费收缴机制工作实施方案，分阶段实施，与生活垃圾成本监审、居住小区垃圾分类成本分担机制研究等工作相互融合，做好政策储备。

三、工作安排

1. 研究阶段

就计量收费政策实施过程中的关键要素与关键环节进行充分研讨，确定居民生活垃圾计量收费性质与收缴主体，建立完善的计量收费机制，确定计量收费模式，明确相关部门与关键主体的责任分工。

（1）研究确定计量收费性质和收缴主体。由北京市城管部门牵头、北京市发展改革、财政等部门共同研究，将居民生活垃圾收费定位为经营服务性收费，由垃圾分类管理责任人进行代收代缴。规范北京市居民小区的物业管理，确定小区垃圾分类管理责任人为物业企业，由物业企业对居民生活垃圾处理费

进行代收代缴。

（2）研究建立完善的计量收费收缴机制。按照北京市生活垃圾分类管理体系设计及生活垃圾收费现状，面向居民的生活垃圾计量收费应分两个层面进行，第一层面由垃圾清运单位面向小区生活垃圾分类管理责任人收费，第二层面由生活垃圾分类管理责任人面向居民收费。

（3）研究确定计量收费模式和费率。第一层面，垃圾清运单位面向小区生活垃圾分类管理责任人收费，采取按垃圾重量收费模式；第二层面，生活垃圾分类管理责任人面向居民收费，先考虑随袋收费模式、定额收费后按分类效果返补奖励模式。随袋收费模式是指由居民购买其他垃圾、厨余垃圾专用垃圾袋进行垃圾分类投放；定额收费后按分类效果返补奖励模式是指，物业企业先向居民收取定额垃圾处理费，再依据居民分类质量对其进行积分或现金奖励返补。建议由市发展改革委、财政局等部门研究确定各计量收费模式费率标准，视情况召开调价听证会。

（4）研究明确相关部门和关键主体责任分工。由北京市城管部门牵头，统筹研究居民生活垃圾收费政策关键环节的具体分工，明确市发展改革委、财政局、住房城乡建设委等相关部门及各区政府相关责任，保障居民生活垃圾计量收费工作有效实施。

2. 准备阶段

（1）专项物资准备，明确物资管理主体。由北京市城管部门牵头，市财政、商务等相关部门共同研究确定计量收费政策专项物资的样式、规格、采购方式、制作厂商、成本预算等。例如，采用随袋收费模式的，需明确专用垃圾袋的样式规格、制作厂商、防伪标识、销售渠道、销售单价和物资管理责任人等，建议采用招投标方式明确垃圾袋制作厂商，市场监管部门做好质量监督、防伪鉴定等工作，由各区、属地街道办事处向居民小区提供专用垃圾袋，物业企业负责垃圾袋日常管理。此外，物业企业需保证小区垃圾分类相关设施完好和正常运行，例如配备标志鲜明、统一规格的四分类垃圾桶等。

（2）建立各级生活垃圾数据信息系统，提升精细化管理水平。物业企业应按照本市生活垃圾分类要求和标准设置生活垃圾桶站，保持收集容器和身份识别标识整洁完好，条件成熟时加装计量、定位设备，逐步建立起覆盖小区、桶站、家庭层面的生活垃圾数据信息系统。生活垃圾清运单位按要求为运输车辆加装计量称重和卫星定位等配套设备，为服务区域内的居民小区提供身份识别标识的安装和维护服务，建立居民生活垃圾运输电子联单（包括时间地点、小区名称及代码、称重量、分类质量、现场拍照、车辆等信息）。物业企业与清运单位生活垃圾相关数据实时接入各区生活垃圾管理信息系统，做好计量统计工作。

3. 实施与评估阶段

（1）宣传动员培训，凝聚社会共识。在市、区、街道三级政府相关部门的组织领导下，充分利用现有广播、电视、报纸、公告牌、新媒体等垃圾分类宣传教育渠道，在全市范围内做好政策宣传动员工作，凝聚北京市居民对生活垃圾计量收费政策的共识。对物业企业、桶前值守人员、物资管理人员等不同计量收费环节的关键主体进行培训，规范操作流程，确保收费工作顺利实施。

（2）组织开展试点小区生活垃圾收费工作。垃圾清运单位按照收费标准向物业企业收费，物业企业按照确定的收费模式向居民进行计量收费，居民按规定进行垃圾分类并向物业企业缴纳垃圾费用。各级管理部门按照责任分工做好日常管理、监督工作，统筹协调解决政策实施过程中出现的问题。

（3）跟踪评估政策效果，完善政策方案。政策实施过程中，定期对各相关部门、关键主体政策执行情况进行调研，与第三方专业化团队合作，跟踪评估居民生活垃圾计量收费政策的减量、分类效果，计量收费收缴机制的适用性，对物业企业和居民等相关主体的激励有效性，计量收费政策的成本收益等，为完善政策方案、优化征收过程提供依据和针对性建议。

四、主要措施

1. 收缴费主体

垃圾清运单位是收费主体，居民是缴费主体，生活垃圾分类管理责任人（物业企业）承担代收代缴职责。

2. 收费标准设计

在充分研究成本分担机制的基础上，合理确定生活垃圾计量收费费率。在现行收费标准基础上适度提高收费费率，统筹考虑垃圾清运及处理设施运行成本、激励厨余垃圾分出等方面，建议综合考虑全市人口和垃圾产生量，按照其他垃圾与厨余垃圾收费额度 3∶1 的比例测算设定生活垃圾清运单位对物业企业的收费标准及物业企业对居民的收费标准。

3. 分类效果认定

物业企业需加强桶前值守，对居民的分类效果进行核验认定，对不符合投放规范的行为进行劝导和记录。采用随袋收费模式的，需对居民是否采用专用垃圾袋分类装投进行认定。采用定额收费后按分类效果返补奖励模式的，需对居民垃圾分类质量进行认定并给予相关凭证，或每个桶站发放对应住户的分类效果记录册，认定结果由桶前值守人员在记录册中予以记录，定期汇总整理。

4. 清运合同管理

试点小区物业企业与垃圾清运单位（本区环卫中心或具有资质的清运单位）签订垃圾清运服务收费合同。合同主要明确各品类垃圾收费标准、缴费和结算方式、垃圾清运地点和时间、分类质量要求等事项。垃圾清运单位要向区城管部门报告清运服务收费合同信息。

5. 收集运输责任划分

物业企业承担垃圾桶购置维护、桶车交接前的运桶等前端收集责任，垃圾清运单位承担垃圾运输责任。生活垃圾收费不包括前端收集环节，物业企业可委托垃圾清运单位或其他专业服务单位负责前端收集，所需费用由双方协商。垃圾清运单位应按照要求为清运设备加装计量称重和卫星定位等配套设备，为居民小区、物业企业提供身份识别标识的安装和维护服务，保证其正常使用，建立生活垃圾运输电子联单（包括时间地点、小区与物业企业名称及代码、称重量、分类质量、现场拍照、车辆等信息），相关数据实时接入各区生活垃圾管理信息系统。物业企业应按照本市生活垃圾分类要求和标准设置生活垃圾收集容器，保持收集容器和身份识别标识整洁完好。垃圾清运单位应落实生活垃圾运输联单制度，在区生活垃圾管理信息系统建成前以联单为基础做好计量统计工作。

6. 支付与结算方式

第一层面，垃圾清运单位应建立收费专用账户或与区城管部门建立收费共管专用账户，独立核算，按照各品类垃圾产生量和政府定价，向物业企业收取费用。双方在合同中约定费用结算方式，可采取先按往年产生量预收费用，再按照实际产生量"多退少补"或结转到下一年度。第二层面，物业企业向居民收取费用时，应单独列支或计入物业清洁卫生费用，居民凭身份证件在物业企业购买垃圾袋或缴纳垃圾费时，物业企业向居民提供收费凭据。

7. 排放登记管理

物业企业要按照条例要求进行生活垃圾排放登记，记录责任范围内产生的生活垃圾种类、数量、运输者、去向等情况，定期向街道办事处报告。物业企业负责按照本市生活垃圾分类要求和标准设置桶站，并负责将垃圾运送至与垃圾清运单位约定的密闭式清洁站或桶车交接点。

8. 可回收物体系管理

物业企业可采用现金或积分兑换等方式回收可回收物，对低价值可回收物以不低于市场价格的价格应收尽收，回收处理量由区、街道（镇）和服务企业以"联单"方式核算，区城管部门对小区"联单"进行确认。政府以财政资金形式对物业企业可回收物交投点建设予以一定补助，对低价值可回收物按回收量予以一定补贴。

9. 违规行为管理

城管部门和小区属地街道办事处应加强日常监督检查，监管居民生活垃圾投放、收集、运输、处理各环节运行情况。城管执法部门结合全市"城管执法进社区"安排，重点对试点小区不落实排放登记制度，非法倾倒、运输和消纳垃圾的物业企业，对违规投放垃圾的居民依法进行查处。市场监管部门依法查处乱收费、议价收费、计量不规范等各类违法行为。

五、责任分工与保障措施

1. 责任分工

（1）市城市管理委负责制定计量收费工作实施方案并统筹组织。

（2）市发展改革委负责明确居民生活垃圾处理费的收缴标准。

（3）市财政局负责指导生活垃圾收费资金管理及相关资金保障工作。

（4）市住房城乡建设委负责协调收费小区划片及明确物业企业责任，指导物业企业开展收费工作。

（5）市国资委负责指导和支持物业企业（市属国有企业）开展收费工作。

（6）区政府协调属地街道做好计量收费工作，利用市财政以奖代补资金支持政策实施初期工作。

（7）各街道办事处、乡镇政府负责做好社区生活垃圾收费工作的具体组织实施及监管工作，利用以奖代补资金保障政策实施初期小区相关投入。

（8）社区居委会负责面向居民宣传教育，提高居民对收费工作的配合度。

（9）物业企业负责面向居民的具体收费工作，负责统计小区垃圾产生情况，协助社区居委会对居民进行宣传动员。

2. 保障措施

（1）强化组织领导和具体实施。市城市管理委发挥牵头协调作用，市发展改革委、市财政局、市住房城乡建设委、市国资委等部门及区政府、街道办事处或乡镇政府按职责做好相关工作。属地街道充分调动物业企业、社区委员会、垃圾清运单位等各方在推进生活垃圾计量收费工作中的积极性，制定实施和保障方案，专人负责，提供支撑，跟踪政策实施全过程。

（2）强化工作支撑。市级相关部门加强指导和服务，相关区政府应充分利用现有政策条件，提供资金支持，将以奖代补资金用于政策实施初期相关费用投入（包括可回收物体系建设和运行、垃圾袋和称重设备的购置、桶站值守人员的补助、居民记录的奖励、调研问卷的制作、宣传教育资料的制作等）。

（3）强化数据基础。政策效果评估需要可靠的数据基础，在政策实施之初可采取人工记录方式，需向物业企业强调数据质量的重要性，对信息记录人员进行培训，确保数据记录客观准确。适时引入智能化设备和精细化管理信息系统，建立从家庭、社区到垃圾清运单位、处理单位的垃圾数据联单，精准把握各环节各品类垃圾产生数据。

（4）强化宣传培训引导。计量收费政策实施初期需要由各级政府、社区居委会、物业企业形成合力，向居民就生活垃圾计量收费政策实施的背景、收费模式、收缴机制进行充分的宣讲，凝聚参与主体的共识。

（5）强化分类减量措施应用。充分运用技术、经济、社会和法律工具，采取积分奖励、计量收费、入户指导、设立红黑榜、开展"城管执法进社区"活动等多种措施，并掌握各种措施对促进分类减量、提升居民分类意识的实际效果。

◂◂ 参考文献 ▸▸

Adler J H, 2005. Jurisdictional mismatch in environmental federalism. New York University Environmental Law Journal, 14: 130.

Ajzen I, 1985. From intentions to actions: a theory of planned behavior//Action control: from congnition to behavior. Berlin, Heidelberg: Springer Berlin Heidelberg: 11 - 39.

Ajzen I, 1991. The theory of planned behavior. Organizational Behavior and Human Decision Processes, 50 (2): 179 - 211.

Alves L, Silva S, Soares I, 2020. Waste management in insular areas: a pay-as-you-throw system in Funchal. Energy Reports, 6: 31 - 36.

Alzamora B R, Barros R T V, 2020. Review of municipal waste management charging methods in different countries. Waste Management, 115: 47 - 55.

Ao Y, Zhu H, Wang Y, et al., 2022. Identifying the driving factors of rural residents' household waste classification behavior: evidence from Sichuan, China. Resources, Conservation and Recycling, 180: 106159.

Baetz B W, Yundt P E, 1995. Determination of charge levels for solid-waste generator-pay systems. Journal of Urban Planning and Development, 121 (2): 75 - 81.

Barr S, 1998. Making Agenda 21 work: recycling use in Oxfordshire. Exeter: University of Exeter.

Beeson M, 2010. The coming of environmental authoritarianism. Environmental Politics, 19 (2): 276 - 294.

Bel G, Gradus R, 2016. Effects of unit-based pricing on household waste collection demand: a meta-regression analysis. Resource and Energy Economics, 44: 169 – 182.

Benito B, Guillamón M-D, Martínez-Córdoba P-J, et al. , 2021. Influence of selected aspects of local governance on the efficiency of waste collection and street cleaning services. Waste Management, 126 (5): 800 – 809.

Bilitewski B, 2008. From traditional to modern fee systems. Waste Management, 28 (12): 2760 – 2766.

Bird R M, 2001. User charges in local government finance. The Challenge of Urban Government, 1 (2): 171 – 182.

Blackman A, Li Z, Liu A A, 2018. Efficacy ofcommand-and-control and market-based environmental regulation in developing countries. Annual Review of Resource Economics, 10 (1): 381 – 404.

Bonafede M, Corfiati M, Gagliardi D, et al. , 2016. OHS management and employers' perception: differences by firm size in a large Italian company survey. Safety Science, 89: 11 – 18.

Borrello M, Pascucci S, Caracciolo F, et al. , 2020. Consumers are willing to participate in circular business models: a practice theory perspective to food provisioning. Journal of Cleaner Production, 259: 121013.

Botetzagias I, Dima A-F, Malesios C, 2015. Extending the theory of planned behavior in the context of recycling: the role of moral norms and of demographic predictors. Resources, Conservation and Recycling, 95: 58 – 67.

Bueno M, Valente M, 2019. The effects of pricing waste generation: a synthetic control approach. Journal of environmental economics and management, 96: 274 – 285.

Callan S J, Thomas J M, 2006. Analyzing demand for disposal and recycling services: a systems approach. Eastern Economic Journal, 32 (2): 221 – 240.

Carattini S, Baranzini A, Lalive R, 2018. Istaxing waste a waste of time? Evidence from a supreme court decision. Ecological Economics, 148: 131 – 151.

Cavé J, 2014. Who owns urban waste? Appropriation conflicts in emerging countries. Waste Management & Research, 32 (9): 813 – 821.

Challcharoenwattana A, Pharino C, 2016. Wishing to finance a recycling program? Willingness-to-pay study for enhancing municipal solid waste recycling in urban settlements in Thailand. Habitat International, 51: 23 – 30.

Chang Y M, Liu C C, Hung, C Y, et al. , 2008. Change in MSW characteristics under recent management strategies in Taiwan. Waste Management, 28 (12): 2443 – 2455.

Chen X, Geng Y, Fujita T, 2010. An overview of municipal solid waste management in China. Waste Management, 30 (4): 716 – 724.

Cheng H, Hu Y, 2010. Municipal solid waste (MSW) as a renewable source of energy: current and future practices in China. Bioresource technology, 101 (11): 3816 – 3824.

Choe C, Fraser I, 1998. The economics of household waste management: a review. The Australian Journal of Agricultural and Resource Economics, 42 (3): 269 – 302.

Choe C, Fraser I, 1999. Aneconomic analysis of household waste management. Journal of Environmental Economics and Management, 38 (2): 234 – 246.

Chu Z, Wang W, Zhou A, et al, 2019. Charging for municipal solid waste disposal in Beijing. Waste Management, 94: 85 – 94.

Chu Z, Wu Y, Zhuang J, 2017. Municipal household solid waste fee based on an increasing block pricing model in Beijing, China. Waste Management & Research, 35 (3): 228 – 235.

Chu Z J, Wang W N, Zhou A, et al. , 2019. Charging for municipal solid waste disposal in Beijing. Waste Management, 94: 85 – 94.

Chung S S, Lo C W H, 2008. Local waste management constraints and waste administrators in China. Waste Management, 28 (2): 272 – 281.

Chung S S, Poon C S, 2001. A comparison of waste-reduction practices and new environmental paradigm of rural and urban Chinese citizens. Journal of Environmental Management, 62 (1): 3 – 19.

Chung W, Yeung I M H, 2019. Analysis of residents' choice of waste charge methods and willingness to pay amount for solid waste management in Hong Kong. Waste Management, 96: 136 – 148.

Czajkowski M, Kądziela T, Hanley N, 2014. We want to sort! Assessing households' preferences for sorting waste. Resource and Energy Economics, 36 (1): 290 - 306.

Dahlen L, Lagerkvist A, 2010. Pay as you throw: strengths and weaknesses of weight-based billing in household waste collection systems in Sweden. Waste Management, 30 (1): 23 - 31.

Danso G, Drechsel P, Fialor S, et al., 2006. Estimating the demand for municipal waste compost via farmers' willingness-to-pay in Ghana. Waste Management, 26 (12): 1400 - 1409.

Dijkgraaf E, Gradus R, 2004. Cost savings in unit-based pricing of household waste: the case of The Netherlands. Resource and Energy Economics, 26 (4): 353 - 371.

Dijkgraaf E, Gradus R, 2009. Environmental activism and dynamics of unit-based pricing systems. Resource and Energy Economics, 31 (1): 13 - 23.

Dijkgraaf E, Gradus R, 2015. Efficiency effects of unit-based pricing systems and institutional choices of waste collection. Environmental and Resource Economics, 61 (4): 641 - 658.

Dinan T M, 1993. Economic efficiency effects of alternative policies for reducing waste disposal. Journal of environmental Economics and Management, 25 (3): 242 - 256.

Dobbs I M, 1991. Litter and waste management: disposal taxes versus user charges. Canadian Journal of Economics: 221 - 227.

Dresner S, Ekins P, 2006. Economic instruments to improve UK home energy efficiency without negative social impacts. Fiscal Studies, 27 (1): 47 - 74.

Dresner S, Ekins P, 2010. Charging for domestic waste in England: combining environmental and equity considerations. Resources, Conservation and Recycling, 54 (12): 1100 - 1108.

Dreyer S J, Teisl M F, Mccoy S K, 2015. Are acceptance, support, and the factors that affect them, different? Examining perceptions of U. S. fuel economy standards. Transportation Research Part D, 39: 65 - 75.

Dunne L, Convery F J, Gallagher L, 2008. An investigation into waste charges in Ireland, with emphasis on public acceptability. Waste Management, 28 (12): 2826 – 2834.

Elia V, Gnoni M G, Tornese F, 2015. Designing pay-as-you-throw schemes in municipal waste management services: a holistic approach. Waste Management, 44: 188 – 195.

Fan B, Yang W, Shen X, 2019. A comparison study of "motivation-intention-behavior" model on household solid waste sorting in China and Singapore. Journal of Cleaner Production, 211: 442 – 454.

Folz D H, 1999. Municipal Recycling Performance: a public sector environmental success story. Public Administration Review, 59 (4): 336.

Fullerton D, Kinnaman T C, 1995. Garbage, recycling, and illicit burning or dumping. Journal of Environmental Economics and Management, 29 (1): 78 – 91.

Fullerton D, Kinnaman T C, 1996. Household responses to pricing garbage by the bag. The American Economic Review, 86 (4): 971 – 984.

Fullerton D, Kinnaman T C, 2017. Household responses to pricing garbage by the bag//Environmental Taxation in Practice. London; New York: Routledge.

Gaglias A, Mirasgedis S, Tourkolias C, et al. , 2016. Implementing the contingent valuation method for supporting decision making in the waste management sector. Waste Management, 53: 237 – 244.

Gellynck X, Verhelst P, 2007. Assessing instruments for mixed household solid waste collection services in the Flemish region of Belgium. Resources, Conservation and Recycling, 49 (4): 372 – 387.

Goulder L H, Parry I W H, 2008. Instrument choice in environmental policy. Review of Environmental Economics and Policy, 2 (2): 152 – 174.

Greene W, 1993. Econometric Analysis. New Jersey Prentice Hall.

Guagnano G A, Stern P C, Dietz T, 1995. Influences on attitude-behavior relationships: a natural experiment with curbside recycling. Environment and Behavior, 27 (5): 699 – 718.

Han Z, Zeng D, Li Q, et al. , 2019. Public willingness to pay and participate in domestic waste management in rural areas of China. Resources, Conservation and

Recycling, 140: 166 - 174.

Hasan S M, Akram A A, Jeuland M, 2021. Awareness of coping costs and willingness to pay for urban drinking water service: evidence from Lahore, Pakistan. Utilities Policy, 71: 101246.

Hausman J, 2012. Contingent valuation: from dubious to hopeless. Journal of Economic Perspectives, 26 (4): 43 - 56.

Hong S, 1999. The effects of unit pricing system upon household solid waste management: the Korean experience. Journal of Environmental Management, 57 (1): 1 - 10.

Hotelling H, 1927. Differential equations subject to error, and population estimates. Journal of the American Statistical Association, 22 (159): 283 - 314.

Hu J, Tang K, Qian X, et al. , 2021. Behavioral change in waste separation at source in an international community: an application of the theory of planned behavior. Waste Management, 135: 397 - 408.

Huang J C, Halstead J, Saunders S, 2011. Managing municipal solid waste with unit-based pricing: policy effects and responsiveness to pricing. Land Economics, 87 (4): 645 - 660.

Jacoby H D, Ellerman A D, 2004. The safety valve and climate policy. Energy policy, 32 (4): 481 - 491.

Jenkins R, 1991. Municipal demand for solid-waste-disposal services: the impact of user fees. MD (United States): Maryland Univ. , College Park.

Jomehpour M, Behzad M, 2020. An investigation on shaping local waste management services based on public participation: a case study of Amol, Mazandaran province, Iran. Environmental Development, 35: 100519.

Jones N, Evangelinos K, Halvadakis C P, et al. , 2010. Social factors influencing perceptions and willingness to pay for a market-based policy aiming on solid waste management. Resources Conservation and Recycling, 54 (9): 533 - 540.

Kallbekken S, Sælen H, 2011. Public acceptance for environmental taxes: self-interest, environmental and distributional concerns. Energy policy, 39 (5): 2966 - 2973.

Kim G S, Chang Y J, Kelleher D, 2008. Unit pricing of municipal solid waste and illegal dumping: an empirical analysis of Korean experience. Environmental Economics and Policy Studies, 9 (3): 167 – 176.

Kinnaman T C, 2009. The economics of municipal solid waste management. Waste Management, 29 (10): 2615 – 2617.

Kinnaman T C, Fullerton D, 2000. Garbage and recycling with endogenous local policy. Journal of Urban Economics, 48 (3): 419 – 442.

Kostka G, Mol A P J, 2014. Implementation and participation in china's local environmental politics: challenges and innovations. Journal of Environmental Policy & Planning, 15 (1): 3 – 16.

Kristrom B, Riera P, 1996. Is the income elasticity of environmental improvements less than one? . Environmental & Resource Economics, 7 (1): 45 – 55.

Kuang Y, Lin B, 2021. Public participation and city sustainability: evidence from urban garbage classification in China. Sustainable Cities and Society, 67: 102741.

Latif S A, Omar M S, Bidin Y H, et al. , 2012. Environmental values as a predictor of recycling behaviour in urban areas: a comparative study. Procedia - Social and Behavioral Sciences, 50: 989 – 996.

Li C, Zhang Y, Nouvellet P, et al. , 2020. Distance is a barrier to recycling- or is it? Surprises from a clean test. Waste Management, 108: 183 – 188.

Li C J, Huang Y Y, Harder M K, 2017. Incentives for food waste diversion: exploration of a long term successful Chinese city residential scheme. Journal of Cleaner Production, 156: 491 – 499.

Li J, Zuo J, Guo H, et al. , 2018. Willingness to pay for higher construction waste landfill charge: a comparative study in Shenzhen and Qingdao, China. Waste Management, 81: 226 – 233.

Lin Z, Wang X, Li C, et al. , 2016. Visual prompts or volunteer models: an experiment in recycling. Sustainability, 8 (5): 458.

Linderhof V, Kooreman P, Allers M, et al. , 2001. Weight-based pricing in the collection of household waste: the Oostzaan case. Resource and Energy Economics, 23 (4): 359 – 371.

Liu T, Wu Y, Tian X, et al., 2015. Urban household solid waste generation and collection in Beijing, China. Resources, Conservation and Recycling, 104: 31 - 37.

Liu X, Wang Z, Li W, et al., 2019. Mechanisms of public education influencing waste classification willingness of urban residents. Resources, Conservation and Recycling, 149: 381 - 390.

Lober D, 1996. Municipal solid waste policy and public participation in household source reduction. Waste Management & Research, 14 (2): 125 - 143.

Lu B, Wang J, 2022. How can residents be motivated to participate in waste recycling? An analysis based on two survey experiments in China. Waste Manag, 143: 206 - 214.

Luo H, Zhao L, Zhang Z, 2020. The impacts of social interaction-based factors on household waste-related behaviors. Waste Management, 118: 270 - 280.

Ma J, Hipel K W, Hanson M L, et al., 2018. An analysis of influencing factors on municipal solid waste source-separated collection behavior in Guilin, China by using the theory of planned behavior. Sustainable Cities and Society, 37: 336 - 343.

Ma B, Jiang Y, 2022. Domestic waste classification behavior and its deviation from willingness: evidence from a random household survey in Beijing. International Journal of Environmental Research and Public Health, 19 (22): 14718.

Meng X, Tan X, Wang Y, et al., 2019. Investigation on decision-making mechanism of residents' household solid waste classification and recycling behaviors. Resources, Conservation and Recycling, 140: 224 - 234.

Miafodzyeva S, Brandt N, Andersson M, 2013. Recycling behaviour of householders living in multicultural urban area: a case study of Järva, Stockholm, Sweden. Waste Management & Research, 31 (5): 447 - 457.

Miliute-Plepiene J, Hage O, Plepys A, et al., 2016. What motivates households recycling behaviour in recycling schemes of different maturity? Lessons from Lithuania and Sweden. Resources, Conservation and Recycling,

城市生活垃圾分类减量治理研究：北京分类实践与计量收费探索

Classification and Reduction Governance of Municipal Domestic Waste in China: Focusing on Classification Practice and Unit-Pricing Exploration of Beijing

113：40－52.

Miranda M L，Everett J W，Blume D，et al.，1994. Market-based incentives and residential municipal solid waste. Journal of Policy Analysis and Management，13（4）：681－698.

Nahman A，Godfrey L，2010. Economic instruments for solid waste management in South Africa：opportunities and constraints. Resources，Conservation and Recycling，54（8）：521－531.

Nainggolan D，Pedersen A B，Smed S，et al.，2019. Consumers in a circular economy：economic analysis of household waste sorting behaviour. Ecological Economics，166：106402.

Negash Y T，Sarmiento L S C，Tseng M-L，et al.，2021. Engagement factors for household waste sorting in Ecuador：improving perceived convenience and environmental attitudes enhances waste sorting capacity. Resources，Conservation and Recycling，175：105893.

Oates W E，1999. An essay on fiscal federalism. Journal of Economic Literature，37（3）：1120－1149.

OECD，2010. Pricing water resources and water and sanitation services.

OECD，1972. Recommendation of the council on guiding principles concerning international economic aspects of environmental policies in stationary sources.

OECD，1992. The polluter-pays principle：OECD analyses and recommendations.

Olson M，1969. The principle of "fiscal equivalence"：the division of responsibilities among different levels of government. The American Economic Review，59（2）：479－487.

Palmer K，Sigman H，Walls M，1997. The cost of reducing municipal solid waste. Journal of Environmental Economics and Management，33（2）：128－150.

Park S，Lah T J，2015. Analyzing the success of the volume-based waste fee system in South Korea. Waste Management，43：533－538.

Podolsky M J，Spiegel M，1998. Municipalwaste disposal：unit pricing and recycling opportunities. Public Works Management & Policy, 3 (1): 27 – 39.

Rahji M A Y, Oloruntoba E O, 2009. Determinants of households' willingness-to-pay for private solid waste management services in Ibadan, Nigeria. Waste Management & Research, 27 (10): 961 – 965.

Reichenbach J, 2008. Status and prospects of pay—as-you-throw in Europe—a review of pilot research and implementation studies. Waste Management, 28 (12): 2809 – 2814.

Reschovsky J D, Stone S E, 1994. Market incentives to encourage household waste recycling: paying for what you throw away. Journal of Policy Analysis and Management, 13 (1): 120 – 139.

Sakai S, Ikematsu T, Hirai Y, et al. , 2008. Unit-charging programs for municipal solid waste in Japan. Waste Management, 28 (12): 2815 – 2825.

Sasao T, De Jaeger S, De Weerdt L, 2021. Does weight-based pricing for municipal waste collection contribute to waste reduction? A dynamic panel analysis in Flanders. Waste Management, 128: 132 – 141.

Sauer P, Parizkova L, Hadrabova A, 2008. Charging systems for municipal solid waste: experience from the Czech Republic. Waste Management, 28 (12): 2772 – 2777.

Schultz P W, Oskamp S, Mainieri T, 1995. Who recycles and when? A review of personal and situational factors. Journal of Environmental Psychology, 15 (2): 105 – 121.

Sidique S F, Joshi S V, Lupi F, 2010. Factors influencing the rate of recycling: an analysis of Minnesota counties. Resources, Conservation and Recycling, 54 (4): 242 – 249.

Skumatz L A, 2002. Variable-rate or pay-as-you-throw waste management: answers to frequently asked questions. Washington, DC: Reason Foundation.

Song Q, Wang Z, Li J, 2016. Exploring residents' attitudes and willingness to pay for solid waste management in Macau. Environmental Science and Pollution Research, 23 (16): 16456 – 16462.

Starr J, Nicolson C, 2015. Patterns in trash: factors driving municipal recycling in Massachusetts. Resources, Conservation and Recycling, 99: 7 – 18.

城市生活垃圾分类减量治理研究：北京分类实践与计量收费探索

Classification and Reduction Governance of Municipal Domestic Waste in China: Focusing on Classification Practice and Unit-Pricing Exploration of Beijing

Stavins R N，1993. Market forces can help lower waste volumes. Forum for Applied Research and Public Policy，8（1）：6-15.

Tai J，Zhang W，Che Y，et al.，2011. Municipal solid waste source-separated collection in China：a comparative analysis. Waste Management，31（8）：1673-1682.

Taylor S，Todd P，1995. An integrated model of waste management behavior：a test of household recycling and composting intentions. Environment and Behavior，27（5）：603-630.

Tian X，Wu Y，Qu S，et al.，2016. The disposal and willingness to pay for residents' scrap fluorescent lamps in China：a case study of Beijing. Resources，Conservation and Recycling，114：103-111.

Tonglet M，Phillips P S，Read A D，2004. Using the theory of planned behaviour to investigate the determinants of recycling behaviour：a case study from Brixworth，UK. Resources，Conservation and Recycling，41（3）：191-214.

Triguero A，Álvarez-Aledo C，Cuerva M C，2016. Factors influencing willingness to accept different waste management policies：empirical evidence from the European Union. Journal of Cleaner Production，138：38-46.

Ulph A，2000. Harmonization and optimal environmental policy in a federal system with asymmetric information. Journal of Environmental Economics and Management，39（2）：224-241.

Usui T，2003. Effects of charge on source reduction and promotion of recycling. Accounting Auditing Review，27：245-261.

Valente M，2023. Policy evaluation of waste pricing programs using heterogeneous causal effect estimation. Journal of Environmental Economics and Management，117：102755.

Van Beukering P J，Bartelings H，Linderhof V G，et al.，2009. Effectiveness of unit-based pricing of waste in the Netherlands：applying a general e-quilibrium model. Waste Management，29（11）：2892-2901.

Van Houtven G L，Morris G E，1999. Household behavior under alternative pay-as-you-throw systems for solid waste disposal. Land Economics，75

(4): 515 – 537.

Wang C, Chu Z, Gu W, 2021. Participate or not: impact of information intervention on residents' willingness of sorting municipal solid waste. Journal of Cleaner Production, 318: 128591.

Wang S, Wang J, Yang S, et al., 2020. From intention to behavior: comprehending residents' waste sorting intention and behavior formation process. Waste Management, 113: 41 – 50.

Wang Y, Zhang C, 2022. Waste sorting in context: untangling the impacts of social capital and environmental norms. Journal of Cleaner Production, 330.

Wang Z, Dong X, Yin J, 2018. Antecedents of urban residents' separate collection intentions for household solid waste and their willingness to pay: evidence from China. Journal of Cleaner Production, 173: 256 – 264.

Watkins E, Hogg D, Mitsios A, et al., 2012. Use of the economic instruments and waste management perfomances. Paris: European Commission DG ENV.

Welivita I, Wattage P, Gunawardena P, 2015. Review of household solid waste charges for developing countries: a focus on quantity-based charge methods. Waste Management, 46: 637 – 645.

Wooldridge J, 2010. Econometric analysis of cross section and panel data. Cambridge, MA: MIT Press.

World Bank, 2005. Waste management in China: issues and recommendations.

Wright C, Halstead J M, Huang J C, 2018. Estimating treatment effects of unit-based pricing of household solid waste disposal. Agricultural Resource Economics Review, 48 (1): 21 – 43.

Wu J, Zhang W, Xu J, et al., 2015. A quantitative analysis of municipal solid waste disposal charges in China. Environmental Monitoring and Assessment, 187 (3): 60.

Xiao L, Huang S, Ye Z, et al., 2021. Identifying multiple stakeholders' roles and network in urban waste separation management—a case study in Xiamen, China. Journal of Cleaner Production, 278: 123569.

Xiao L, Zhang G, Zhu Y, et al., 2017. Promoting public participation in household waste management: a survey based method and case study in Xiamen city, China. Journal of Cleaner Production, 144: 313 – 322.

Xiao S, Dong H, Geng Y, et al., 2020. An overview of the municipal solid waste management modes and innovations in Shanghai, China. Environmental Science and Pollution Research, 27 (24): 29943 – 29953.

Xiao Y, Bai X, Ouyang Z, et al., 2007. The composition, trend and impact of urban solid waste in Beijing. Environmental Monitoring and Assessment, 135: 21 – 30.

Ye Q, Anwar M A, Zhou R, et al., 2020. China's green future and household solid waste: challenges and prospects. Waste Management, 105: 328 – 338.

Yeung I M H, Chung W, 2018. Factors that affect the willingness of residents to pay for solid waste management in Hong Kong. Environmental Science and Pollution Research, 25 (8): 7504 – 7517.

Zeng C, Niu D, Li H, et al., 2016. Public perceptions and economic values of source-separated collection of rural solid waste: a pilot study in China. Resources, Conservation and Recycling, 107: 166 – 173.

Zhang B, Lai K H, Wang B, et al., 2019. From intention to action: how do personal attitudes, facilities accessibility, and government stimulus matter for household waste sorting?. Journal of Environmental Management, 233: 447 – 458.

Zhang D Q, Tan S K, Gersberg R M, 2010. Municipal solid waste management in China: status, problems and challenges. Journal of Environmental Management, 91 (8): 1623 – 1633.

Zhang S, Hu D, Lin T, et al., 2021. Determinants affecting residents' waste classification intention and behavior: a study based on TPB and ABC methodology. Journal of Environmental Management, 290: 112591.

Zhang S, Mu D, Liu P, 2022. Impact of charging and reward-penalty policies on household recycling: a case study in China. Resources, Conservation and Recycling, 185: 106462.

Zhang W，Che Y，Yang K，et al.，2012. Public opinion about the source separation of municipal solid waste in Shanghai，China. Waste Management & Research，30（12）：1261 - 1271.

Zhang Y，Wang G，Zhang Q，et al.，2022. What determines urban household intention and behavior of solid waste separation? A case study in China. Environmental Impact Assessment Review，93：106728.

Zhao R，Sun L，Zou X，et al.，2021. Towards a Zero Waste city—an analysis from the perspective of energy recovery and landfill reduction in Beijing. Energy，223：120055.

Zhuang Y，Wu S-W，Wang Y-L，et al.，2008. Source separation of household waste：a case study in China. Waste Management，28（10）：2022 - 2030.

北京市住房和城乡建设委员会，2021. 北京市生活垃圾管理条例（2019 年 11 月 27 日修订）.（2021 - 04 - 06）［2023 - 01 - 28］. http：//www. bjchp. gov. cn/cpqzf/xxgkzl/fdzdgknr/lzyj/zj63/sgzjd65/5291985/index. html.

曹娜，2010. 我国城市生活垃圾处理收费价格研究. 北京：中国地质大学.

陈科，梁进社，2002. 北京市生活垃圾定价及计量收费研究. 资源科学（5）：93 - 96.

陈敏霞，2008. 城市生活垃圾收费的定价研究. 江苏环境科技，21（A1）：24 - 28.

陈那波，蔡荣，2017. "试点"何以失败?：A 市生活垃圾"计量收费"政策试行过程研究. 社会学研究，32（2）：174 - 198，245.

陈绍军，李如春，马永斌，2015. 意愿与行为的悖离：城市居民生活垃圾分类机制研究. 中国人口·资源与环境，25（9）：168 - 176.

陈思琪，王筱怡，唐浩然，等，2020. 城市生活垃圾管理的社会成本效益评估方法与应用. 再生资源与循环经济，13（6）：11 - 15.

褚祝杰，王文拿，徐寅雪，等，2021. 国际先进城市生活垃圾管理政策的经验与启示. 环境保护，6：62 - 66.

褚祝杰，西宝，2011. 城市生活垃圾按排计费研究. 软科学，25（5）：16 - 19，25.

褚祝杰，西宝，2012. 基于按排计费费用核算的城市生活垃圾付费模式研究. 大连理工大学学报（社会科学版），33（1）：84 - 89.

褚祝杰，西宝，李健，2012. 基于城市政府视角的城市生活垃圾按排付费的分配公平研究. 预测，31（2）：1 - 6.

邓俊，徐琬莹，周传斌，2013. 北京市社区生活垃圾分类收集实效调查及其长效管理机制研究. 环境科学，34（1）：395-400.

杜倩倩，2023. 城市生活垃圾计量收费管理制度设计. 科学发展（6）：88-94.

杜倩倩，马本，2014b. 城市生活垃圾计量收费实施依据和定价思路. 干旱区资源与环境，28（8）：20-25.

杜倩倩，马本，2022. 城市生活垃圾计量收费实施条件与着力方向：以北京市为例. 城市管理与科技，23（2）：22-24.

杜倩倩，马本，马媛媛，2023. 城市生活垃圾收费的全球模式与中国收费方式探析. 环境保护科学，49（3）：41-48.

杜倩倩，马本，王军霞，2014a. 城市生活垃圾减量化与计量收费经济学探析. 理论月刊（6）：181-184.

杜倩倩，宋国君，马本，等，2014c. 台北市生活垃圾管理经验及启示. 环境污染与防治，36（12）：83-90.

费孝通，1998. 乡土中国：生育制度. 北京：北京大学出版社.

冯川，2020. 小农生产的社会行为逻辑与制裁意欲的表达层级：基于广西宗族性村庄的考察. 西北农林科技大学学报（社会科学版），20（3）：91-100.

冯林玉，秦鹏，2019. 生活垃圾分类的实践困境与义务进路. 中国人口·资源与环境，29（5）：118-126.

冯思静，马云东，2006. 资源型小城市的垃圾分类收集与管理模式的探讨. 干旱区资源与环境，20（5）：42-45.

国家发展和改革委员会，2018. 关于创新和完善促进绿色发展价格机制的意见. (2018-07-02) [2023-03-15]. http://www.gov.cn/xinwen/2018-07/02/content_5302737.htm.

国家统计局，2020. 中国统计年鉴. 北京：中国统计出版社.

韩洪云，张志坚，朋文欢，2016. 社会资本对居民生活垃圾分类行为的影响机理分析. 浙江大学学报（人文社会科学版），46（3）：164-179.

何可，张俊飚，2020. "熟人社会"农村与"原子化"农村中的生猪养殖废弃物能源化利用：博弈，仿真与现实检验. 自然资源学报，35（10）：15.

蒋培，2019. 农村垃圾分类处理的社会基础：基于浙中陆家村的实证研究. 南京工业大学学报（社会科学版），18（6），33-42，111.

蒋培，2020. "熟人社会"视域下生活垃圾分类的社会逻辑阐释：基于浙江六池村的经验研究．兰州学刊（12）：172－180．

康佳宁，王成军，沈政，等，2018．农民对生活垃圾分类处理的意愿与行为差异研究：以浙江省为例．资源开发与市场，34（12）：1726－1730，1755．

康伟，段文武，褚祝杰，2011．中美城市生活垃圾的计费法比较研究．学术交流，（2）：115－119．

李爱喜，2014．社会资本对农户信用行为影响的机理分析．财经论丛（1）：49－55．

李大勇，郭瑞雪，2005．城市生活垃圾收费的理论分析．理论月刊（12）：103－104．

李风华，2019．纵向分权与中国成就：一个多级所有的解释．政治学研究，（4）：112－124．

李青，2010．我国公用事业成本加成定价：现状评价与对策建议．价格理论与实践（6）：24－25．

厉金燕，杨海真，2020．上海市居民生活垃圾支付意愿的调查研究．环境污染与防治，42（2）：254－258．

连玉君，2006．城市垃圾按量收费的经济分析．南大商学评论（2）：171－188．

廖茂林，2020．社区融合对北京市居民生活垃圾分类行为的影响机制研究．中国人口·资源与环境，30（5）：118－126．

刘建国，2021．努力彰显"以人民为中心"底色着力打造垃圾分类北京模式．北京日报，2021－05－01［2023－09－10］．http：//www.ce.cn/cysc/stwm/gd/202105/01/t20210501＿36529154.shtml．

刘戒骄，2006．我国公用事业运营和监管改革研究．中国工业经济（9）：46－52．

刘鹏，2020．从独立集权走向综合分权：中国政府监管体系建设转向的过程与成因．中国行政管理，10：28－34．

龙丽娟，连玉军，2004．城市垃圾按量收费单位定价的理论分析．求实（A2）：195－196．

吕军，董斌，2007．城市生活垃圾收费及其政策效应分析．工业技术经济，26（5）：117－121．

马本，杜倩倩，2011．中国城市生活垃圾收费方式的比较研究．中国地质大学学报（社会科学版），11（5）：7－14．

马本，秋婕，2020．完善决策机制落实企业责任加快构建现代环境治理体系．环境保护，48（8）：30－34．

马慧强，韩增林，江海旭，2011．我国基本公共服务空间差异格局与质量特征

分析 . 经济地理，31（2）：212 - 217.

马中，2019. 环境与自然资源经济学概论 . 3 版 . 北京：高等教育出版社 .

彭晓明，迟光宇，王红瑞，等，2006. 城市生活垃圾收费的定价模型及其应用.
资源科学，28（1）：19 - 24.

曲英，朱庆华，2008. 居民生活垃圾循环利用影响因素及关系模型 . 管理学报，
5（4）：555 - 560.

全国人民代表大会，2020. 中华人民共和国固体废物污染环境防治法（2020 年
修订版）.（2020 - 04 - 30）［2023 - 03 - 15］. https：//www. mee. gov. cn/
ywgz/fgbz/fl/202004/t20200430 _ 777580. shtml.

宋国君，2020. 环境政策分析 . 2 版 . 北京：化学工业出版社 .

宋国君，代兴良，2020. 基于源头分类和资源回收的城市生活垃圾管理政策框
架设计 . 新疆师范大学学报（哲学社会科学版），41（4）：109 - 125，102.

宋国君，杜倩倩，马本，2015. 城市生活垃圾填埋处置社会成本核算方法与应
用：以北京市为例 . 干旱区资源与环境，29（8）：57 - 63.

宋国君，孙月阳，2017. 无害化前提下的低成本化是生活垃圾管理的核心目标 .
环境教育（3）：25 - 28.

宋国君，孙月阳，赵畅，等，2017. 城市生活垃圾焚烧社会成本评估方法与应
用：以北京市为例 . 中国人口·资源与环境，27（8）：17 - 27.

孙月阳，宋国君，张大为，等，2019. 生活垃圾管理社会成本评估方法与应用：
以北京市为例 . 干旱区资源与环境，33（9）：1 - 9.

谭灵芝，鲁明中，2008a. 垃圾收费制度在我国垃圾处置中的适用特征分析 . 软
科学，22（1）：67 - 70.

谭灵芝，鲁明中，陈殷源，2008b. 我国生活垃圾处置市场的环境经济政策选择 .
中国人口·资源与环境，18（2）：181 - 186.

谭灵芝，孙奎立，2019. 我国生活垃圾无害化向减量化处理处置转换路径探析 .
中国环境管理，11（5）：61 - 66，15.

唐林，罗小锋，张俊飚，2019. 社会监督、群体认同与农户生活垃圾集中处理
行为：基于面子观念的中介和调节作用 . 中国农村观察（2）：16.

陶小马，黄治国，2002. 公用事业定价理论模式比较研究 . 价格理论与实践
（7）：33 - 34.

万筠，王佃利，2020. 中国城市生活垃圾管理政策变迁中的政策表达和演进逻

辑：基于 1986—2018 年 169 份政策文本的实证分析．行政论坛，27（2）：75－84．

王建明，2008．垃圾按量收费政策效应的实证研究．中国人口·资源与环境（2）：187－192．

王建明，2009．城市垃圾管制的一体化环境经济政策体系研究．中国人口资源与环境，19（2）：98－103．

王茗辉，2022．深化生活垃圾分类精治共治法治"北京实践"．北京日报，2022－12－20［2023－11－12］．https：//bjrbdzb.bjd.com.cn/bjrb/mobile/2022/20221220/20221220_004/content_20221220_004_1.htm♯page3?digital：newspaperBjrb；AP63a0c650e4b06154fc84d826.

魏夕凯，马本，2022．农村生活垃圾分类治理的奖惩激励机制：基于复杂网络演化博弈模型．中国环境科学，42（8）：3822－3831．

王晓楠，2020．城市居民垃圾分类行为影响路径研究：差异化意愿与行动．中国环境科学，40（8）：3495－3505．

温桂芳，2007．公共产品价格形成机制的缺陷与完善．中国工商管理研究（5）：9－12，11．

肖玲，2003．中国城市生活垃圾管理模式探讨．干旱区资源与环境，17（3）：65－69．

杨君昌，2002．关于公共产品定价的若干理论问题．财经论丛（浙江财经学院学报）（2）：17－26．

杨凌，李国平，于远光，2010．垃圾收费制度的国际比较及其对我国的启示．价格理论与实践（5）：42－43．

杨全社，王文静，2012．我国公共定价机制优化研究：基于公共定价理论前沿的探讨．国家行政学院学报（3）：31－34．

殷融，张菲菲，2015．群体认同在集群行为中的作用机制．心理科学进展，23（9）：1637－1646．

曾婧婧，胡锦绣，2015．中国公众环境参与的影响因子研究：基于中国省级面板数据的实证分析．中国人口·资源与环境，25（12）：62－69．

曾鹏，罗观翠，2006．集体行动何以可能?：关于集体行动动力机制的文献综述．开放时代（1）：110－123，160．

张宏娟，范如国，2014．基于复杂网络演化博弈的传统产业集群低碳演化模型研究．中国管理科学，22（12）：41-47．

张宏艳，李梦，2011．城市生活垃圾计量收费模式探讨．北京社会科学（6）：35-41．

张楠，2022．本市生活垃圾减量近三成．北京日报，2022-07-14［2023-12-01］．https：//www.beijing.gov.cn/ywdt/gzdt/202207/t20220714_2771184.html．

张小明，刘建新，2007．民营化进程中公用事业定价的制度基础．中国行政管理（5）：100-103．

张越，鲁明中，2005．城市生活垃圾收费政策的经济学分析．环境科学动态（1）：46-47．

张越，谭灵芝，鲁明中，2015．发达国家再生资源产业激励政策类型及作用机制．现代经济探讨（2）：88-92．

中华人民共和国住房和城乡建设部，2000．关于公布生活垃圾分类收集试点城市的通知（建城环〔2000〕12号）．（2000-11-28）［2023-03-20］．https：//www.mohurd.gov.cn/gongkai/zhengce/zhengcefilelib/200011/20001128_156932.html．

钟锦文，钟昕，2020．日本垃圾处理：政策演进、影响因素与成功经验．现代日本经济（1）：68-80．

周长玲，于立杰，2012．中国城市垃圾处置收费制度的健全与完善．法制与社会发展，18（5）：114-119．

图书在版编目（CIP）数据

城市生活垃圾分类减量治理研究：北京分类实践与
计量收费探索/马本，张晨涛，杜倩倩著．--北京：
中国人民大学出版社，2024.10．--（新时代首都发展战
略研究丛书/张东刚总主编）．-- ISBN 978-7-300
-33114-0

Ⅰ.X799.305

中国国家版本馆 CIP 数据核字第 2024T8M927 号

新时代首都发展战略研究丛书

总主编　张东刚

城市生活垃圾分类减量治理研究：北京分类实践与计量收费探索

马　本　张晨涛　杜倩倩　著

Chengshi Shenghuo Laji Fenlei Jianliang Zhili Yanjiu：Beijing Fenlei Shijian yu Jiliang
Shoufei Tansuo

出版发行	中国人民大学出版社		
社　　址	北京中关村大街 31 号	邮政编码	100080
电　　话	010 - 62511242（总编室）	010 - 62511770（质管部）	
	010 - 82501766（邮购部）	010 - 62514148（门市部）	
	010 - 62515195（发行公司）	010 - 62515275（盗版举报）	
网　　址	http://www.crup.com.cn		
经　　销	新华书店		
印　　刷	唐山玺诚印务有限公司		
开　　本	720 mm×1000 mm　1/16	版　　次	2024 年 10 月第 1 版
印　　张	17 插页 2	印　　次	2024 年 10 月第 1 次印刷
字　　数	280 000	定　　价	58.00 元